Vorwort

Liebe Schülerinnen und Schüler,

mit diesem Lern- und Arbeitsbuch nach dem neuen Lehrplan für die Höhere Berufsfachschule Bereich Technik/Naturwissenschaften (NRW) haben Sie eine veränderte Konzeption für das Unterrichtsfach Wirtschaftslehre vor sich liegen.

Neu ist die Einteilung von Unterrichtsinhalten in 7 Anforderungssituationen, welche in verschiedene Zielformulierungen unterteilt sind. Damit Sie sich schneller orientieren können, sind die einzelnen Anforderungssituationen farblich voneinander abgehoben.

Für Ihr weiteres Schüler- bzw. Berufsleben werden Kompetenzen wie Wissen, Fertigkeiten, Selbstständigkeit und Sozialkompetenz nicht nur an Bedeutung gewinnen, sondern auch an Beständigkeit zunehmen. Daher durchziehen sich durch alle Inhalte hindurch das unterschiedliche Anwenden, aber auch Umsetzen und Trainieren dieser Kompetenzen in teilweise komplexen Aufgabenstellungen.

Inhalte umfangreicher Art, wie sie im beruflichen Alltagsleben täglich an der Tagesordnung sind, begegnen Ihnen hier annähernd realitätsnah und sollen für Sie ein Sprungbrett darstellen, mit dem erworbenen Rüstzeug während Ihrer Ausbildung den zukünftigen beruflichen Alltag zu meistern.

Welche Kompetenzen gerade von Ihnen gefordert werden, erkennen Sie sehr schnell an den farblich markierten Kompetenzquadraten, die sich neben jeder Aufgabe am Ende einer Anforderungssituation befinden.

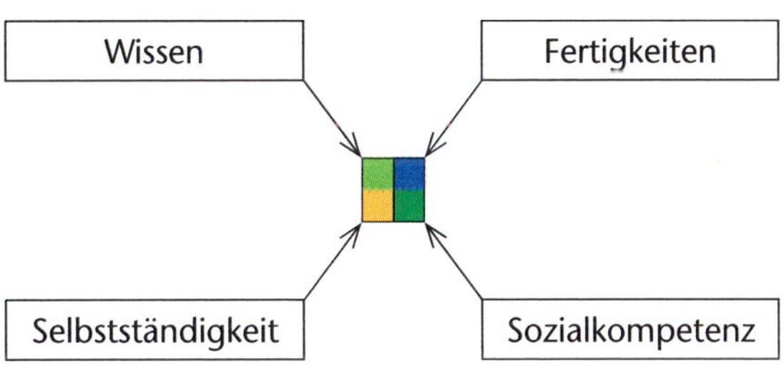

Grundsätzlich haben die vier im Lehrplan geforderten Kompetenzen eine feste Stellung im Kompetenzquadrat, der auch jeweils eine eigene Farbe zugeordnet wird. Mithilfe dieser Quadrate werden die Kompetenzen hervorgehoben, die in der jeweiligen Aufgabe im Vordergrund stehen oder besonders gefördert werden. Kompetenzen, die in einer Aufgabe nicht den Schwerpunkt bilden oder nur am Rande gestreift werden, werden farbig nicht hinterlegt.

Der ehemalige Präsiden J. F. Kennedy gab einmal den Satz „Auch ein Weg von 1000 Meilen beginnt mit einem Schritt" seinen Zuhörern mit auf dem Weg.

Wir Autorinnen hoffen auf viele kleine erfolgreiche Schritte für Sie auf dem Weg in eine berufliche Zukunft. Dieses Buch soll der Beginn für den ersten Schritt sein, der nicht mit einem Sprung ins kalte Wasser enden soll.

Viel Erfolg für Ihre weitere Zukunft!

Inhaltsverzeichnis

Anforderungssituation 1 Der Betrieb im gesamtwirtschaftlichen Zusammenhang

Eine Geschäftsidee entwickeln, ausgewählte Parameter der Unternehmensgründung festlegen und das Unternehmen in den volkswirtschaftlichen Gesamtzusammenhang einordnen

1

Kompetenzen

Zunächst entwickeln Sie im Team eine Geschäftsidee für ein Unternehmen. Dabei beschreiben Sie das Unternehmen und ordnen es in den gesamtwirtschaftlichen Zusammenhang ein. Danach vergleichen Sie die betriebliche Wertschöpfung in unterschiedlichen Unternehmenstypen.

Sie ermitteln die Voraussetzungen einer Unternehmensgründung für Ihre gewählte Geschäftsidee und vergleichen anhand von Kriterien ausgewählte Rechtsformen von Unternehmen.

In Gruppen erarbeiten Sie unterschiedliche Unternehmensziele und stellen mögliche Zielkonflikte vor dem Hintergrund sich ändernder Rahmenbedingungen dar. Dabei berücksichtigen Sie Aspekte der Nachhaltigkeit.

Zum Schluss vergleichen Sie Organisationsstrukturen von Unternehmen und die dortige Einbindung von Umweltmanagement, Qualitätsmanagement und Arbeits- und Gesundheitsschutz.

Einstiegssituation

Die Stockmann OHG ist ein Familienunternehmen, das Holzfenster und -türen herstellt. Die Philosophie der Firmeninhaber ist es, qualitativ hochwertige Fenster herzustellen, die dem Anspruch der Nachhaltigkeit gerecht werden. Das bedeutet nicht nur die Verwendung von entsprechenden Rohstoffen für die Fenster und Türen, sondern auch eine umweltbewusste Produktion. Die Bauart der Fenster trägt zu einem guten Raumklima in den Häusern bei und senkt die Heizkosten.

Der Seniorchef der Firma, Gerhard Stockmann, hat stets darauf geachtet, nachhaltig zu produzieren und verantwortungsbewusst beim Einkauf der Rohstoffe zu handeln. Sein Sohn, Steffen Stockmann, ist seit fünf Jahren mit im Unternehmen und teilt die Ansichten seines Vaters. Im Verlauf der Firmengeschichte war es für den Unternehmensgründer nicht immer leicht, nach seinen Grundsätzen zu arbeiten und erfolgreich das Unternehmen zu führen.

Inzwischen hat das Unternehmen einen überregionalen guten Ruf und wird nicht nur von privaten Auftraggebern, sondern auch von Bauunternehmen und öffentlichen Auftraggebern geschätzt. Das Festhalten an der ursprünglichen Unternehmensphilosophie hat sich ausgezahlt.

Der überregionale Bekanntheitsgrad hat zu wachsenden Aufträgen, aber auch zu größeren Auftragsvolumen geführt und dies bleibt nicht ohne Folge auf die bisherigen Unternehmensstrukturen. Ein Mitbewerber, der sich hauptsächlich auf die Herstellung von Fenstern für denkmalgeschützte Häuser spezialisiert hat, bietet Gerhard und Steffen Stockmann an, gemeinsam ein neues Unternehmen zu gründen.

Arbeitsaufträge

1. ***Überlegen Sie, welche Veränderungen ein Wachstum dieses Familienbetriebes mit sich bringen könnte und wie möglicher Handlungsbedarf erkannt werden könnte.***
2. ***Der Zusammenschluss mit dem Mitbewerber würde einige Veränderungen mit sich bringen. Welche könnten das sein und würden Sie einen Zusammenschluss empfehlen?***

1.1 Gründung eines Unternehmens

Eine Existenzgründung oder die Neugründung eines Unternehmens im Rahmen einer Geschäftserweiterung wie bei der Stockmann OHG kann aufgrund einer Geschäftsidee erfolgen, aber auch durch den Wunsch, sich selbstständig zu machen und beruflich sein eigener Herr zu sein. Das Bundeswirtschaftsministerium schreibt dazu auf seiner Internetseite:

Gründungsgeschehen – Zahlen, Daten, Fakten

In Deutschland wagen jährlich rund 306 000 Gründerinnen und Gründer im Vollerwerb und 562 000 Gründerinnen und Gründer im Nebenerwerb den Schritt in die unternehmerische Selbstständigkeit. Als eigene Chefin oder Chef setzen sie ein tragfähiges Geschäftskonzept um und beweisen so Mut und Kreativität.

Bundesministerium für Wirtschaft und Energie (Hg.): Existenzgründung, 2014, abgerufen unter: www.bmwi.de/DE/Themen/Mittelstand/Gruendungen-und-Unternehmensnachfolge/existenzgruendung, did=508800.html [29.06.2014]

Zu den Gründen einer Existenzgründung ist im KfW[1]-Gründungsmonitor Folgendes zu lesen:

Nochmals mehr Gründer mit expliziter[2] Geschäftsidee

Der Anteil an Gründern, die die explizite Umsetzung einer Geschäftsidee als Grund für ihren Eintritt in die Selbstständigkeit nannten, stieg das zweite Jahr in Folge an: 2013 setzten mehr als die Hälfte der Gründer eine explizite Geschäftsidee um. Somit stieg die Anzahl ideengetriebener Gründer überproportional stark auf 462000 an. Der Anteil der Gründer, die aufgrund fehlender Erwerbsalternativen den Schritt in die Selbstständigkeit gingen, blieb 2013 mit 30 % dagegen unverändert. Aufgrund der gestiegenen Gründungstätigkeit nahm deren Anzahl dennoch auf 259000 zu.

Georg Metzger: KfW Gründungsmonitor 2014, herausgegeben von der KfW Bankengruppe, Frankfurt am Main, Mai 2014, abgerufen unter: www.kfw.de/PDF/Download-Center/Konzernthemen/Research/PDF-Dokumente-Gr%C3%BCndungsmonitor/KfW-Gr%C3%BCndungsmonitor-2014.pdf [29.06.2014]

Wie das Bundesministerium für Wirtschaft treffend schreibt, benötigt man Mut und Kreativität zur Existenzgründung – und natürlich eine gute Geschäftsidee. Diese zu entwickeln ist schon der erste wichtige Schritt in Richtung Selbstständigkeit. Die richtige Idee kann sich unterschiedlich entwickeln.

Als Anregung zur Findung und Umsetzung einer passenden und Erfolg versprechenden Geschäftsidee empfiehlt das Bundesministerium für Wirtschaft[3]:

- **die Augen offen zu halten** und auf der „Höhe der Zeit" zu sein, um so wirtschaftliche, technische und gesellschaftliche Entwicklungen erkennen und berücksichtigen zu können. Dazu sollte man sowohl Print- und Onlinemedien als auch Gespräche und Beobachtungen auf Messen und anderen Veranstaltungen nutzen.
- **Kreativitätstechniken zu nutzen.** Innovationen sind nur zu 10 % Inspiration und zu 90 % harte Arbeit. Mithilfe von Kreativitätstechniken kann man diese Arbeit Schritt für Schritt

[1] *KfW: Die Kreditanstalt für Wiederaufbau ist eine Förderbank, die sowohl Privatpersonen als auch Unternehmen fördert und vom Bundesministerium für Wirtschaft beaufsichtigt wird. Ursprünglich wurde sie nach dem Zweiten Weltkrieg gegründet, um den Wiederaufbau in Deutschland zu unterstützen. Heute werden vor allem der Mittelstand, Existenzgründer, berufliche Aus- und Weiterbildung und nachhaltige Projekte gefördert.*

[2] *explizit: ausdrücklich, deutlich, ausführlich, differenziert*

[3] *Vgl.: www.existenzgruender.de/selbstaendigkeit/vorbereitung/businessplan/01/index.php [29.06.2014]*

erledigen: durch Merkmalsauflistung, Brainstorming, die Methode 635[1] oder mithilfe eines morphologischen Kastens[2].

- **Patentrecherchen durchzuführen.** Beim Deutschen Patent- und Markenamt liegen zum Teil Patente brach, die zwar entwickelt und angemeldet, aber nicht weiterverwertet wurden. Hier können Ideen und Potenziale für eine Existenzgründung gefunden werden.
- **Franchising zu nutzen.** Es bietet die Möglichkeit, sich mit einer bereits markterprobten Idee selbstständig zu machen.
- **eine Unternehmensnachfolge anzutreten** und nach der Übernahme ein bestehendes Unternehmen weiterzuführen.
- **die Geschäftsidee zu überprüfen**, ob diese tatsächlich „Hand und Fuß" hat und ob es überhaupt einen Markt für die Idee gibt.

Die meisten Existenzgründer sind Einzelkämpfer, eine Existenzgründung im Team hat einige nicht von der Hand zu weisende Vorteile. Mehrere Gründer bringen mehrere fachliche Qualitäten und auch mehr Eigenkapitel in das zu gründende Unternehmen ein.

Zur Sicherung der Vorteile einer Teamgründung sollten die Gründungspartner sehr sorgfältig ausgesucht werden. Die Gründung sollte auf jeden Fall mit einem Vertrag erfolgen, der alle wichtigen Regelungen schriftlich festhält:

- Wer macht was?
- Wer entscheidet was?
- Wer übernimmt welche Verantwortung?
- Bis zu welchem Punkt dürfen Entscheidungen alleine getroffen werden?

Ein Vertrag ist eine bessere Basis für eine erfolgreiche Zusammenarbeit als Freundschaft, da so Meinungsverschiedenheiten nach klar fest gelegten Regeln gelöst werden können. Allerdings schützt eine gewisse Vertrautheit mit den Eigenarten des Partners vor Überraschungen und kann Missverständnisse verhindern.

Ist die Entscheidung zu einer Gründung im Team gefallen, ist es wichtig, dass die Zuständigkeiten untereinander geregelt sind. Wer macht was, wer entscheidet was, wer übernimmt welche Verantwortung?

Und man sollte sich der Tatsache bewusst sein, dass man dem anderen so weit wie möglich, aber auch nur so weit wie nötig vertrauen kann und sollte.

---

[1] *Die Methode 635 soll zu neuen Ideen führen, indem sechs Personen jeweils drei Ideen auf einem Papier notieren (in ca. drei bis fünf Minuten) und dann fünfmal ihren Zettel im Uhrzeigersinn an ihren Nachbarn weitergeben. So erhält man viele Ideen innerhalb kurzer Zeit.*

[2] *Ein morphologischer Kasten ist eine Tabelle, die verschiedene Parameter bzw. Merkmale enthält, die unterschiedlich miteinander kombiniert werden, sodass neue Produkt- oder Geschäftsideen entstehen.*

1.2 Der Betrieb als Teil der Wirtschaft

Unternehmensgründungen haben für die Volkswirtschaft eine große Bedeutung. Gründer haben im Jahr 2013 nach dem Bundesministerium für Wirtschaft (BMWi) 419000 Vollzeitstellen geschaffen, die eigenen Arbeitsstellen der Gründer mit inbegriffen. Zudem erhöht sich durch eine wachsende Zahl von Unternehmen der Wettbewerb. Bestehende Betriebe werden durch die laufenden Neugründungen herausgefordert und so gezwungen, sich mit neuen Ideen und Technologien am Markt zu behaupten.

Etwa 23 % der Existenzgründer setzen Innovationen mit der Neugründung um[1] und erhalten nicht nur den Wettbewerb auf den Märkten, sondern sichern so ebenfalls Fortschritt und Weiterentwicklung.

Existieren in einer Volkwirtschaft viele kleine und mittelständische Unternehmen, kann bis zu einem gewissen Grad eine Machtkonzentration verhindert werden und die unternehmerische Freiheit erhalten bleiben. Dies trägt auch zu einem stabilen politischen System bei.

Die Einbindung der Unternehmen in den volkswirtschaftlichen Zusammenhang kann man am besten mit dem einfachen Wirtschaftskreislauf darstellen.

Anteil der Gründungen mit Marktneuheiten 2013
(in % aller Gründer)

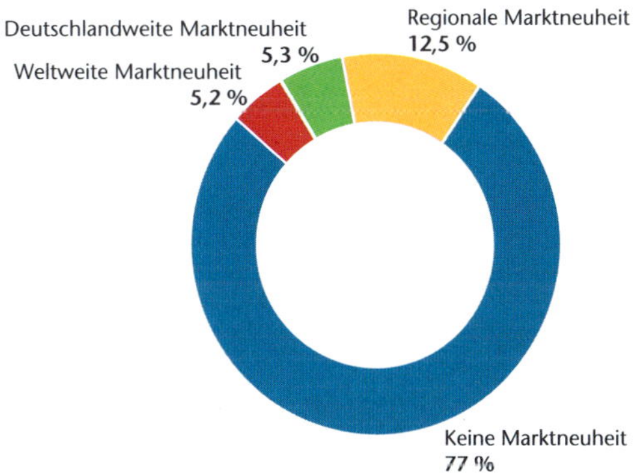

Quelle: KfW-Gründungsmonitor 2014

Der einfache Wirtschaftskreislauf

Der volkswirtschaftliche Zusammenhang lässt sich stark vereinfacht so ausdrücken: Jeder Mensch – also jeder private Haushalt – benötigt täglich Güter und Dienstleistungen. Diese werden von den Menschen selbst in den Betrieben – den Unternehmen – hergestellt. Das Geld für den Kauf der Güter und Dienstleistungen erlangen die Menschen durch ihre Arbeit. Im Schema des einfachen Wirtschaftskreislaufs ausgedrückt sieht dies wie folgt aus:

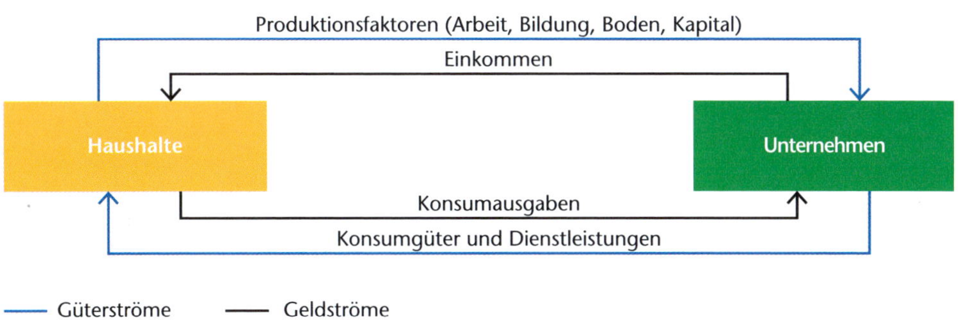

Diese Abbildung ist sehr stark vereinfacht, gibt aber dennoch gut den Zusammenhang zwischen zwei wichtigen Bereichen einer Volkswirtschaft wieder, den Haushalten und den

[1] *Vgl. www.bmwi.de/DE/Themen/Mittelstand/Gruendungen-und-Unternehmensnachfolge/existenzgruendung,did=508800.html [29.04.2014]*

Unternehmen. Die Beziehung zwischen diesen beiden Sektoren besteht aus vielen unzähligen Transaktionen, bei denen immer einem Güterstrom (z. B. Einkauf von Ware) ein Geldstrom (Bezahlung der Ware) gegenübersteht.

Stellung des Betriebs in der Wirtschaft

Schaut man genauer hin, ist jeder Betrieb nicht nur eine Produktionsstätte, sondern auch ein Verbraucher (Konsument). In den Transaktionen zwischen Hauhalten und Unternehmen sind auch die Förderung und der Einkauf von Rohstoffen und deren Weiterverarbeitung enthalten. Alle wirtschaftlichen Tätigkeiten tragen zur Wertschöpfung innerhalb einer Volkswirtschaft bei.

Beispiel:
Die Stockmann OHG benötigt für die Herstellung ihrer Fenster Holz, Fensterscheiben, Maschinen, Strom, Büromaterial, Lieferwagen und vieles mehr. Dies beschafft das Unternehmen sich bei anderen Betrieben (Lieferanten), die wiederum ihre Werkstoffe und Betriebsmittel bei Lieferanten beschaffen.
Für die Anlieferung der Materialien bei der Stockmann OHG werden Dienstleistungen der Logistik in Anspruch genommen, die ebenfalls Fahrzeuge, Arbeitskräfte und Betriebsmittel wie Benzin, Diesel und Öl benötigen.

Diese engen und vielseitigen Verflechtungen zwischen Betrieben untereinander und den Betrieben und Haushalten bestehen natürlich nicht nur innerhalb einer Volkswirtschaft, sondern auch grenzübergreifend. Im Laufe der letzten Jahrzehnte ist die weltweite Verflechtung noch stärker geworden und so ist der Einfluss der Weltwirtschaft auf die einzelnen Betriebe in unserer Volkswirtschaft größer geworden.

Eine Krise in einer weit entfernten Region kann sich durch die enge Verflechtung der Weltwirtschaft auch auf die deutsche Wirtschaft auswirken, ebenso wie die Verknappung von weltweit benötigten Rohstoffen, wie Erdöl oder seltenen Erden.

Beispiel:
Durch Kriege in Ländern mit Erdölvorkommen sinkt die Menge des geförderten Rohöls und der Preis für Rohöl auf dem Weltmarkt steigt. Dadurch steigen auch die Beschaffungspreise für Diesel und Benzin und somit die Betriebskosten für Unternehmen wie die Stockmann OHG. Steigen die Preise dauerhaft, sinkt die Gewinnspanne des Fensterbauers oder die Preise für die Fenster müssen erhöht werden.

Soll der Wirtschaftskreislauf weiter „am Laufen" gehalten werden, ist ein Fortbestehen der Betriebe auch noch aus anderen Gründen wichtig. Die Unternehmen haben auch die wichtige Aufgabe, Arbeitsplätze zur Verfügung zu stellen. So können die privaten Haushalte Einkommen in Form von Löhnen und Gehältern beziehen und dieses Geld wiederum für Konsum ausgeben.

Beziehen die Haushalte Einkommen oder konsumieren sie, zahlen sie Steuern, genauso wie die Unternehmen Steuern zahlen in Abhängigkeit ihres geschäftlichen Erfolgs. Dies ist ein wichtiger Beitrag zur Finanzierung der staatlichen Aufgaben.

Die Haushalte konsumieren aber nicht nur, weil sie genügend Einkommen haben, sondern weil sie Bedürfnisse haben, die durch die von den Unternehmen hergestellten Güter und Dienstleistungen gedeckt werden können.

Die betriebliche Wertschöpfungskette

Der Begriff der betrieblichen Wertschöpfungskette ist vom amerikanischen Betriebswirt Porter (geb. 1947) geprägt worden. Betriebliche Gütererstellungsprozesse lassen sich danach grafisch darstellen:

Wettbewerbsstrategie – Wertschöpfungskette

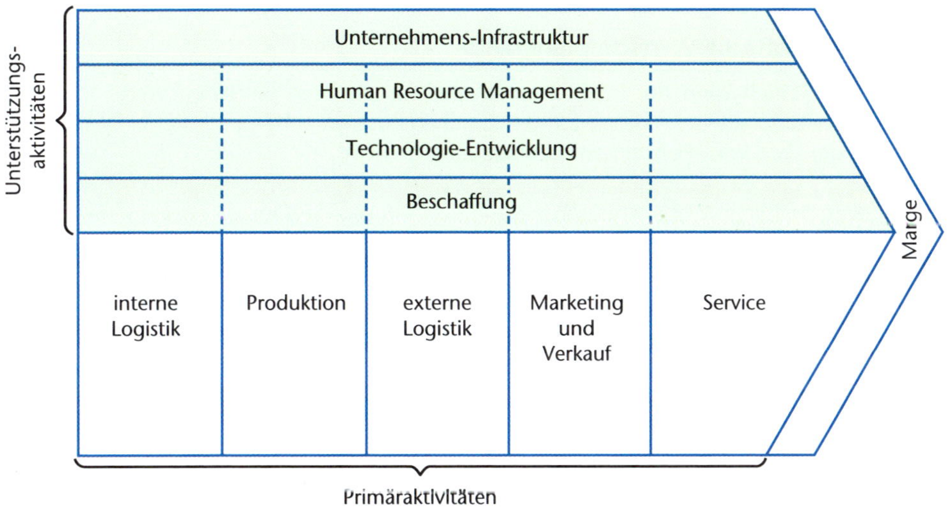

Springer Gabler Verlag (Hg.), Gabler Wirtschaftslexikon, Stichwort: Wertschöpfungskette, abgerufen unter: http://wirtschaftslexikon.gabler.de/Archiv/145581/wertschoepfungskette-v7.html [28.03.2014]

Nach Porter gibt es fünf Primäraktivitäten, die den eigentlichen Wertschöpfungsprozess beschreiben und im unteren Teil der Grafik dargestellt sind. Dies sind Tätigkeiten, die direkt ihren Teil zur Wertschöpfung beitragen.

Zu den Primäraktivitäten gibt es noch vier Unterstützungsaktivitäten, die den Wertschöpfungsprozess ergänzen und im oberen Bereich der Grafik grau hinterlegt zu sehen sind. Sie tragen indirekt zur Erstellung des Produktes bei, da die Primäraktivitäten ohne sie nicht durchführbar sind.

Alle Aktivitäten zusammen ergeben die Marge, die in der Spitze dargestellt ist. Die Marge ist die Differenz zwischen dem Ertrag eines Produkts und den eingesetzten Mitteln. Die Marge wird auch als Bruttowertschöpfung bezeichnet und errechnet sich aus Bruttoproduktionswert abzüglich der Leistungen.

Beispiel:
Ein Forstwirt verkauft Holz an ein Sägewerk für 2000,00 €. Das verarbeitet die Baumstämme zu Holz, das es für 5000,00 € an die Stockmann OHG weiterverkauft. Der Fensterbauer stellt daraus Fenster im Wert von 10000,00 € her, die er an seine Kunden verkauft und ausliefert.

Bruttowertschöpfung:	Bruttoproduktionswert	./.	Vorleistung	
Forstwirt	2000,00 €	./.	0,00 €	= 2000,00 €
Sägewerk	5000,00 €	./.	2000,00 €	= 3000,00 €
Stockmann OHG	10000,00 €	./.	5000,00 €	= 5000,00 €

Die Bruttopwertschöpfung beträgt in diesem stark vereinfachten Beispiel 10000,00 €, den Umsatz der Stockmann OHG, die in diesem Fall die abschließende Stufe bildet.

Die volkwirtschaftliche Wertschöpfungskette

Ein einzelner Betrieb kann nur im Zusammenspiel mit anderen Betrieben Werte schöpfen beziehungsweise schaffen. Im gesamtwirtschaftlichen Zusammenhang ist mit der Wertschöpfungskette der Weg vom Rohstoff zum Endprodukt gemeint.

Die volkswirtschaftliche Wertschöpfungskette durchläuft drei Stufen:

1. **Primärer Sektor: Urproduktion** – Anbau oder Abbau von Rohstoffen.
   Beispiele: Landwirtschaft, Forstwirtschaft, Bergbau, Fischerei
2. **Sekundärer Sektor: Weiterverarbeitung** – Verarbeitung der Rohstoffe aus der Urproduktion oder Weiterverarbeitung von Zwischenprodukten.
   Beispiele: Betriebe aus dem Handwerk und der Industrie, Maschinen- und Anlagenbau, Werkzeughersteller, Automobil- und Lebensmittelindustrie
3. **Tertiärer Sektor: Verteilung** und sonstige Dienstleistungen – Verteilung der Güter an die Verbraucher, Weiterverteilung an andere Betriebe.
   Beispiele: Großhandel, Einzelhandel

Die sonstigen Dienstleistungen können nicht nur einer Stufe zugeordnet werden, da sie alle Stufen der Wertschöpfungskette unterstützen, z. B. Banken, Transportunternehmen, Versicherungen, Werbeagenturen, Steuerberater und viele mehr.

Die Arbeit, die notwendig ist, um aus einem Rohstoff ein Endprodukt zu machen, wird somit unter mehreren Stufen der Wirtschaft aufgeteilt. Dies wird als **vertikale, volkswirtschaftliche Arbeitsteilung** bezeichnet. Volkswirtschaftlich, da es eine Arbeitsteilung innerhalb einer Volkswirtschaft ist, vertikal, da die Arbeitsteilung in aufeinanderfolgenden Stufen geschieht.

1.3 Unternehmenstypen

Der Begriff Unternehmenstypen ist nicht eindeutig festgelegt. Nach einem Merkblatt zu einem EU-Gesetz, das die Förderung von kleinen und mittleren Unternehmen (KMU) festlegt, gibt es drei Arten von Unternehmenstypen[1]:

- verbundene Unternehmen,
- Partnerunternehmen,
- eigenständige Unternehmen.

[1] *Vgl. Bundesministerium für Wirtschaft und Energie, abgerufen unter: www.zim-bmwi.de/einzelprojekte [16.03.2014].*

Diese Unterscheidung legt ihren Schwerpunkt auf die Verflechtung von Unternehmen miteinander und untereinander. Allerdings ist die unterschiedliche Wertschöpfung dieser Unternehmen eher von der Art ihrer Produkte abhängig als von der Art ihrer Verflechtung.

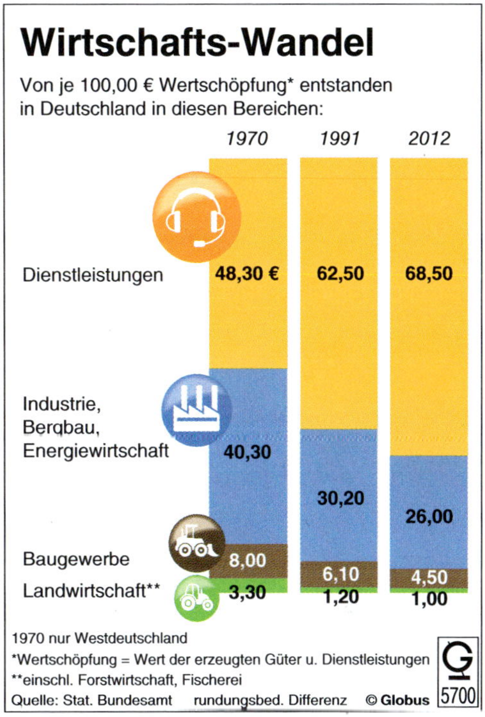

Eine weitere Unterscheidung der Unternehmenstypen entspricht der **vertikalen Arbeitsteilung** in Volkswirtschaften, wie sie im vorherigen Abschnitt der volkswirtschaftlichen Wertschöpfungskette beschrieben ist:

- Urproduktion (primärer Sektor),
- Weiterverarbeitung (sekundärer Sektor),
- Verteilung und sonstige Dienstleistungen (tertiärer Sektor).

Betrachtet man in der Grafik den Wert der erzielten Wertschöpfung in den verschiedenen Stufen, hat sich diese im Laufe der Zeit stark verändert.

Die Werte des primären und des sekundären Sektors sind kontinuierlich zurückgegangen, hingegen ist der Wert des Dienstleistungsbereichs stark gestiegen.

In den 1970ern war das Verhältnis zwischen den Erzeugungsstufen (Urerzeugung und Weiterverarbeitung) und dem tertiären Sektor noch ausgeglichen. Dreißig Jahre später hat sich das Verhältnis deutlich verändert.

1.4 Voraussetzungen einer Unternehmensgründung

Ist eine gute Geschäftsidee gefunden, egal in welcher Branche, gilt es, diese erfolgreich umzusetzen. Dazu müssen einige Dinge überlegt und geklärt werden, die sogenannten **Gründungsvoraussetzungen**.

Hierzu gehören die persönlichen Voraussetzungen und eine umfangreiche Analyse der aktuellen Situation. Dies umfasst die Analyse des Marktes und des möglichen Standortes, der potenziellen Kunden, der Wettbewerbssituation.

Zudem muss die Finanzierung gesichert werden. Strebt man einen Kredit oder einen Gründungszuschuss für den Start in die Selbstständigkeit an, ist ein Businessplan zu erstellen, der all die aufgeführten Punkte beinhaltet.

Persönliche Voraussetzungen

Wer einen Betrieb gründen oder übernehmen und erfolgreich am Markt bestehen will, muss gewisse persönliche Eigenschaften mitbringen. Dies sind unter anderem:

- gute Fachkenntnisse und Allgemeinbildung,
- Branchenkenntnisse und kaufmännische Qualifikation,
- Risikobereitschaft und Durchhaltevermögen,
- Mut und Entscheidungsfähigkeit,
- gute Umgangsformen,
- Fähigkeit zur Empathie und Menschenführung,
- Organisationstalent,
- vorausschauendes Denken und Kreativität.

Mangelnde fachliche Kenntnisse kann man durch externe Experten ersetzen oder sich durch Fort- und Weiterbildungen aneignen. Charakterliche Schwächen können nicht so einfach nachgeholt werden. Jemand, der keine Ausdauer hat, wird hart daran arbeiten müssen, diese zu entwickeln.

Sachliche Voraussetzungen

Unter die sachlichen Voraussetzungen fallen alle eingangs genannten Aspekte der umfangreichen Analyse:

Kriterium	Erläuterungen
Marktanalyse	Untersuchung der Marktbedingungen zu einem bestimmten Zeitpunkt. Wichtiger Aspekt nicht nur bei einer Neugründung, sondern auch bei einer Neuausrichtung von Unternehmungen.
Standortanalyse	Genaue Untersuchung des Ortes, an dem der Betrieb angesiedelt werden soll.
Kundenanalyse	Betrachtung der potenziellen Kunden und ihrer Bedürfnisse und Besonderheiten, anschließende Erstellung eines Kundenprofils. Bei bestehenden Unternehmen kann die Analyse wichtige Informationen für eine mögliche Neuausrichtung geben.
Wettbewerbsanalyse	Untersuchung der Wettbewerbssituation, d. h. der direkten Konkurrenten und möglicher Konkurrenten, die bald auf dem Markt aktiv sein könnten oder Substitutionsgüter anbieten.

Die Informationen zur Markt-, Kunden- und Wettbewerbsanalyse stammen in der Regel aus den Ergebnissen der betriebenen Marktforschung.

Die Informationen zum Standort müssen extra zusammengetragen werden. Die Wahl des Standortes ist eine wichtige Entscheidung, da die Lage auch einen gewissen Einfluss auf die Kosten und den Umsatz haben kann. In die Standortentscheidung sollten mit einfließen: Infrastruktur, Arbeitskräftepotenzial, Auflagen und Vorschriften, Transportkosten für die Beschaffung der Güter und den Vertrieb der eigenen Produkte.

Rechtliche Voraussetzungen

Neben den persönlichen und sachlichen Voraussetzungen gibt es auch noch rechtliche Aspekte zu bedenken und zu beachten. Dies sind

- Geschäftsfähigkeit des Unternehmensinhabers,
- behördliche Genehmigungen (für Betriebe, bei denen die Gewerbeordnung dies vorschreibt[1] oder für die besondere Sachkenntnisse erforderlich sind[2]),
- fachliche Nachweise wie Meisterprüfung (zur Führung eines Handwerksbetriebs[3]), Kaufmannsgehilfenprüfung, besondere Nachweise für Sach- und Warenkunde für bestimmte Einzelhandelsbetriebe[4].

Informationen zur Gründung eines Unternehmens und allgemeinen und speziellen Gründungsvoraussetzungen erhält man an vielen Stellen. Zum einen geben die berufsständischen Organisationen wie Handwerkskammer oder Industrie- und Handelskammer und branchenspezifische Fachverbände hilfreiche Informationen, zum anderen aber auch Einrichtungen wie das Bundeswirtschaftsministerium (BMWi) oder die Förderbank des Bundes, die KfW[5] und viele andere Einrichtungen mehr.

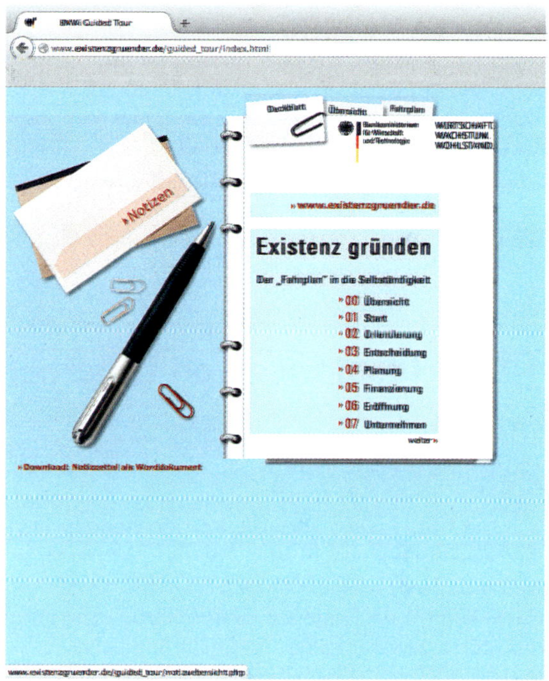

[1] Z. B. Chemische Fabriken, Kernkraftwerke, Munitions- oder Feuerwerksfabriken.

[2] Z. B. Apotheken, Krankenhäuser, Banken, Versicherungen.

[3] Gilt seit 2004 nicht mehr für alle Handwerksbetriebe (Neuordnung der Handwerksordnung).

[4] Z. B. Ablegen der Sachkundeprüfung nach § 5 ChemVerbotsV, damit man Pflanzenschutzmittel verkaufen darf.

[5] Vgl. Kap. 1.1 Gründung eines Unternehmens.

Ferner werden besondere Existenzgründerseminare angeboten, in denen die Unternehmensgründer wichtige Informationen über alle notwendigen Schritte erhalten und auch auf mögliche auftretende Probleme in der Gründungs- und der ersten Anlaufphase vorbereitet werden.

Neben allen sachlichen und rechtlichen Voraussetzungen ist die Unterstützung innerhalb des engsten Umfeldes und der Familie wichtig. Das BMWi schreibt dazu:

Es gibt aber auch viele gute Gründe dafür, zunächst einmal genau zu überlegen, ob man tatsächlich für die berufliche Selbstständigkeit geeignet ist. Denn die berufliche Selbstständigkeit verändert nicht nur Ihren Alltag, sondern auch den Ihrer Familie. Sie sind auf sich selbst gestellt und müssen tagtäglich im wahrsten Sinne des Wortes etwas unternehmen, um am Markt zu bleiben und Ihren Lebensunterhalt zu verdienen. Viele Gründerinnen und Gründer erfüllen sich mit ihrer Selbstständigkeit einen Traum und sind mit ihrer Entscheidung zufrieden. Andere betrachten ihre Existenzgründung als Notlösung. Versuchen Sie, so genau wie möglich festzustellen, warum Sie sich selbstständig machen möchten und ob Sie tatsächlich das „Zeug" zur Unternehmerin oder zum Unternehmer haben. Nehmen Sie sich ausreichend Zeit und sprechen Sie zum Beispiel mit Beratern der Kammern, mit befreundeten Selbstständigen und mit Familienangehörigen.

Bundesministerium für Wirtschaft und Energie (Hg.): Qualifikation, 2014; abgerufen unter: www.existenzgruender.de/selbstaendigkeit/entscheidung/qualifikation/index.php [03.04.2014]

1.5 Rechtsformen von Unternehmen

Beispiel:
Für den Auszubildenden der Stockmann OHG beginnt nächste Woche ein neuer Themenkomplex „Unternehmensformen" im Berufsschulunterricht. Während der Pause unterhält er sich mit Mitschülern über die bevorstehenden Herbstferien und dass sie sicherlich vor den Weihnachtsferien noch zum Thema „Unternehmensformen" eine Klassenarbeit schreiben werden.
Dabei kommt die Frage auf, warum ihre Ausbildungsbetriebe gerade die jeweilige Unternehmensform gewählt haben und nicht eine andere.
Bei der nächsten Gelegenheit wollen die Auszubildenden ihre Ausbilder fragen, was sich hinter ihrer eigenen Unternehmensform verbirgt und welche Vor- oder Nachteile die gängigen Unternehmensformen in Deutschland mit sich bringen.

Einzelunternehmung

Eine Vielzahl von Handwerksbetrieben sind Einzelunternehmungen. Derjenige, der das Unternehmen leitet, ist zugleich Alleininhaber. Als Kaufmann kann der Einzelunternehmer u. a. eine Firma führen, Prokura erteilen und mündlich selbstschuldnerische Bürgschaftserklärungen abgeben.

Die Firma eines Kaufmanns ist der Name, unter dem er im Geschäftsverkehr Geschäfte abschließt und seine Unterschriften leistet. Ein Kaufmann kann unter seinem Namen klagen und verklagt werden.

Die Firma ist unabhängig von der Unternehmensform frei wählbar als
- Personenfirma, z. B.: Stockmann e. K.,
- Sachfirma, z. B.: Fensterbau e. K.,
- gemischte Firma, z. B.: Fensterbau Stockmann e. Kfm.,
- Fantasiefirma, z. B.: Holzwurm e. Kffr.

Sie muss jedoch als Zusatz die jeweils gewählte Unternehmensform enthalten.

Merkmale der Einzelunternehmung

Gründung	Die Gründung erfolgt durch Anmeldung des Unternehmens beim Gewerbeamt und Eintragung ins Handelsregister. Das Unternehmen existiert mit Beginn der Geschäftstätigkeit. Eine Eintragung ins Handelsregister hat nur **bekannt machende** (deklaratorische) **Wirkung**. Der Einzelunternehmer ist nach § 1 HGB ein Istkaufmann. Er betreibt ein Handelsgewerbe, das einen in kaufmännischer Weise eingerichteten Geschäftsbetrieb erfordert.
Kapitalbeschaffung	Der Einzelunternehmer bringt das gesamte Eigenkapital alleine auf. Dieses Eigenkapital ist auch Haftungsgrundlage, daher sind bei der Beschaffung von Fremdkapital Grenzen bei der Haftung gesetzt.
Geschäftsführung und Vertretung	Der Einzelunternehmer vertritt das Unternehmen allein Dritten gegenüber. Somit trifft er zwar alle Entscheidungen allein, trägt allerdings auch das volle unternehmerische Risiko allein.
Haftung	Der Einzelunternehmer haftet sowohl mit seinem Geschäfts- als auch mit seinem Privatvermögen unbegrenzt.
Gewinnverteilung	Als alleiniger Eigentümer des Unternehmens stehen ihm alle Gewinne zu, allerdings gehen auch alle Verluste zu seinen Lasten.
Gründe für die Wahl der Unternehmungsform	■ Es wird kein Gründungskapital in festgesetzter Höhe verlangt. ■ Die Gründungskosten sind gering. ■ Der Unternehmer kann frei und unabhängig Entscheidungen treffen. ■ Es ist eine geeignete Unternehmensform für kleine und mittelständische Unternehmen.
Auflösung der Einzelunternehmung	Tod des Unternehmers, Insolvenz des Unternehmens

Gesellschaftsunternehmen

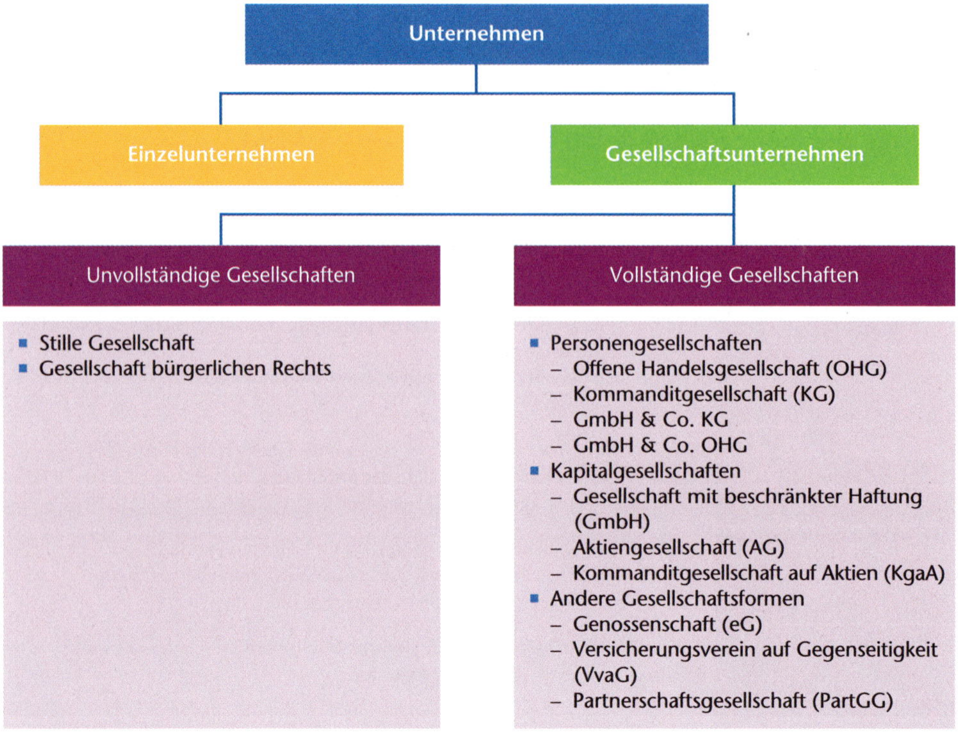

Die Auflistung enthält ausgewählte Gesellschaftsformen, die in der freien Wirtschaft am häufigsten gewählt werden.

Sonderform: Stille Gesellschaft

Eine stille Gesellschaft entsteht, wenn sich eine andere Person mit einer Vermögensbeteiligung an einer Einzelunternehmung beteiligt, ohne dass sie an der Geschäftsführung teilnimmt oder haftet (§ 230 ff. HGB).

Durch das zur Verfügung gestellte Kapital des stillen Gesellschafters ergibt sich für den Einzelunternehmer nur ein Gläubigerverhältnis, aber kein Gesellschafterverhältnis. Somit schränkt sich der Einzelunternehmer nicht in seiner Entscheidungsbefugnis ein. Nach außen tritt der stille Gesellschafter nicht in Erscheinung.

Entsprechend der finanziellen Beteiligung erhält der stille Gesellschafter einen Anteil am Gewinn oder Verlust. Es werden keine Zinszahlungen gegenüber dem Gesellschafter fällig, wie es beim klassischen Gläubigerverhältnis gegenüber Kreditinstituten der Fall ist (§ 231 HGB).

Im Falle einer Insolvenz kann der stille Gesellschafter seinen Kapitalanteil am Unternehmen (auch Einlage genannt) in voller Höhe zurückfordern (§ 236 HGB).

Vorteile für den Einzelunternehmer	Vorteile für den Gesellschafter
Die „Kapitaldecke" erhöht sich. Fallen für das Unternehmen Verluste an, so ergeben sich durch die stille Beteiligung keine zusätzlichen Kosten, welche u. a. bei Krediten in Form von Zinszahlungen weiterhin geleistet werden müssten.	Der stille Gesellschafter erwartet höhere Gewinne, als er u. a. bei Kreditinstituten als Zinszahlungen erwarten könnte.
Nachteile für den Einzelunternehmer	**Nachteile für den stillen Gesellschafter**
Finanzielle Abhängigkeit durch die Beteiligung.	Bei Kreditinstituten ist der vereinbarte Zinsbetrag für das eingesetzte Kapital bindend, somit das Risiko geringer.

Gesellschaft bürgerlichen Rechts (GbR)

Gründung	Zwei oder mehr Personen schließen sich für einen begrenzten Zeitraum (kurzfristig oder langfristig) formlos zusammen, um ein gemeinsames Ziel zu erreichen, z. B. ein gemeinsames Geschäft umzusetzen. Diese vertragliche Vereinigung wird auch als BGB-Gesellschaft oder Gelegenheitsgesellschaft bezeichnet. Die Gesellschaft beginnt mit Abschluss des Gesellschaftervertrags und mit der Eintragung ins Handelsregister, diese hat somit einen konstitutiven Charakter.
Beiträge	Die von jedem Gesellschafter erbrachten Beiträge oder Leistungen stellen das Gesellschaftsvermögen dar und werden unter dem Begriff „Gesamthandsvermögen" zusammengefasst. Die Beiträge können Bar-, Sach- oder Rechtswerte beinhalten oder als Dienstleistungen abgegolten werden.
Geschäftsführung und Vertretung	Die Rechtsbeziehungen der Gesellschafter untereinander betreffen das Innenverhältnis, die Rechtsbeziehungen Dritten gegenüber betreffen das Außenverhältnis. Die gemeinschaftliche Geschäftsführung bedarf der Zustimmung aller Gesellschafter, unter Umständen kann vertraglich einem Gesellschafter eine Einzelgeschäftsführungsbefugnis per Vollmacht übertragen werden.
Haftung	Für Verbindlichkeiten der Gesellschaft haften die Gesellschaft und jeder einzelne Gesellschafter mit seinem gesamten Vermögen. Jeder einzelne Gesellschafter kann über seinen Anteil am Gesellschaftsvermögen frei verfügen. Über das Gesellschaftsvermögen als Ganzes können nur alle Gesellschafter gemeinsam verfügen.
Gewinnverteilung	Wenn vertraglich keine anderen Übereinstimmungen getroffen wurden, trägt jeder Gesellschafter den gleichen Anteil am Gewinn oder Verlust.
Beispiele für Gesellschaften bürgerlichen Rechts	■ Mehrere Handwerker gründen vorübergehend eine Gesellschaft bürgerlichen Rechts zur gemeinsamen Erfüllung eines Bauvorhabens. ■ Mehrere Personen gründen eine Lotto- oder Fahrgemeinschaft. ■ Freiberufler wie im o. g. Beispiel üben ihre Tätigkeit gemeinsam aus.

Offene Handelsgesellschaft (OHG)

Die OHG ist eine Personengesellschaft, in der mehrere Gesellschafter ein Handelsgewerbe unter einer gemeinsamen Firma betreiben.

Gründung	Mit dem Abschluss eines Gesellschaftervertrags zwischen mindestens zwei Gesellschaftern ist im Innenverhältnis die OHG entstanden (§ 109 HGB). Für den Gesellschaftervertrag ist keine Form vorgeschrieben, die Schriftform ist dennoch im Geschäftsverkehr üblich. Erst mit der Eintragung ins Handelsregister wird die Entstehung der OHG im Außenverhältnis Dritten gegenüber angezeigt. Liegt nach § 1 HGB ein Handelsgewerbe vor, so ist die OHG schon mit der Aufnahme des Geschäftsverkehrs entstanden (§§ 106, 123 HGB). Die Unternehmung muss als Firma die Bezeichnung „offene Handelsgesellschaft" oder eine allgemein verständliche Abkürzung dieser Bezeichnung tragen. Die Wahl einer Personen-, Sach-, Fantasie- und gemischten Firma ist unter Beachtung des Irreführungsverbots frei zu gestalten.
Kapitalgesellschaft	Der Gesellschaftervertrag beinhaltet eine Gesellschafterbeteiligung in Form einer Geld-, Sach- oder auch Rechtswerteinlage. Eine Mindesthöhe ist nicht vorgeschrieben.
Geschäftsführung und Vertretung	Nach § 114 ff. und § 125 ff. HGB ist ein besonderes Merkmal die Mitarbeit, zu der sich die Gesellschafter grundsätzlich verpflichten. Im **Innenverhältnis** besagt diese Regelung, dass jeder Gesellschafter zur Geschäftsführung berechtigt ist, soweit im Gesellschaftervertrag nichts anderes geregelt wurde. Abweichend von dieser Regelung können z. B. im Gesellschaftervertrag die Geschäftsführung einem Gesellschafter allein übertragen oder Kompetenzen gebündelt und auf verschiedene Personen übertragen und beschränkt werden. Sollten Gesellschafter vertraglich von der Geschäftsführung ausgeschlossen werden, so stehen ihnen noch ein **Kontroll- und ein Widerspruchsrecht** zu. Die Geschäftsführungsbefugnis für gewöhnliche Geschäfte, z. B. Einkauf, Verkauf, Einstellung oder Entlassung von Arbeitnehmern usw., kann jeder Gesellschafter allein ausüben. Die Geschäftsführungsbefugnis für außergewöhnliche Geschäfte wie z. B. die Veräußerung oder der Kauf von Grundstücken, die Aufnahme eines stillen Gesellschafters oder die Änderung des Geschäftszweiges obliegt allen Gesellschaftern zusammen. Im **Außenverhältnis** hat jeder Gesellschafter grundsätzlich eine Vertretungsbefugnis. Damit können sich Dritte jederzeit an alle Gesellschafter mit ihren Belangen wenden. Vertraglich abweichende Sonderregelungen sind von allen Gesellschaftern zur Eintragung ins Handelsregister anzumelden.
Haftung	Jeder Gesellschafter haftet für die Verbindlichkeiten der OHG gegenüber den Gläubigern **persönlich**, d. h. ▪ **unbeschränkt**: Jeder Gesellschafter haftet mit dem Gesellschaftsvermögen und seinem Privatvermögen. ▪ **unmittelbar**: Jeder Gläubiger kann sich direkt an jeden Gesellschafter wenden und seine Forderungen ihm gegenüber geltend machen. ▪ **solidarisch:** Jeder Gesellschafter haftet für die gesamten Schulden der OHG (§§ 128–130 HGB). Bei **Eintritt in die bestehende OHG** haftet ein neuer Gesellschafter für die bereits bestehenden Verbindlichkeiten, die vor seinem Eintritt eingegangen wurden, und bei seinem **Ausscheiden aus der OHG** haftet er noch fünf Jahre für die bis zu seinem Austritt entstandenen Schulden (§ 159 HGB).

Gewinnverteilung	Nach §§ 121, 122 HGB bekommt jeder Gesellschafter, sofern vertraglich keine anderen Regelungen bestehen, 4 % seiner Kapitaleinlage vorab vom Gewinn. Nach Abzug dieser 4 % wird der noch vom Gewinn übrig gebliebene Restbetrag nach der Anzahl der Gesellschafter verteilt („Verteilung nach Köpfen"). Während eines Geschäftsjahres darf ein Gesellschafter höchstens 4 % seines für das letzte Geschäftsjahr festgestellten Kapitalanteils als **Privatentnahme** entnehmen (auch wenn die OHG Verluste erwirtschaftet hat). Der **Verlust** wird ausschließlich nach Köpfen verteilt.
Auflösungsgründe	Beispielsweise durch den zeitlich befristeten Ablauf der Geschäftstätigkeit der OHG, durch den Beschluss der Gesellschafter, durch die Eröffnung eines Insolvenzverfahrens, durch den Tod oder die Kündigung eines Gesellschafters, sofern der Gesellschaftervertrag keine andere Regelung vorsieht u. a. (§ 131 HGB).

Kommanditgesellschaft (KG)

Gründung	Mindestens zwei Gesellschafter sind zur Gründung notwendig. Man unterscheidet den **Komplementär** = Vollhafter und den **Kommanditisten** = Teilhafter. Firmiert wird wie bei der offenen Handelsgesellschaft, nur mit dem Zusatz KG. Wie auch bei der OHG ist der Gesellschaftervertrag formlos, üblicherweise schriftlich abzufassen.
Kapitalbeschaffung	Komplementär(e) und Kommanditist(en) bringen das Kapital auf.
Geschäftsführung und Vertretung	Grundsätzlich wird die KG vom Komplementär geleitet und im Außenverhältnis vertreten. Die Kommanditisten haben bei außergewöhnlichen Geschäften ein Widerspruchsrecht sowie ein Kontrollrecht (§ 164 HGB).
Haftung	Komplementäre haften wie OHG Gesellschafter persönlich, Kommanditisten haften nur bis zur Höhe ihrer Einlage unmittelbar (§§ 171, 172 HGB).
Gewinnverteilung	Entsprechend den gesetzlichen Regelungen in §§ 167 und 168 HGB bekommt jeder Gesellschafter vorab 4 % seines Kapitalanteils vom Gewinn, der verbleibende Restgewinn wird gemäß dem Kapitalanteilsverhältnis auf die Gesellschafter verteilt. Den Verlust trägt der Kommanditist nur bis zur Höhe seiner geleisteten Kapitaleinlage.
Auflösungsgründe	Wie bei der OHG, allerdings wird beim Tod eines Kommanditisten, sofern keine vertraglichen Regelungen getroffen wurden, die Gesellschaft mit den Erben weitergeführt.

Gesellschaft mit beschränkter Haftung (GmbH)

Im Vergleich zu den Personengesellschaften sind Kapitalgesellschaften juristische Personen mit eigener Rechtspersönlichkeit. Sie können unter ihrem Namen klagen und beklagt werden.

Gründung	Die GmbH ist eine Handelsgesellschaft im Sinne des HGB, an der sich die Gesellschafter mit Einlagen beteiligen. Zur Gründung einer GmbH ist nur eine Person notwendig. Der Gesellschaftervertrag (Satzung) bedarf hier einer notariellen Beurkundung. Mit der Eintragung ins Handelsregister entsteht die GmbH, wird vor Eintragung bereits die Geschäftstätigkeit aufgenommen, so haften die Gesellschafter persönlich und solidarisch wie bei der OHG (§§ 2, 10, 11 GmbHG). Die Firmierung erfordert den Zusatz „Gesellschaft mit beschränkter Haftung" oder eine allgemein verständliche Abkürzung. Auch hier besteht die Wahl einer Personen-, Sach-, Fantasie- oder gemischten Firma.
Kapitalbeschaffung	Die Stammeinlage ist der **Nennbetrag der Geschäftsanteile**. Der Nennbetrag jedes Geschäftsanteils muss auf volle Euro lauten (mind. 1,00 €). Stammkapital: Der in der Satzung festgesetzte Betrag aller Stammeinlagen. Er muss 25 000,00 € betragen. Eine Eintragung ins Handelsregister kann nur erfolgen, wenn ein Viertel jedes Nennbetrags der Geschäftsanteile (Geld- und Sacheinlagen) eingezahlt wurde und von allen Gesellschaftern insgesamt 12 500,00 € erreicht werden.
Geschäftsführung und Vertretung	Die Geschäftsführungsbefugnis und die Vertretungsmacht liegen beim Geschäftsführer. Er ist neben dem Aufsichtsrat (bei GmbH mit mehr als 500 AN nach Mitbestimmungsgesetz von 1976) und der Gesellschafterversammlung ein Organ der Gesellschaft. Der Geschäftsführer kann, muss aber nicht gleichzeitig auch Gesellschafter der GmbH sein und wird von der Gesellschafterversammlung bestellt und abberufen. Die Gesellschafter haben neben dem Geschäftsführer ein Mitverwaltungs-, Auskunfts- und Einsichtsrecht (§ 35 ff. in Verbindung mit § 46 ff. GmbHG).
Haftung	Die GmbH haftet nur mit dem Gesellschaftsvermögen, sprich im Minimum mit 25 000,00 €. Die einzelnen Gesellschafter haften nur in Höhe ihrer geleisteten Einlage und im Rahmen ihrer Nachschusspflicht (§ 13 GmbHG).
Gewinnverteilung	Die Verteilung des Gewinns erfolgt im Verhältnis der Gesellschaftsanteile, sofern in der Satzung nichts anderes geregelt wurde. Der Geschäftsführer ist Angestellter der GmbH und erhält daher ein monatliches Geschäftsführergehalt (§ 29 GmbHG).
Auflösungsgründe	Zeitablauf, Beschluss der Gesellschafter, Insolvenzverfahren u. a.

In der Vergangenheit wurden viele GmbHs von zwei Personen gegründet, die nicht dauerhaft die Absicht hatten, zu zweit Geschäfte zu betreiben. Der Mitbegründer war häufig nur ein „Strohmann", der den Zweck hatte, bei der Gründung einer GmbH zu helfen. Nach Ablauf eines halben Jahres verließ dieser die Unternehmung und die GmbH konnte von dem eigentlichen Inhaber alleine fortgeführt werden.

Dies führte zum **Gesetz zur Modernisierung des GmbH-Rechts und zur Bekämpfung von Missbräuchen** (MoMiG). Das Gesetz verfolgt folgende Ziele:

- Erleichterungen und Beschleunigungen bei Unternehmensgründungen,
- gleichwertige Unternehmensform gegenüber ausländischen Rechtsformen,
- Bekämpfung und Eindämmung von Missbrauchsfällen.

Die **haftungsbeschränkte Unternehmergesellschaft (UG)** ist die Einstiegsvariante der GmbH nach dem MoMiG. Es handelt sich hierbei nicht um eine neue Rechtsform, sondern um eine Standard-GmbH, die mit geringem Stammkapital (1,00 €) gegründet werden kann. Dies gilt auch für eine UG & Co. KG.

Bedingungen:

- Die Firma muss den zwingenden Zusatz haben „Unternehmergesellschaft (haftungsbeschränkt)" oder „UG (haftungsbeschränkt)".
- Ein Musterprotokoll bestehend aus Gesellschaftsvertrag, Geschäftsführerbereitstellung und Gesellschafterliste dient der Erleichterung und muss bei Gründung vorliegen.
- Die GmbH muss mindestens drei Gesellschafter und einen Geschäftsführer haben.
- Vom Gesetz abweichende Bestimmungen dürfen nicht getroffen werden.
- Die UG muss eine gesetzliche Rücklage bilden, in die 25 % des Jahresüberschusses einzubringen sind. Diese Rücklagenbildung ist zeitlich und in der Höhe unbegrenzt. Bei Erreichen von 25 000,00 € (Stammkapital der Standard-GmbH) endet die Rücklagenpflicht. Hat die UG das Stammkapital von 25 000,00 € oder mehr erreicht, so kann sie umfirmieren auf den Zusatz „GmbH" oder ihre bisherige Bezeichnung beibehalten.

Sonderform: GmbH & Co. KG

Die **GmbH & Co. KG** ist eine **Kommanditgesellschaft**, also eine **Personengesellschaft**. Die GmbH als juristische Person nimmt in dieser Kommanditgesellschaft die Rolle des Vollhafters (Komplementärs) ein. Meistens sind die Gesellschafter der GmbH als natürliche Personen die Kommanditisten der GmbH. Somit kann z. B. eine Ein-Mann-GmbH auch eine GmbH & Co. KG bilden. Hierbei nimmt die natürliche Person die Funktion des Gesellschafters und Geschäftsführers der GmbH ein, die GmbH ist eigenständig Komplementär und die natürliche Person Kommanditist dieser Kommanditgesellschaft. Somit übernimmt in diesem Fall die natürliche Person drei Funktionen in einer Person.

Die Bedeutung der GmbH & Co. KG liegt z. B. in

- steuerlichen Vorteilen,
- der Haftungsbeschränkung (die Haftung der Gesellschafter schließt somit das Privatvermögen aus),
- dem Einsatz von Fremdgeschäftsführern (Fachleuten),
- größeren Gestaltungsmöglichkeiten bei Familienunternehmen in Erbschaftsangelegenheiten.

Aktiengesellschaft (AG)

Gründung	Mindestens eine Person ist zur Gründung einer AG notwendig. Die Gründer erstellen einen Gesellschaftervertrag, der notariell beurkundet werden muss. Die AG ist errichtet, sobald alle Aktien übernommen worden sind. Der Beginn der AG ist mit der Eintragung ins Handelsregister erfolgt. Im Rahmen der Firmierung muss der Zusatz „Aktiengesellschaft" in allgemein verständlicher Abkürzungsform gegeben sein (§§ 2, 23 ff. AktG).
Kapitalbeschaffung	Der Mindestnennbetrag des Grundkapitals beträgt 50000,00 €. Dieser Betrag setzt sich aus den Nennbeträgen der Aktien zusammen. Die Aktie ist eine Urkunde, in der die Mitgliedschaft in einer AG verbrieft wird und die jeweils einen Bruchteil am Grundbetrag repräsentiert (§ 6 ff. AktG).
Geschäftsführung und Vertretung	**Vorstand:** Er ist geschäftsführendes Organ der AG und leitet die Geschicke der AG. Ein oder mehrere Personen bilden den Vorstand, der vom Aufsichtsrat auf fünf Jahre bestellt wird (§ 76 ff. AktG). **Aufsichtsrat:** Er bildet das Kontrollorgan der AG. Mindestens drei Mitglieder werden von der Hauptversammlung für vier Jahre bestellt (§ 95 ff. AktG). **Hauptversammlung:** Sie setzt sich aus den Aktionären zusammen und bildet das beschlussfassende Organ. Die Hauptversammlung wird i. d. R. einmal im Jahr berufen (§ 118 ff. AktG).
Haftung	Die AG haftet als juristische Person nur mit dem Gesellschaftsvermögen. Die Aktionäre selbst haften nicht (§ 1 AktG).
Gewinnverteilung	Die Hauptversammlung entscheidet über die Gewinnverwendung. Der Gewinn ergibt sich aus dem Jahresabschluss, der vom Vorstand erstellt wird. Die Gewinnverteilung auf die Aktionäre erfolgt nach Aktiennennbeträgen (§ 58 AktG). Beispiel: Grundkapital:.................................... 100000,00 € Ausgeschütteter Gewinn:.................... 30000,00 € Dividende:.. 30 % Jeder Aktionär erhält für eine Aktie mit einem Nennbetrag von 100,00 € eine Dividende von 30,00 €.

1.6 Unternehmensziele, Zielkonflikte, Nachhaltigkeit

Ein Sprichwort von Laozi, einem alten chinesischem Philosophen, besagt: „Nur wer das Ziel kennt, findet den Weg." Und das trifft voll auf die Festlegung von Unternehmenszielen zu. Nur wenn die unternehmerischen Ziele eindeutig formuliert sind, kann man eine sinnvolle strategische Planung für die Zukunft des Unternehmens planen. Zum Wort „Ziel" findet sich im Duden folgender Eintrag[1]: „ZIEL – […] kennzeichnet in Bildungen mit Substantiven etwas als das, was erreicht werden soll, was angestrebt wird […]."

---

[1] *Bibliographisches Institut GmbH (Hg.): Ziel-, abgerufen unter www.duden.de/rechtschreibung/Ziel_ [03.04.2014]*

Schaffung eines Zielsystems

Im Projektmanagement, aber auch im Marketing bedient man sich der sogenannten SMART-Formel, um Ziele gut formulieren zu können. Die Bezeichnung SMART kommt ursprünglich aus dem Englischen, ist eine Abkürzung und bedeutet übersetzt:

Spezifisch =	Die Ziele müssen eindeutig und unmissverständlich formuliert sein.
Messbar =	Die formulierten Ziele müssen anhand von Messkriterien überprüfbar sein.
Angemessen =	Die Ziele müssen angemessen sein, damit sie für alle Beteiligten auch akzeptabel sind.
Realistisch =	Nur realistische Ziele sind auch wirklich erreichbar.
Terminiert =	Es muss deutlich werden, bis wann das Ziel erreicht sein soll.

Entsprechen die formulierten Ziele eines Unternehmers oder eines Existenzgründers diesen Vorgaben, können alle weiteren Planungen danach ausgerichtet und abgestimmt werden. Wichtig ist, dass in jedem Fall Ziele formuliert werden, sonst ist weder eine Steuerung noch eine Kontrolle möglich. Wenn der Unternehmer nicht weiß, wohin es gehen soll, kann er auch nicht in die Richtung steuern, sondern muss alles hinnehmen, was zufällig passiert.

Mögliche Unternehmensziele

Unternehmensziele

Ökonomische Ziele
- Gewinnmaximierung
- Umsatzmaximierung
- Kostenminimierung
- Umsetzung des ökonomischen Prinzips
- Marktanteilserhöhung
- Sicherung der Liquidität
- Kundenzufriedenheit

Ökologische Ziele
- umweltschonende Produktion
- Schutz der Ressourcen
- Ausschuss-/Abfallminimierung
- umweltgerechte Entsorgung

Soziale Ziele
- Erhaltung der Arbeitsplätze
- soziale Einrichtungen für Mitarbeiter
- Schaffung von Lebensqualität (durch Produkte)
- Unterstützung belasteter Mitarbeiter

Die Verfolgung von ökologischen und sozialen Zielen schließt die Verfolgung von ökonomischen Zielen nicht aus, im Gegenteil. Häufig fördern sie sich sogar gegenseitig. Das Ziel, Abfall zu vermeiden oder zu minimieren, bedeutet auch weniger Einsatz von Werkstoffen, also weniger Kosten bei der Erreichung des gleichen Ergebnisses.

Beispiel:
Schafft es die Stockmann OHG, beim Bau der Fenster weniger Verschnitt im Holz zu haben, senkt sie die benötigte Menge für die gleiche Anzahl an Fenstern und damit auch die Kosten. Gleichzeitig setzt sie das ökonomische Prinzip um, einen festgelegten Erfolg mit möglichst wenig Mitteleinsatz zu erreichen (Minimalprinzip, vgl. Kapitel 3.2).

Zielbeziehungen

Vor dreißig Jahren war die überwiegende Meinung in der Bevölkerung und auch in den Führungsetagen der Unternehmen, dass sich ökologische und ökonomische Ziele gegenseitig ausschließen – und nicht, wie es heute viele sehen, sich gegenseitig fördern können. Dieses Verhältnis von Zielen untereinander nennt man Zielbeziehung. Es gibt drei Arten von Zielbeziehungen[1]:

- **Zielindifferenz**

  Die gleichzeitig verfolgten Ziele haben keinen Einfluss aufeinander, d.h., sie fördern sich nicht gegenseitig, aber sie behindern sich auch nicht.

- **Zielharmonie**

  Die Verfolgung des einen Ziels hat auch positive Auswirkungen auf ein anderes Ziel.

- **Zielkonflikt**

  Die Erreichung des einen Ziels behindert die Erreichung eines anderen Ziels.

Der vermeintliche Zielkonflikt zwischen Ökonomie und Ökologie ist inzwischen teilweise von der deutschen Wirtschaft selbst wiederlegt worden. Gerade im Bereich der Umwelttechnik und der alternativen Energien gibt es viele Unternehmen, die erfolgreich neue Technologien entwickelt haben und sich durch Innovationen, die weltweit gefragt sind, auszeichnen.

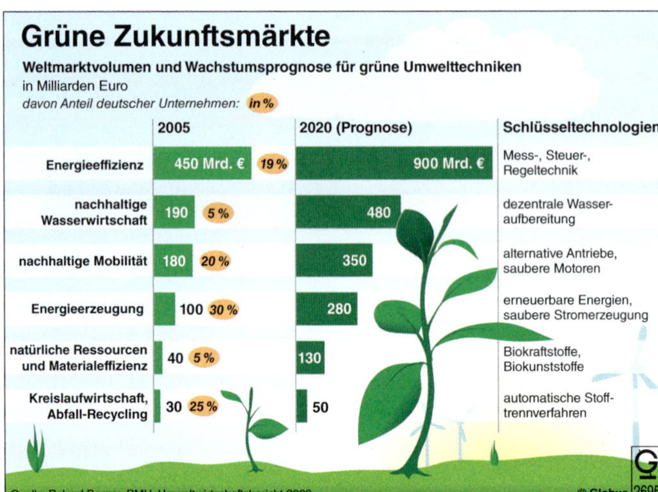

So kann eine konfliktäre Zielbeziehung durchaus zu einer harmonischen Beziehung führen. Unternehmen, die führend sind in Umwelttechnik, umweltfreundlich produzieren oder umweltfreundliche Produkte herstellen, werden in unserer Gesellschaft positiv wahrgenommen. Sie haben in der Regel ein gutes Image, das zum Ausbau der Marktanteile und zu einer langfristigen Existenzsicherung des Unternehmens beitragen kann.

[1] *Vgl. auch Kap. 7.1 Stabilitätsgesetz.*

In der Beziehung zwischen sozialen und ökonomischen Zielen ist es nicht ganz so eindeutig. Durch die Verfolgung von sozialen Zielen kann die Motivation der Mitarbeiter gesteigert werden, was oft zu besseren Arbeitsergebnissen führt. Motivationsforscher haben herausgefunden, dass die Motivation über die Verfolgung von sozialen Zielen länger anhält als die Motivation durch finanzielle Anreize.

Auf der anderen Seite bedeutet die Verfolgung sozialer Ziele, wie die Sicherung von Arbeitsplätzen, auch höhere Lohnkosten, wenn diese Mitarbeiter gegen Maschinen ausgetauscht werden könnten[1]. Sind die Marktbedingungen ungünstig und können die durch höhere Kosten verursachten höheren Produktpreise nicht am Markt durchgesetzt werden, muss das Unternehmen Mitarbeiter freisetzen.

Man kann gut erkennen, dass sich Zielbeziehungen durch die Rahmenbedingungen, die herrschen, verändern können. Das geänderte Verhältnis von Ökologie und Ökonomie ist u. a. auf den zunehmenden politischen und gesellschaftlichen Einfluss der Umweltbewegung und der daraus entstandenen Parteien zurückzuführen. Die Veränderung der gesellschaftlichen Einstellung hat auch den Gedanken der Nachhaltigkeit verstärkt in das Bewusstsein der Menschen gebracht. So haben sich nicht nur die staatlichen Vorgaben geändert, sondern auch das Konsumentenverhalten.

Auf der anderen Seite haben Gesetze, Verbote und Verordnungen, die der Nachhaltigkeit und dem Schutz der Umwelt dienen, dazu geführt, dass Arbeitsplätze abgebaut oder verlagert wurden. Für manche Betriebe waren die Investitionskosten für neue Abwasser- oder Filteranlangen zu hoch oder die Umweltauflagen waren so stark, dass die Betriebe geschlossen oder an einen anderen Standort verlagert wurden.

1.7 Organisationsstrukturen

Unternehmen können sehr unterschiedlich organisiert sein, wie die unternehmensinterne Organisation aufgebaut ist, erkennt man an der **Aufbauorganisation**. Sie gibt an, welche Abteilungen oder Instanzen es in Betrieben gibt und wie sie einander zugeordnet sind. Dementsprechend sind auch die Informationssysteme und die Kommunikationswege gestaltet. Die Aufbauorganisation eines Betriebs wir in einem Organigramm abgebildet.

Beispiel: Organigramm der Stockmann OHG
Die Aufbaustruktur der Stockmann OHG ist mithilfe des Organigramms schnell zu erfassen. Die beiden Inhaber Gerhard und Steffen Stockmann stehen an der Spitze der Organisation und die Kommunikation läuft über die jeweiligen Abteilungsleiter, wie z. B. Herrn Kersken vom Verkauf oder Frau Leugering von der Verwaltung. Diese betriebsinterne Kommunikationsstruktur soll mithilfe des Organigramms dargestellt werden.

[1] *Vgl. Kapitel 3.3 Produktionsbedingungen und deren Kosten, Austausch von Produktionsfaktoren.*

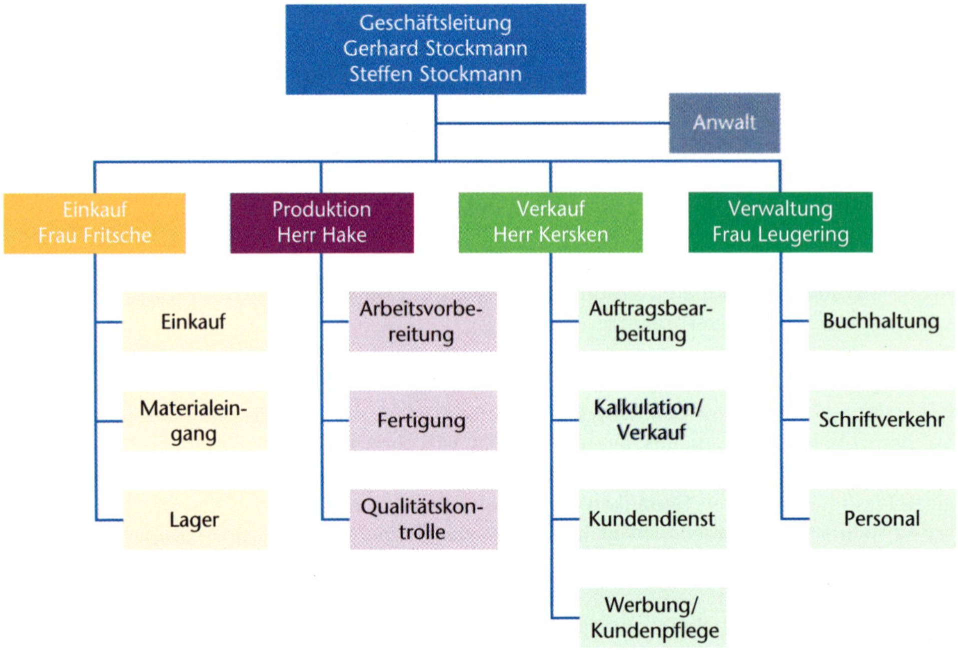

In einigen Betrieben gibt es noch sogenannte **Stabsstellen**. Sie sind keiner einzelnen Abteilung zugeordnet, sondern meistens direkt der Geschäftsleitung untergeordnet. In größeren Betrieben ist das z. B. die Rechtsabteilung. In der Stockmann OHG existiert diese nicht, sie ist aber im Organigramm zum besseren Verständnis von Stabsstellen abgebildet. Diese Stabsstelle kann von allen Abteilungen in Anspruch genommen werden, allerdings nur über den Weg der Abteilungsleitung.

Neben der Aufbauorganisation gibt es noch die **Ablauforganisation,** die auf der Aufbauorganisation aufbaut. Diese regelt alle Arbeitsabläufe in einem Unternehmen und sorgt im optimalen Fall für einen reibungslosen Betriebsablauf aller Vorgänge. Sie optimiert die Zeiten aller stattfindenden betrieblichen Prozesse. Hierbei ist eine Zeit- und Zielorientierung sehr wichtig, die aber auch die personellen, materiellen und räumlichen Bedingungen berücksichtigt. Heute bezeichnet man diese Aufgabe auch häufig als Prozessmanagement. Die bekannteste Form der Ablauforganisation ist die zeitorientierte Ablauforganisation, auf die im Abschnitt 3.6 näher eingegangen wird (vgl. Netzplan, Balkendiagramm).

1.8 Umweltmanagement

In der heutigen Zeit ist Umweltschutz ein wichtiges Thema für Unternehmen und findet somit in den Unternehmenszielen auch immer mehr Einzug (vgl. Kap. 1.6). Zudem findet sich das Thema Umweltschutz quasi in allen Teilbereichen eines Betriebs wieder, von der Beschaffung bis hin zum Verkauf oder sogar der Rücknahme von Produkten.

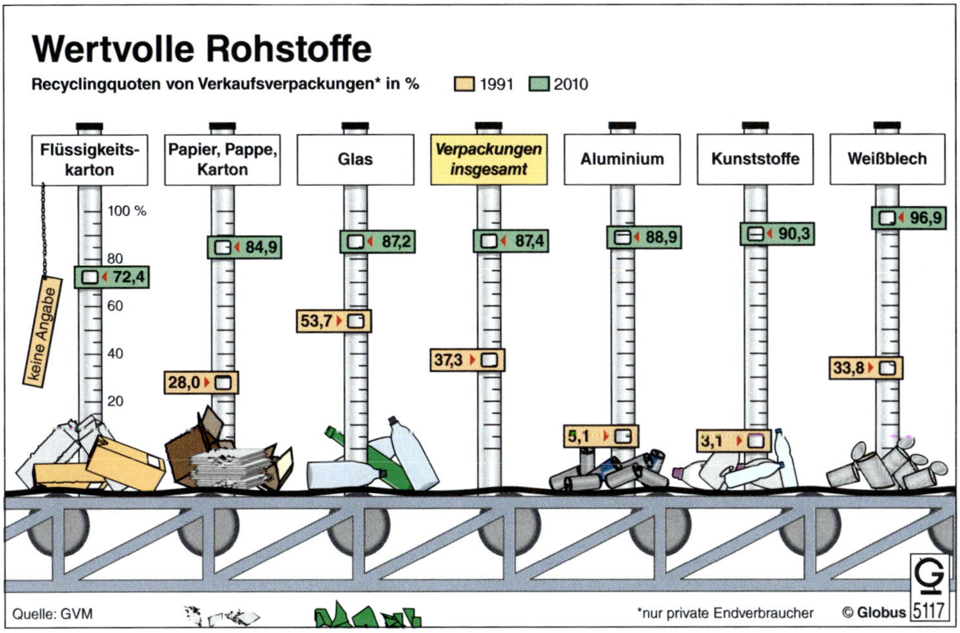

Bei der Beschaffung kann auf den Einkauf von Materialien geachtet werden, die nicht nur in der Verwendung umweltfreundlich sind, sondern auch entsprechend hergestellt wurden. Zudem werden die gleichen Materialien teilweise sowohl sehr unterschiedlich verpackt als auch unterschiedlich befördert. Dies kann neben der Umweltfreundlichkeit der Produkte ein weiteres Entscheidungskriterium für oder gegen einen Lieferanten sein, genauso wie dessen Umgang mit und dessen Lagerung von umweltgefährlichen Stoffen, die leider nicht immer zu vermeiden sind.

Im Produktionsprozess steht beim Umweltmanagement an erster Stelle die Herstellung von möglichst umweltfreundlichen Produkten. Das beinhaltet den Einsatz umweltschonender Fertigungsverfahren und eine Produktionsplanung, die Ausschuss vermeidet und somit auch die Abfallmenge im Betrieb vermindert. In energieintensiven Betrieben kann die Investition in eine neue, Strom sparende oder Abwärme nutzende Fertigungsstraße viel Energie und Kosten sparen. Werden Bauteile aus größeren Einheiten zugeschnitten, ausgesägt oder ausgestanzt, kann der Einsatz von Software, die z. B. den optimalen Zuschnitt berechnet, zu Einsparungen beim eingesetzten Material führen. Im Rahmen des Umweltmanagements sollten zudem die innerbetrieblichen Transportmittel überprüft werden, vielleicht ist ein Austausch oder eine effizientere Nutzung möglich.

Beim Verkauf von hergestellten Erzeugnissen kommt das betriebliche Umweltmanagement etwa dabei zum Einsatz, dass überprüft wird, ob die verwendete Verpackung wirklich notwendig ist oder ob Verpackungsmaterial mehrfach genutzt werden kann.

Beispiel:
Die Stockmann OHG muss für die Auslieferung der Fenster und Türen alles so verpacken und transportieren, dass die Glas- und Holzteile ohne Kratzer und andere Schäden beim Kunden ankommen. Als Verpackungsmaterial wurden bisher entweder Luftpolsterfolie oder Wellpappe eingesetzt. Diese wurden um die Fenster und Türen gewickelt und festgeklebt. So war eine Wiederverwendung des Materials schwierig.
Jetzt wird im Rahmen des Umweltmanagements überprüft, ob es eventuell mit textilen Produkten eine Alternative gibt, die mehrmals verwendet werden kann. Zudem hat der Seniorchef Gerhard Stockmann einen Einzelhandelsbetrieb mit Onlineshop gefunden, der zur Verpackung der Ware die großen Luftpolsterfolien des Fensterbauers weiternutzen kann.

Neben dem Verpackungsmaterial gehört der Transport der Waren zum Kunden auf den Prüfstand des Umweltmanagements. Sind Transporte etwas im Voraus planbar, kann übergeprüft werden, welches Verkehrsmittel die geeignetste Alternative darstellt, ob Schiff, Lkw oder Bahn. Einige innerstädtische Auslieferungen werden inzwischen sogar schon mit Elektroautos vorgenommen, z. B. von Apotheken. Aber auch eine geschickte Kombination von Auslieferungsfahrten kann schon eine Vermeidung der Umweltbelastung bedeuten.

Weder beim Einkauf, der Herstellung noch beim Verkauf von Produkten lassen sich Abfall und Ausschuss immer ganz vermeiden. Der sinnvolle Umgang damit ist im Rahmen des Umweltschutzes genauso zu bedenken wie das betriebliche Abfall- und Mülltrennungssystem. Nicht alle Branchen können wie die Hersteller von Trinkgläsern diese Mengen wieder in den Produktionsprozess zuführen (das Glas wird eingeschmolzen und wiederverwendet).

In der heutigen Zeit, mit bereits gut ausgebauten Recyclingkreislaufen für viele Werkstoffe, kann durch ein gutes Mülltrennungssystem eine große Menge an Stoffen in den Wertstoffkreislauf zurückgeführt werden. An dieser Stelle kann der Betrieb nicht nur den Ansprüchen des Umweltmanagements gerecht werden, sondern auch noch Kosten reduzieren. Einige Stoffe erzielen auch als Abfall noch gute Preise, da der Markt in diesem Segment immer größer wird und die Nachfrage steigt.

Im Zuge der Verankerung des Nachhaltigkeitsgedankens in der Gesellschaft werden inzwischen die Stoff- und Abfallströme in **Ökobilanzen** festgehalten. Eine Ökobilanz erfasst die ökologischen Auswirkungen, die bei der Produktion von Gütern und Dienstleistungen verursacht werden, und gibt Auskunft über Umweltbelastungen und Umweltschutzmaßnahmen.

Beispiel:

Auszug aus einem Hintergrundpapier des Umweltbundesamtes

Bei Ökobilanzen für Produkte – zum Beispiel für Getränkeverpackungen – wird der gesamte Lebensweg des Produkts betrachtet. Von der Wiege bis zur Bahre – also von der Herstellung über die Nutzung bis zur Entsorgung des Produkts – werden die Umweltauswirkungen erfasst. Dabei werden nicht nur die Umweltauswirkungen des eigentlichen Herstellungsprozesses berücksichtigt, sondern auch die Herstellung der Vorprodukte, teilweise sogar der Hilfs- und Betriebsstoffe, der Energieerzeugung sowie die Förderung und Bereitstellung der Rohstoffe. Einbezogen werden auch alle Transporte. Für die Phase der Nutzung werden zum Beispiel bei einem Kühlschrank der Energieverbrauch und damit auch die Schadstoff-Emissionen beim Kraftwerk einbezogen. Bei der Entsorgung wird das Recycling der Wertstoffe ebenso berücksichtigt wie die Umweltbelastung durch die Ablagerung der Abfälle auf Deponien oder ihre Verbrennung.

Umweltbundesamt (Hg.): Hintergrundpapier „Handreichung Bewertung Ökobilanzen", August 2000, abgerufen unter www.probas.umweltbundesamt.de/download/uba_bewertungsmethode.pdf [03.04.02014]

Kapitalrechnung	Die Bilanz ist die zahlenmäßige Gegenüberstellung der Vermögenswerte (Aktiva), des Kapitals und der Verbindlichkeiten/Schulden (Passiva) zu einem bestimmten Zeitpunkt.
Umweltrechnung	Die Ökobilanz vergleicht Input mit Output und die Auswirkungen auf die Umwelt.

Ökobilanz **Input**	 **Output**
Anlagegüter ■ Belasteter, unbelasteter Boden ■ Umweltunverträgliche Anlagegüter ■ Umweltbelastende Anlagegüter **Umlaufgüter** ■ Umweltunverträgliche Roh-, Hilfsstoffe ■ Umweltneutrale Roh-, Hilfsstoffe ■ Umweltverträgliche Roh-, Hilfsstoffe ■ Reinigungsmittel, Verpackungen, Büro- und Werbematerial, sonstige Stoffe **Betriebsstoffe** Luft, Wasser, elektrischer Strom, Heizöl, Erdgas, erneuerbare Energien (Wasser-, Windkraft, Solarenergie, Fotovoltaik, Deponiegas, Rapsöl u. a.) **Fuhrpark** Fahrzeuge mit und ohne Katalysator, Betrieb mit Biodiesel, Rußpartikelfilter, Erdgas, Elektromotor **Personalkosten** Geschäftsführung, Einkauf, Umweltschutz	**Produkte** Mit und ohne Gütezeichen, z. B. „Umweltengel", „Bio" **Abluft** Menge, Temperatur, Geruch, CO_2-Ausstoß **Abwasser** Menge, Güte, Temperatur **Abfälle** Wiederverwendbar, wiederverwertbar, Sonderabfälle: überwachungsbedürftige Abfälle **Energie** Art, Menge, Einsatz, Einsparung **Lärmbelastung** Emissionen, soziale und regionale Einwirkungen **Bodenbelastung** Verringerte, gleichbleibende Emissionen, Abbau von Altlasten

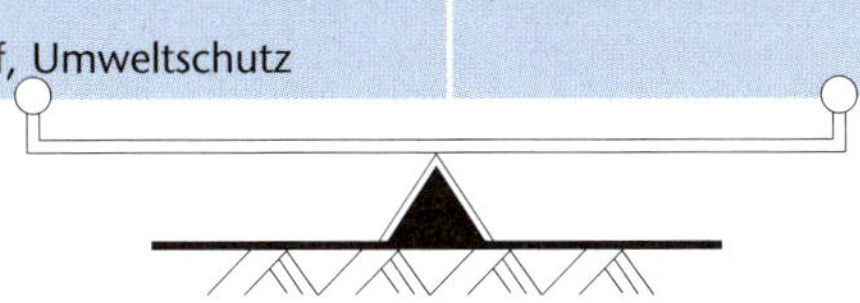

Neben den noch freiwilligen Aspekten des Umweltmanagements unterliegt jedes Unternehmen auch Regelungen des Umweltrechts, die zwingend befolgt werden müssen.

Wichtige Rechtsvorschriften sind z. B.

- Abfallgesetz,
- Wasserhaushaltsgesetz,
- Umweltstrafrecht,
- Bundes-Immisionsschutzgesetz,
- Gefahrengutverordnung,
- Bundesnaturschutzgesetz,
- Chemikaliengesetz,
- Atomgesetz.

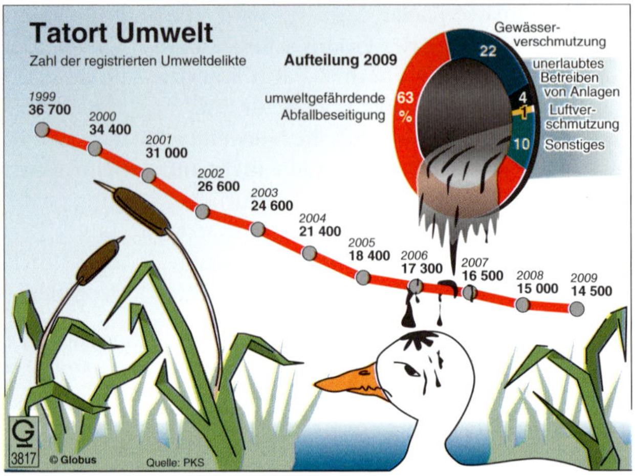

Werden diese oder andere Vorschriften nicht beachtet, drohen je nach Schwere des Verstoßes als Konsequenzen Entzug der Betriebserlaubnis, Geld- oder Haftstrafen (bei Vorliegen einer Straftat) oder die Verpflichtung zur Zahlung von Schadenersatz.

1.9 Qualitätsmanagement

Unter Qualität versteht man im allgemeinen Sprachgebrauch bestimmte Eigenschaften eines Gegenstands oder einer Dienstleistung. Betriebe verbinden zusätzlich gewisse Standards und Normen damit. Die ersten Normen gab es schon relativ früh, wie die festgelegten Größen von Papierbogen.

Früher wurde zur Sicherung der Produktqualität eine Endkontrolle, die **Qualitätskontrolle**, durchgeführt, die sicherstellen sollte, dass ein fehlerfreies Produkt beim Kunden ankommt. Waren Erzeugnisse fehlerhaft, wurden sie aussortiert oder nachgearbeitet.

Im Laufe der Jahre kam man zu der Überzeugung, dass es besser sei, die Qualitätskontrolle im betrieblichen Prozess vorzuziehen, und es entwickelte sich die **Qualitätssicherung**. Diese wurde bereits bei der Entwicklung von Produkten mit einbezogen, da man Fehlern vorbeugen und diese nicht erst in Nachhinein ausbessern wollte. So konnten Konstruktionen und Fertigungsplanungen montage- und produktionstechnisch angepasst werden, z. B. durch Vermeidung von ungünstig geplanten Arbeitsschritten oder fehlerprovozierenden Arbeitsabläufen.

Bis dahin war das Thema Qualität auf die Produktion beschränkt und in den Händen von Spezialisten in den Betrieben. Mitte der 1990er-Jahre gab es eine weitere Veränderung zum **Total Quality Management**. Dieses umfasst alle Funktionsbereiche von Unternehmen. So soll die Qualitätssicherung von allen Mitarbeitern im Betrieb und auch als Managementaufgabe umgesetzt und gelebt werden. Also ist sie nicht mehr eine Aufgabe von Spezialisten, sondern von allen Betriebsangehörigen, von der Leitungsebene bis zum einfachen Mitarbeiter, und das durchgehend, nicht nur als Endkontrolle oder als vorbeugende Maßnahme bei der Konstruktion.

Somit ist im Organigramm eines Unternehmens die Sicherstellung der Qualität zwar noch ein Bestandteil der Produktion, sie ist aber in allen anderen Bereichen integriert. In einigen Betrieben ist die Qualitätssicherung sogar als Stabsstelle eingerichtet.

Mithilfe eines **Qualitätsmanagements** (QM) sollen zwei Dinge erreicht werden: Vermeidung von Fehlern und ständige Verbesserungen, damit das Qualitätsniveau gesteigert werden kann. Im Rahmen des Qualitätsmanagements müssen zur Zielerreichung erst einmal die Ziele selbst festgelegt werden. Danach erst kann die Qualitätsplanung, -steuerung, -sicherung und -verbesserung verbindlich geregelt werden.

Wenn die Bestellnummer stimmt, wird's schon passen!

Wie in vielen betrieblichen Prozessen gibt es auch hier einen Zielkonflikt, da durch ein QM-System mehr Kosten verursacht werden als durch eine alleinige Endkontrolle. Die beiden Kostenverläufe der Folgekosten von Fehlern und der Prüfungskosten, um Fehler zu vermeiden, haben einen Schnittpunkt, der die optimale Kombination zur Kontrollstrategie angibt.

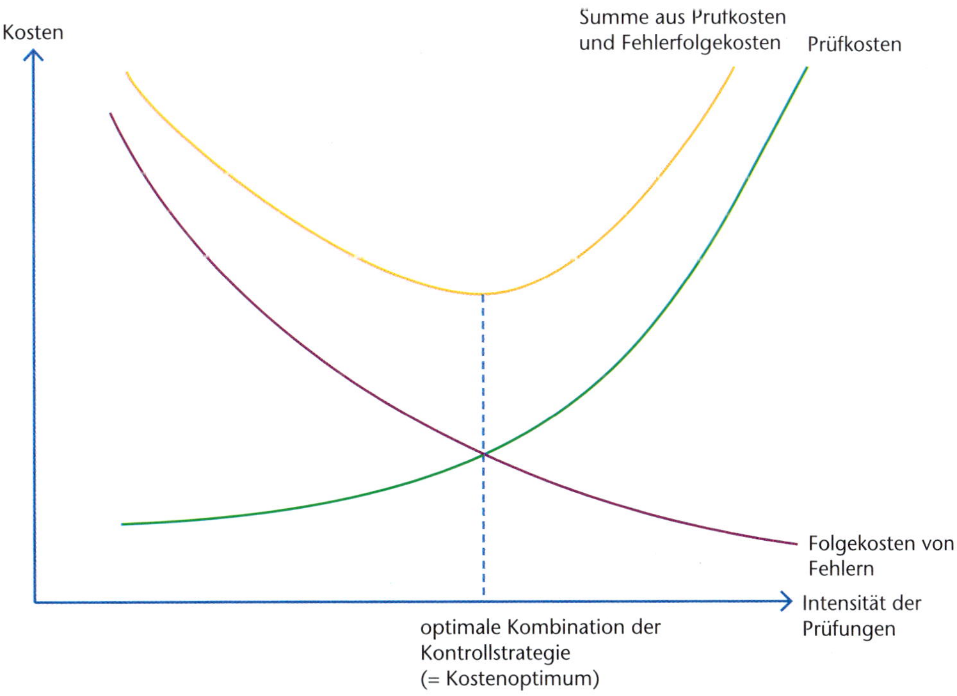

Normenreihe DIN EN ISO 9000 ff.

Auszug von der Internetseite des TÜV Nord:

DIN EN ISO 9001[1]

Dokumentierte Leistungsfähigkeit

Über Erfolg oder Misserfolg eines Unternehmens entscheidet nicht allein die Qualität der erbrachten Einzelleistungen. Ebenso wichtig sind die Bereitschaft und Fähigkeit, auf Veränderungen und Wünsche der Kunden und Märkte flexibel und schnell zu reagieren. Um diese komplexe Anforderung zu erfüllen, ist ein wirkungsvolles Qualitätsmanagementsystem unverzichtbar.

Die Qualitätsmanagement-Normen der Reihe DIN EN ISO 9000, im Jahr 1987 eingeführt, bilden weltweit für eine Vielzahl von Organisationen der verschiedensten Branchen die Basis für Qualitätssicherung und Qualitätsmanagement und sind das am weitesten verbreitete Normenwerk der ISO (International Organisation for Standardization).

Weltweit anerkannter Nachweis von Kompetenz

Weltweit bilden die Qualitätsmanagement-Normen der Reihe DIN EN ISO 9000 die Basis für Qualitätssicherung und Qualitätsmanagement und sind das am weitesten verbreitete Normenwerk der ISO (International Organisation for Standardization). National und international gilt für Unternehmen jeder Größe und Branche ein nach DIN EN ISO 9001 zertifiziertes Qualitätsmanagementsystem als idealer Nachweis von Kompetenz und Leistungsfähigkeit.

Im Rahmen der Zertifizierung geht es unter anderem um:

- kontinuierliche Verbesserung und Fehlerprophylaxe
- Verringerung von Streuung und Verschwendung
- Ermittlung und Überwachung qualitätsbezogener Kosten
- Produkthaftung und Produktsicherheit
- Produkt- und Prozessentwicklung
- interdisziplinäre Zusammenarbeit

TÜV Nord (Hg.): DIN EN ISO 9001, abgerufen unter www.tuev-nord.de/de/qualitaet/din-en-iso-9001-9181.htm [28.06.2014]

Die **DIN EN ISO** legt also bestimmte Standards fest, die mit einem Qualitätsmanagementsystem (QM-System) verwirklicht werden sollen. Die wichtigsten Bereiche der ISO Reihe sind

- DIN EN ISO 9000 — Grundlagen, Begriffe, Definitionen,
- DIN EN ISO 9001 — Anforderungen an das QM-System mit den Grundsätzen eines QM-Systems (alleinige Grundlage für eine Zertifizierung),
- DIN EN ISO 9004 — Anleitung zur Verbesserung der Leistungen,
- DIN EN ISO 9011 — Leitfaden für das interne und externe Auditieren von Qualitäts- und Umweltmanagementsystemen.

Die Einführung eines weltweiten Qualitätssystems hat für die international aktiven Unternehmen große Vorteile. Die Qualität eines neuen Lieferanten muss nicht jedes Mal durch Probelieferungen und intensive Prüfung des Produkts getestet werden, sondern es reicht, die

[1] *DIN = Deutsches Institut für Normung, EN = Europäische Norm, ISO = International Organization for Standardization; somit ist eine nationale und internationale Anerkennung des Systems gegeben.*

Anfrage nach der DIN EN ISO 9000 ff. Ist ein Betrieb zertifiziert und hat somit nachgewiesen, dass er die festgelegten Standards einhält, kann er schnell und unkompliziert als Lieferant genutzt werden.

Die IHK Berlin schreibt dazu:

Welche Vorteile hat das Qualitätsmanagementsystem?

Die Etablierung eines Qualitätsmanagementsystems im Unternehmen kann folgende Vorteile haben:

- nachweislich kontinuierliche Verbesserung: Steigerung der Wirtschaftlichkeit und Rentabilität,
- sinkende Prozess- und Fehlerkosten,
- Steigerung der Arbeitermotivation,
- Steigerung der Kundenzufriedenheit,
- Verbesserung der Wettbewerbsfähigkeit (national und international),
- Verbesserung des Images,
- Risikovorsorge (Ausschalten von Organisationsverschulden nach KonTraG-Gesetz zur Kontrolle und Transparenz im Unternehmensbereich).

IHK Berlin (Hg.): Qualitätsmanagement: DIN EN ISO 9000:2000 ff., Dezember 2013, abgerufen unter www.ihk-berlin.de/linkableblob/bihk24/innovation/Praxistipps_Innovation_und_Wissenschaft/Download/814368/.25./data/Merkblatt_Qualitaetsmanagement-data.pdf [26.06.2014]

Das betriebliche Qualitätsmanagement kann um ein freiwilliges **Öko-Audit-System** ergänzt werden, mit dem der betriebliche Umweltschutz fortdauernd ausgebaut und verbessert werden kann. Grundlage dieses Systems ist die EU-Öko-Audit-Verordnung.

Zu einem Öko-Audit-System gehören ein betriebliches Umweltmanagement-System und eine Umwelt-Betriebsprüfung durch externe, zugelassene Gutachter wie bei Qualitätsaudits. Entsprechend dem QM-Audit wird bei erfolgreicher Teilnahme an einem Audit ein Zertifikat ausgestellt. Dieses wird von vielen Unternehmen zur Imageförderung und Gewinnung neuer Kunden eingesetzt.

QM-Systeme sind gesetzlich nicht vorgeschrieben, werden aber von vielen mittleren und größeren Betrieben ein- und umgesetzt, da sie sehr viele Vorteile mit sich bringen. Die Kritiker betonen dagegen, der bürokratische Aufwand sei viel zu groß (da alle betrieblichen Prozesse dokumentiert werden müssen) und Papier sei geduldig (nicht alle Prozessbeschreibungen der Theorie werden in der Praxis umgesetzt). Wie immer ist es eine Sache der Betrachtung und der Ernsthaftigkeit, wie eine Sache umgesetzt – und von der Geschäftsführung unterstützt und gelebt – wird.

1.10 Arbeits- und Gesundheitsmanagement

Beispiel:

Stockmann OHG

Interne Mitteilung

Liebe Mitarbeiterinnen und Mitarbeiter,

aufgrund der im vergangenen Jahr erfolgten Arbeitsunfälle in unserem Hause bieten wir als **Pflichtveranstaltung** für **alle** Beschäftigten eine kostenlose Schulung zum (zur) Ersthelfer(in) an. Diese Veranstaltung wird dreimal angeboten, damit alle Beschäftigen die Möglichkeit erhalten, während der Arbeitszeit an dieser Maßnahme teilzunehmen. Erfreulicherweise sind alle Arbeitsunfälle „glimpflich" ausgegangen und die beteiligten Kollegen wieder wohlauf, dennoch ist es im Sinne der Firma und der Gesundheit unserer Mitarbeiter geboten, so schnell wie möglich Erste Hilfe zu leisten, bis die Rettungskräfte vor Ort sind.

Es könnte auch Ihr Leben davon abhängen!

Die Maßnahme ist mit dem Betriebsrat abgesprochen und betrifft ebenfalls alle Auszubildenden in unserem Unternehmen.

Weitere Details zu den konkreten Schulungsterminen folgen in ein paar Tagen.
Mit freundlichem Gruß

Die Geschäftsleitung

Die Auszubildenden der Stockmann OHG finden diese Maßnahme nach dem ersten Lesen nicht erfreulich und würden am liebsten davon befreit werden. In der Mittagspause sprechen sie ihre Ausbilder auf die interne Mitteilung an und fragen nach der Notwendigkeit dieser Maßnahme. Ihrer Meinung nach reiche es doch, wenn in jeder Abteilung ein oder zwei Mitarbeiter da seien, um Erste Hilfe vor Ort sicherzustellen. Warum jetzt unbedingt auch noch die Auszubildenden miteinbeziehen?

Den Satz „Es könnte auch Ihr Leben davon abhängen!" finden sie etwas übertrieben.

Daraufhin zeigt ihnen der Ausbilder Herr Kunze den nachfolgenden Artikel:

Arbeiter begraben – Tödlicher Unfall in Silo von BP-Raffinerie

Bei Wartungsarbeiten in Lingen ist ein 38-Jähriger in Metallgranulat eingesunken. Er konnte sich nicht mehr befreien und starb. Die Polizei fragt nun: Warum gab das Granulat nach?

Lingen Auf dem Raffineriegelände der BP in Holthausen hat sich am Samstagabend gegen 18 Uhr ein Arbeitsunfall ereignet, bei dem ein 38-jähriger Arbeiter getötet wurde. Nach den bisherigen Feststellungen der Polizei werden auf dem Raffineriegelände derzeit von Fremdfirmen Wartungsarbeiten durchgeführt.

Im Zuge dieser Wartungsarbeiten befand sich der Arbeiter in einem 40 Meter hohen Silo, das einen Durchmesser von etwa acht Metern hat. Der Arbeiter war mit dem Absaugen von Metallgranulat beschäftigt. Aus noch nicht geklärter Ursache gab das Granulat nach und begrub den Arbeiter. Dabei kam er zu Tode.

Die Polizei nahm noch am Samstag ihre Ermittlungen auf. Die Rettungskräfte waren unverzüglich am Einsatzort, konnten den Mann aber nur noch tot bergen.

Nordwestzeitung online: Tödlicher Unfall in Silo von BP-Raffinerie, 23.6.2014; abgerufen unter www.nwzonline.de/blaulicht/toedlicher-unfall-in-silo-von-bp-raffinerie_a_16,0,38310622.html [31.7.2014]

Schockiert wollen die Auszubildenden mehr zum Thema Arbeits- und Gesundheitsschutz wissen und erstellen auf Initiative von Herrn Kunze eine Informationswand, die zur Information der Mitarbeiter im Aufenthaltsraum aufgestellt werden soll.

Zuständigkeiten beim Arbeits- und Gesundheitsschutz

Der Arbeits- und Gesundheitsschutz in einem Unternehmen ist nicht nur betrieblich organisiert. Hier spielt die außerbetriebliche Organisation eine gleichberechtigte Rolle.

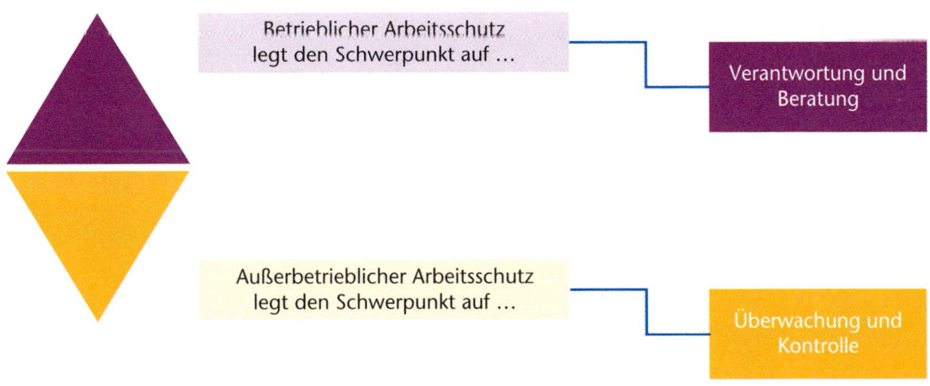

Betriebliche Organisation des Arbeitsschutzes

Unternehmen
Der Arbeitnehmer wird vom Unternehmen vor Beginn des Arbeitsverhältnisses und einmal jährlich über Gefahren am Arbeitsplatz und die dafür vorgesehenen Schutzmaßnahmen informiert. Unfallverhütungsvorschriften sind öffentlich vom Unternehmer auszuhängen. Alle Maßnahmen zum Arbeits- und Gesundheitsschutz sind finanziell vom Unternehmen zu tragen.

Betriebsarzt
Betriebsärzte sind Arbeitsmediziner und werden vom Unternehmen schriftlich bestellt. Sie untersuchen die Arbeitnehmer in arbeitsmedizinischer Hinsicht, begehen regelmäßig die Arbeitsstätten, untersuchen arbeitsbedingte Erkrankungen und werten die Ursachen dafür aus, darüber hinaus führen sie Erste-Hilfe-Maßnahmen durch.

Fachkraft für Arbeitssicherheit
Vom Unternehmen wird ein Angestellter schriftlich bestellt und genau in Fachkunde für Arbeitsschutz geschult. Rechtsgrundlage ist das Arbeitssicherheitsgesetz (ASiG). Je nach Unternehmensgröße muss noch ein fachkundiger Sicherheitsbeauftragter bestellt werden.

Betriebsrat
Der Betriebsrat hat die Durchsetzung der Gesetze und Vorschriften hinsichtlich des Arbeits- und Gesundheitsschutzes zu überwachen und Berufsgenossenschaften und Gewerbeaufsichtsämter bei ihrer Arbeit vor Ort zu unterstützen.

Das Unternehmen hat den Betriebsrat bei allen Planungen, Besprechungen und Besichtigungen im Rahmen von Arbeits- und Gesundheitsschutzvorhaben zu beteiligen, die Ergebnisse dem Betriebsrat zur Verfügung zu stellen und etwaige Auflagen seitens der Behörden unverzüglich mitzuteilen.

Arbeitnehmer
Der Arbeitnehmer (AN) hat die persönliche und notwendige Schutzausrüstung zu benutzen und alle Schutzmaßnahmen und Vorschriften des Arbeits- und Gesundheitsschutzes einzuhalten. Mängel sind dem Arbeitgeber unverzüglich zu melden und der AN hat darauf zu achten, dass sie durch den Arbeitgeber auch beseitigt werden.

Krankheiten oder Unfälle, die durch Nichteinhaltung oder Missachtung erfolgen, führen dazu, dass der AN keinen Anspruch auf Leistungen der Berufsgenossenschaft erhält, da diese als Institution für die Unfallversicherung Leistungsträger ist.

Überbetriebliche Organisation des Arbeitsschutzes

Berufsgenossenschaft
Die Verhütung von Berufskrankheiten, Arbeits- und Wegeunfällen ist die Hauptaufgabe der Berufsgenossenschaften. Diesbezüglich erfolgen auch die Beratung von Unternehmen sowie die Überwachung von Arbeits- und Gesundheitsschutzaktivitäten seitens der Unternehmen.
Die Vorschriften der Berufsgenossenschaften sind abhängig von der jeweiligen Branche, d.h. z.B. Bau, Chemie oder Landwirtschaft. Daraus folgt, dass Mitglieder nur die Vorschriften ihrer Berufsgenossenschaft zu befolgen haben; eine Allgemeingültigkeit ist daraus nicht ableitbar.
Die Beiträge zur Berufsgenossenschaft zahlt ausschließlich das Unternehmen. Die Arbeitnehmer zahlen keine Beiträge zur gesetzlichen Unfallversicherung.

Gewerbeaufsicht
Überwachung und Durchführung des Gesundheits- und Arbeitsschutzes sind Aufgabe der Gewerbeaufsicht. Das Arbeitsschutzgesetz und das Arbeitssicherheitsgesetz sind Grundlage der Befugnisse, die die Gewerbeaufsicht ausüben darf.

Folgende Befugnisse hat u. a. die Gewerbeaufsicht:

- Betreten und Besichtigen der Arbeitsstätten während der Betriebs- und Arbeitszeiten,
- Untersuchung der Ursachen eines Arbeitsunfalls oder einer arbeitsbedingten Erkrankung,
- Anordnung von Maßnahmen zur Abwendung von Gefahren beziehungsweise Maßnahmen zur Gewährleistung des Gesundheits- und Arbeitsschutzes.

Tödliche Arbeitsunfälle muss der Unternehmer der zuständigen Behörde für Arbeitsschutz / Gewerbeaufsichtsbehörde und der zuständigen Berufsgenossenschaft sofort melden. Arbeitsunfälle mit einer Arbeitsunfähigkeit der AN von mehr als drei Tagen müssen innerhalb von drei Tagen angezeigt werden.

Verhalten bei Unfällen

Jeder, der zu einem Unfall dazukommt, ist verpflichtet, verletzten Personen zu helfen. Eine unterlassene Hilfeleistung ist nach § 323 Strafgesetzbuch als vorsätzliche unterlassene Hilfeleistung anzusehen und strafbar.

Jeder Arbeitnehmer muss bei einem Arbeitsunfall schnellstmöglich Hilfe bekommen. Bis zum Eintreffen der Rettungskräfte müssen Ersthelfer vor Ort sein, um dieses zu gewährleisten.

Die Ausbildung zum Ersthelfer ist für Arbeitnehmer kostenlos. Die vermittelten Inhalte gehen weit über die „Sofortmaßnahmen am Unfallort" beim Erwerb der Fahrerlaubnis hinaus.

Die betrieblich vorgeschriebene Anzahl von Ersthelfern hängt von der Größe des Unternehmens und der Art des Gewerbes ab. Bei bis zu 20 Arbeitnehmern muss ein Ersthelfer nachgewiesen werden, bei mehr als 20 Arbeitnehmern hängt die Zahl der Ersthelfer davon ab, ob das Unternehmen dem Handel/Verwaltungsbereich zuzuordnen ist oder den „sonstigen Unternehmen":

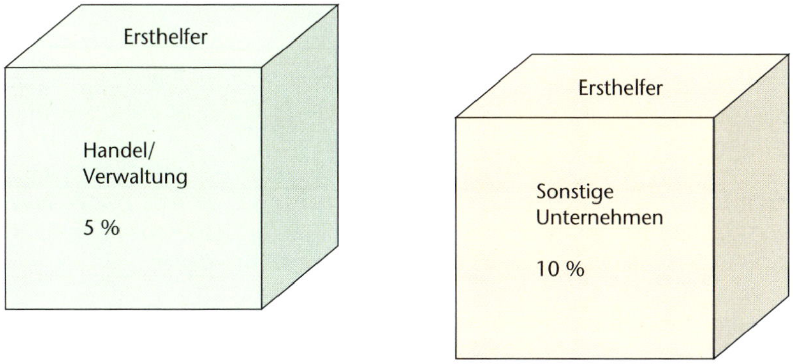

Ersthelfer müssen alle zwei Jahre eine Fortbildung machen.

Jeder Arbeitsunfall muss dem direkten Vorgesetzen gemeldet werden. Je nach Grad der Verletzung bei einem Arbeitsunfall ist das von der Berufsgenossenschaft benannte Krankenhaus oder ein sogenannter Durchgangsarzt aufzusuchen. Wegeunfälle vom Unternehmen weg oder zum Unternehmen hin sind wie Arbeitsunfälle zu behandeln.

Aufgaben

1. *Planen und entwickeln Sie in einer Arbeitsgruppe eine Geschäftsidee für ein Unternehmen.*

2. *Recherchieren Sie hilfreiche Quellen für Unternehmensgründer und stellen Sie eine Liste mit den wichtigsten Informationsquellen zusammen.*

3. *Arbeiten Sie die wichtigen Aufgaben der Stockmann OHG für den gesamtwirtschaftlichen Zusammenhang heraus.*

4. *Vergleichen Sie die Wertschöpfungen der verschiedenen Unternehmenstypen und erarbeiten Sie Gründe für die Verschiebung der Wertschöpfung, wie sie in der Grafik auf Seite 13 zu erkennen sind.*

5. *Erstellen Sie für ein Produkt eine grobe Berechnung der Bruttowertschöpfung für die Branche, der Ihr Praktikumsbetrieb angehört.*

6. *Die Geschäftsführer der Stockmann OHG wollen das Angebot des Mitbewerbers annehmen und mit ihm zusammen ein neues Unternehmen gründen, das die Erweiterung der Produktpalette um Fenster und Türen für denkmalgeschützte Häuser beinhaltet. Was muss alles beachtet werden? Erstellen Sie eine Checkliste.*

7. *Erarbeiten Sie in Partnerarbeit die einzelnen Vor- und Nachteile der verschiedenen Unternehmensformen.*
   a) *Welche Unternehmensform würden Sie im Falle einer eigenen Existenzgründung bevorzugen? Begründen Sie Ihre Antwort.*
   b) *Welche Unternehmensform würden Sie der Stockmann OHG für die Geschäftserweiterung empfehlen? Begründen Sie Ihre Antwort.*

8. *Erarbeiten Sie Unternehmensziele für Ihre Geschäftsidee aus Aufgabe 1. Überprüfen Sie die Ziele und deren Zielbeziehungen.*

9. *Stellen Sie in der Klasse die Organisationform Ihres Praktikumsbetriebs vor. Vergleichen Sie abschließend im Plenum die verschiedenen Organisationsstrukturen und arbeiten Sie deren Vor- und Nachteile heraus.*

10. *Informieren Sie sich über das betriebliche Umweltmanagement in Ihrem Praktikumsbetrieb. Welche Gründe haben für oder gegen eine Einführung gesprochen? Wie ist das Umweltmanagement organisiert?*

11. *Erstellen Sie einen Forderungskatalog an das Bundesministerium für Umwelt, Naturschutz, Bau und Reaktorsicherheit, warum Betriebe in der heutigen Zeit per Gesetz dazu verpflichtet werden sollten, ein Umweltmanagementsystem im Unternehmen einzuführen.*

12. *Recherchieren Sie ähnlich wie die Auszubildenden der Stockmann OHG in Ihrem Praktikumsunternehmen, wo sich öffentlich zugänglich die Unfallverhütungsvorschriften befinden.*

13. Informieren Sie sich, zu welcher Berufsgenossenschaft Ihr Praktikumsunternehmen gehört, wie viele Ersthelfer es bei Ihnen im Unternehmen gibt und wie oft diese geschult werden.

Vertiefungsaufgaben

A. Die Zahl der Beratungsunternehmen für Existenzgründer steigt stark an. Deuten Sie die Karikatur vor dem Hintergrund dieser Entwicklung und der Tatsache, dass diese Berater vom Gesetzgeber her keine fachlichen Voraussetzungen für diese Tätigkeit benötigen.
Nehmen Sie anschließend kritisch Stellung zu der inzwischen auf dem freien Markt steigenden Anzahl aller Art von Beratern.

B. *Überlegen Sie, wie eine Veränderung der Konsumentenhaltung (hin zur Nachhaltigkeit) die Produktionsbedingungen von Betrieben und deren Unternehmensziele verändern könnte. Nehmen Sie als Ausgangspunkt*

a) die Stockmann OHG,

b) eine Textileinzelhandelskette, die günstige Bekleidung verkauft.

C. *Erstellen Sie mithilfe des Existenzgründerfahrplans des Bundeswirtschaftsministeriums einen Businessplan für die von Ihnen entwickelte Geschäftsidee. Dieser ist abrufbar über www.existenzgruender.de/selbstaendigkeit//schritte/fahrplan/index.phgp oder www.existenzgruender.de/guided_tour/index.html.*

D. *Stellen Sie sich vor, Sie haben auf dem Weg zu Ihrem Unternehmen einen Auffahrunfall. Lassen Sie sich von Ihrem Praktikumsbetrieb ein Formular für eine Unfallanzeige geben und füllen Sie diese gemeinsam mit Ihrem Sitznachbarn aus.*

E. *Entwickeln Sie eine Pro-Kontra-Diskussion im Klassenverband zum Thema: „Erste Hilfe am Arbeitsplatz für alle Pflicht – sinnvoll oder rausgeschmissenes Geld?"*

F. *Recherchieren und beschreiben Sie die Schritte, die nötig sind, um ein betriebliches Qualitätsmanagement einzuführen und es anschließend erfolgreich zertifizieren zu lassen.*

G. *Analysieren Sie die folgende Karikatur.*

Anforderungssituation 2 Beschaffungsaktivitäten planen und gestalten

Planen und Gestalten von Beschaffungsaktivitäten auch vor dem Hintergrund der Nachhaltigkeit, einen Auftrag rechtssicher bearbeiten

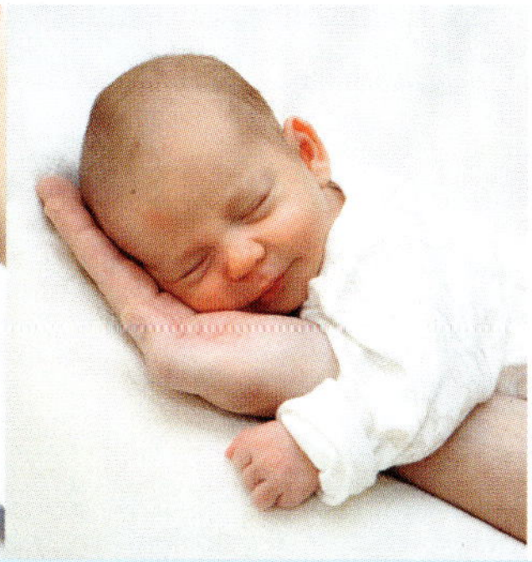

2

Kompetenzen

Zum Einstieg in diese Anforderungssituation beschäftigen Sie sich mit ausgewählten Verfahren der Beschaffung wie Bestellrhythmus- oder Bestellpunktverfahren.

Nachdem Sie Angebote auf ihre rechtlichen Aspekte untersucht haben, werden Sie quantitative und qualitative Angebote vergleichen. Zudem werden qualitative Kriterien wie Umweltaspekte und fairer Handel untersucht. Außerdem wird die Rechts- und Geschäftsfähigkeit beleuchtet. Anschließend geht es um den rechtsgültigen Kaufvertrag und mögliche Kaufvertragsstörungen wie Schlechtleistung oder Nicht-rechtzeitig-Lieferung.

Einstiegssituation

Der Geschäftsführer der Schöner Wohnen GmbH möchte eine alte niederländische Sinterklaas-Tradition gerne auch in Deutschland bekannt machen und etablieren. Zu Sinterklaas, am 5. Dezember, bekommen Kinder (und auch Erwachsene) als leckere Süßigkeit den Anfangsbuchstaben von ihrem Vornamen als Druckbuchstabenversion in Schokolade geschenkt. Diese kann man überall in den Supermärkten in den Niederlanden bekommen.

Er nimmt Kontakt mit einem niederländischen Schokoladenhersteller in der Nähe von Zaandam auf und vereinbart einen ersten Gesprächskontakt in vier Wochen. Gleichsam hat er auch in sechs Wochen noch einen Termin mit einem deutschen Schokoladenproduzenten festgemacht.

Vorab muss er sich einige Gedanken machen, wie er die Schokoladenbuchstaben hier vermarkten will, welche Marketing-Strategien er umsetzen will und natürlich stellt sich ihm die Frage, welche Kosten auf ihn zukommen und welchen Gewinn er aus dem Verkauf der Schokoladenbuchstaben zum deutschen Nikolausfest schlagen kann. Er muss überlegen, woher er die Ware bekommt und für welchen Preis er diese beziehen kann.

Arbeitsauftrag

Unterstützen Sie den Geschäftsführer bei seinen Überlegungen.

2.1 Bestellverfahren

Unternehmen organisieren auf verschiedene Art die Logistik ihrer Warenbeschaffung, unabhängig oder auch abhängig davon, ob es sich um fertige Waren oder Roh-, Hilfs- und Betriebsstoffe handelt, die sie für ihren Produktionsprozess benötigen.

Die Unternehmensleitung der Schöner Laden GmbH will für ihre Angestellten und Auszubildenden zur Förderung des Betriebsklimas kostenlos im Aufenthaltsraum Getränke zur Verfügung stellen.

Die Organisation der Getränkelieferungen sollen die zehn Auszubildenden des Unternehmens übernehmen. Die Zusammenarbeit mit dem ortsansässigen Getränkegroßhändler ist von der Unternehmensleitung bereits vereinbart worden. Die Auszubildenden sollen sich nach dem Berufsschulunterricht im Unternehmen treffen und gemeinsam beraten, wie die Logistik beziehungsweise die Beschaffung der Getränke am besten umgesetzt werden soll.

Aus dem Unterricht kennen die Auszubildenden des dritten Ausbildungsjahres bereits die bekanntesten Bestellverfahren. Sie stellen den Auszubildenden des ersten und zweiten Ausbildungsjahres das **Bestellpunkt- und das Bestellrhythmusverfahren** anhand eines kurzen Vortrags vor.

Bestellpunktverfahren

Ablauf:

Bei Erreichen eines bestimmten Lagerbestands erfolgt die Meldung an die Beschaffungsabteilung, die die neue Ware bestellt. Dieser bestimmte Lagerbestand wird somit als Meldebestand bezeichnet. Die Bestellung wird also immer bei Erreichen eines bestimmten Lagerbestands(punktes) ausgelöst. Daraus resultiert die Bezeichnung **Bestellpunktverfahren** oder auch **Meldebestandsverfahren.**

Voraussetzungen:

Lagerbuchführung mit genauer Lagerbestandsfortschreibung

Formel:

Meldebestand = TV x LZ + MinB

TV = Tagesverbrauch
LZ = Lieferzeit
MinB = Mindestbestand

Bestellrhythmusverfahren

Ablauf:

Nach Ablauf einer bestimmten Zeitspanne wird eine festgelegte Menge an Ware bestellt.
So erfolgen Bestellungen nach einem bestimmten Rhythmus und geben dem Verfahren den Namen.

Voraussetzungen:

Bestellmenge und Zeitspanne zwischen den Bestellungen sind konstante Größen.

Formel:

Höchstbestand = MinB + Bestellmenge
MinB = Mindestbestand

Der **Mindestbestand** ist auch als **„eiserne Reserve“** zu verstehen. Im Rahmen einer Vorratshaltung, die beiden Verfahren gemein ist, sollte dieser Bestand nicht unterschritten werden.

Der **Höchstbestand** bezeichnet die absolute Kapazitätsauslastung als Menge, die in einem Lager zu platzieren ist.

Viele Unternehmen gehen von einer Lagerhaltung über zu einer **Just-in-time-Lieferung**, d. h., sie verlagern die Lagerhaltung auf Lkws und Binnenschiffe, die die Ware fristgerecht zu bestimmten Terminen direkt beim Unternehmen anliefern oder löschen sollen. So kann nach diesem Prinzip die gelieferte Ware direkt in den Produktionsprozess geschleust werden.

Die Unternehmen wollen dadurch Kosten im Bereich der Lagerräume, des Personals und im Bereitstellen von Vorratswaren einsparen, die Kapital binden.

2.2 Angebot

Betriebsinterne und betriebsexterne Informationsbeschaffung

Ein Unternehmen handelt in einer sich ständig wandelnden Umwelt. Hierbei müssen Beziehungen zu Kunden, Lieferanten und anderen Gruppen aufgebaut und gepflegt werden. Um ständig am Markt bestehen zu können, ist es wichtig, die Bedürfnisse der Kunden, Geschäftspartner usw. im Blick zu bewahren. Um selbst auch langfristig am Markt bleiben zu können, müssen Unternehmen eine Vorauswahl treffen, mit welchen Lieferern sie zusammenarbeiten wollen. Diese Auswahl trifft der Einkäufer nicht nur danach, wer erfahrungsgemäß der Preisgünstigste auf dem Markt ist. Daneben kommt es entscheidend darauf an, welche Lieferer bisher die kürzesten Lieferfristen und die besten Qualitäten angeboten haben. Außerdem werden die bisherigen Erfahrungen hinsichtlich der Zuverlässigkeit bei der Entscheidungsfindung berücksichtigt. Um den geeigneten Lieferanten zu ermitteln, stehen dem Unternehmen unterschiedliche Informationsquellen zur Verfügung:

Wenn die zu beschaffenden Güter bisher bereits bezogen wurden, sind die Bezugsquellen bekannt. Hierfür erforderliche Informationen können **intern** beschafft werden.

Betriebsinterne Informationsquellen	**Artikeldatei:** In der Artikeldatei befindet sich das gesamte Sortiment des Unternehmens. Diese Datei gibt Auskunft über Bestellnummer, Lieferanten und Listenpreise des jeweiligen Artikels.
	Lieferantendatei: Diese Datei enthält alle Merkmale über den Lieferanten (Adresse, Lieferernummer, Bonität).
	Berichte von Reisenden: Informationen von Außendienstmitarbeitern hinsichtlich der Zuverlässigkeit, Bonität usw.
	Preis-, Einkaufs- und Absatzstatistiken: erstellte Übersichten über die Lieferer.

Möglicherweise müssen neue Waren bezogen werden oder ein neuer Kunde stellt einen Auftrag in Aussicht. Um weiterhin einen Überblick über die Konkurrenz und die Entwicklung des Marktes zu behalten, müssen Informationen **außerhalb** des Unternehmens eingeholt werden.

Betriebsexterne Informationsquellen	**Besuch von Fachmessen:** Ausstellungen und Informationen auf Fachmessen sind für Neuerungen sehr wichtig (z. B. die Cebit in Hannover).
	Internetrecherche: Über Suchmaschinen und ausführliche Recherche im Internet lassen sich viele Informationen über Lieferanten und Konkurrenten ermitteln.
	Branchenbücher und Fachzeitschriften: Diese Quellen lassen in Papierform die Recherche im Betrieb einfach durchführen. Neuste Techniken und Produkte werden hier vorgestellt.

Beispiel:
Die Schöner Laden GmbH aus Lingen stellt Dekorationsartikel aus Holz her und vertreibt zusätzlich je nach Jahreszeit Dekorationswaren für den Haushalt. Frau Müller ist für den Einkauf der Weihnachtsartikel zuständig. Sie hat sich zunächst informiert, welche Lieferanten für die Schöner Laden GmbH überhaupt infrage kommen. Anschließend hat Frau Müller Anfragen an diese Unternehmen gesendet und erhält entsprechende Angebote.

Bestandteile des Angebots
Bevor ein Unternehmen bisher noch nicht gelistete Ware bezieht, sollte es unterschiedliche Angebote vergleichen. Um Angebote verschiedener Unternehmen überhaupt vergleichbar zu machen, sollten mögliche Bestandteile des Angebots untersucht werden. Diese könnten sein:

Zahlungsbedingungen:

- Zahlungsbedingungen regeln die Art und Weise der Zahlungen, den Zahlungszeitpunkt und die Kosten der Zahlung.
- Gesetzliche Regelung: Ware wird mit der Lieferung bezahlt.
- mögliche vertragliche Regelungen:
  - *Zahlung vor der Lieferung:* (Zahlungsschwache und Neukunden)
  - *Zahlung bei der Lieferung:* „gegen bar", „Zahlung gegen Nachnahme"
  - *Zahlung nach Lieferung:* innerhalb eines Zeitraumes

Preise pro Einheit und Preisnachlässe:

- Bonus
- Skonto
- Rabatte: Sonderrabatt, Mengenrabatt

Lieferbedingungen:

Lieferzeit:

- Tageskauf
- Fixkauf
- Terminkauf
- Kauf auf Abruf

Transportkosten:

- Verkäufer und Käufer können die Transportkosten beliebig aufteilen.
- Beförderungsklauseln: ab Werk, unfrei, frei Waggon, frei Bahnhof dort, frei Haus

Verpackungskosten:

- Laut Gesetz trägt der Käufer die Verpackungskosten.
- Käufer und Verkäufer können vertraglich andere Vereinbarungen treffen:
  - Preis einschließlich Verpackung
  - Verpackungskosten sind im Preis nicht enthalten.
  - Für die Verpackungen fallen keine Kosten an.

Art, Beschaffenheit und Güte der Ware:

- Beschaffenheit (Merkmale und Zustand) und Güte umfassen das Qualitätsniveau der Ware.
- Kennzeichnung:
  - Beschreibungen
  - Qualitäts- und Formmuster
  - Proben
  - Güteklassen (Handelsklassen, z. B. bei Äpfeln)
  - Herstellerland
  - Farbe der Ware
  - Zusammensetzung der Ware

Menge der Ware:

- gesetzliche Maßeinheiten (kg, l, m usw.)
- handelsübliche Maßeinheiten (Stück, Palette, Kartons usw.)

Bindungsfristen:

- Angebote sind grundsätzlich verbindlich.
- mündliche oder telefonische Angebote (für die Dauer des Gesprächs)
- schriftliches Angebot (ohne besondere Fristangabe für eine Woche gültig)
- vertragliche Bindungsfrist (z. B. gültig bis 30.11.2014)
- Freizeichnungsklausel (z. B. solange der Vorrat reicht)
- Bindung an das Angebot erlischt bei: Abweichungen vom Angebot, Bestellung nach der Frist, Ablehnung des Angebots

Erfüllungsort und Gerichtsstand:

- Ort, an dem Schuldner die vertraglichen Pflichten erfüllen müssen
- 1. Grundsatz: Waren sind Holschulden.
- 2. Grundsatz: Geldschulden sind Schickschulden.

Allgemeine Geschäftsbedingungen:

- bestehen, damit nicht bei jedem Vertragsabschluss neue Vertragsbedingungen ausgehandelt werden müssen.
- sind vom Verkäufer formulierte Vertragsbedingungen.

Nach Empfang diverse Angebote sollte sich das Unternehmen überlegen, welche Kriterien ihm besonders wichtig sind und entsprechend danach aussuchen. Hierbei kann eine Entscheidungswerttabelle sehr hilfreich ein (siehe S. 55).

2.2.1 Quantitativer Angebotsvergleich

Minchen Weihnachtskugeln KG, Kristallstraße 65, 20095 Hamburg

Schöner Laden GmbH
Bummelstraße 8
49809 Lingen

Minchen Weihnachtskugeln KG
Kristallstraße 65
20095 Hamburg
Tel.: +49-(0) 40-557201-01
Fax.: +49-(0) 40-557201-77

Ihr Zeichen, Ihre Nachricht vom		Unser Zeichen, unsere Nachricht vom	Datum
Sl/Sm,	17.11.20..	Allo	18.11.20..

Angebot

Sehr geehrte Frau Müller,

wir bedanken uns für Ihre Anfrage und freuen uns, Ihnen folgendes Angebot unterbreiten zu können:

Bezeichnung	Artikel-Nr.	Anzahl	Einzelpreis	Gesamtpreis
Adventskalender „Stern“	556	100	9,99 €	999,00 €
Kerzenleuchter „Glitzer“	89	250	9,95 €	2 487,50 €
Weihnachtsmänner „Santa Claas“	91	200	10,99 €	2 198,00 €
		550		5 434,50 €

Die Preise sind ohne Mehrwertsteuer ausgewiesen.

Lieferbedingungen: Die Lieferung erfolgt innerhalb von 7 Tagen nach Auftragseingang. Die Transportkosten betragen 50,00 €.

Zahlung:gegen bar

Das Angebot ist bis zum 01.12.20.. gültig. Bei einer Bestellung von 200 Stück gewähren wir einen Mengenrabatt von 5 % auf die Gesamtsumme.

Sollten Sie noch Fragen haben, helfen wir Ihnen gerne weiter. Wir bedanken uns für Ihre Anfrage und würden uns freuen, Ihren Auftrag zu erhalten.

Mit freundlichen Grüßen

Minchen Weihnachtskugeln KG

Alfred Allos

i. A. Alfred Allos

Nussknacker AG, An den Platzäckern 15, 55127 Mainz

Schöner Laden GmbH
Bummelstraße 8
49809 Lingen

Nussknacker AG
An den Platzäckern 15
55127 Mainz
Tel.: +49 (0) 6134 98877 1
Fax.: +49 (0) 6134 98877 2

Ihr Zeichen, Ihre Nachricht vom		Unser Zeichen, unsere Nachricht vom	Datum
Sl/Sm,	17.11.20..	Siem	18.11.20..

Angebot

Sehr geehrte Frau Müller,

wir bedanken uns für Ihre Anfrage und freuen uns, Ihnen folgendes Angebot unterbreiten zu können:

Bezeichnung	Artikel-Nr.	Anzahl	Einzelpreis	Gesamtpreis
Adventskalender „Goldstar"	77	100	9,99 €	999,00 €
Kerzenleuchter „Edelstahl"	98	250	8,95 €	2 237,50 €
Weihnachtsmänner aus Holz „Santa Claas"	38	200	7,99 €	1 598,00 €
		550		6 334,50 €

Die Preise verstehen sich zzgl. 19 % Umsatzsteuer.

Zahlungsbedingungen: 3 % Skonto bei Zahlung innerhalb von 10 Tagen oder 30 Tage netto Kasse.

Lieferbedingungen: Die Lieferung erfolgt unmittelbar nach Vertragsabschluss. Die für die Lieferung anfallenden Kosten übernehmen wir.

Sollten Sie noch Fragen haben, helfen wir Ihnen gerne weiter. Wir bedanken uns für Ihre Anfrage und würden uns freuen, Ihren Auftrag zu erhalten.

Mit freundlichen Grüßen

Nussknacker AG

Simone Siemers

i. A. Simone Siemers

Beispiel:
Frau Müller von der Schöner Laden GmbH hat im Rahmen des Weihnachtsgeschäfts zahlreiche Anfragen an Unternehmen versendet. Anschließend bekam sie von der Nussknacker AG und der Minchen KG Angebote, welche nun verglichen werden müssen.

Da es sich gegebenenfalls um neue Lieferanten oder neue Konditionen für das gewünschte Produkt handelt, muss ein Angebotsvergleich durchgeführt werden. Hiermit möchte der Unternehmer das für ihn beste Angebot ermitteln. Beim **quantitativen Angebotsvergleich** richtet sich die Kaufentscheidung nach messbaren Größen wie

- der Höhe der Preisnachlässe,
- dem Listeneinkaufspreis der Ware,
- den Beförderungs- und Verpackungsosten.

Es werden aus den vorliegenden Angeboten die entsprechenden Preise der Bestellmenge von 250 Stück, die Zahlungsbedingungen und die Lieferkonditionen ermittelt. Anschließend werden zur genauen Übersicht diese Informationen tabellarisch gegenübergestellt.

Lieferant / Angebotsinhalt	Nussknacker AG	Minchen KG
Listeneinkaufspreis und Preisnachlässe	8,95 € keine	9,95 € Ab 200 Stück 5 % Rabatt
Lieferbedingungen	Lieferung unmittelbar nach Vertragsabschluss, Kosten werden übernommen	Lieferung innerhalb von 7 Tagen, Transportkosten betragen 50,00 €
Zahlungsbedingungen	3 % Skonto bei Zahlung innerhalb von 10 Tagen oder 30 Tage netto Kasse	gegen bar

Da die Angebote stark voneinander abweichen können, ist es notwendig, diese auf einen einheitlichen Vergleichsmaßstab, den **Bezugs- oder Einstandspreis**, zu setzen.

Kalkulationsschema		
	Nussknacker AG	Minchen KG
Listeneinkaufspreis	2 237,50 €	2 487,50 €
– Lieferantenrabatt	– 0,00 €	– 124,38 €
= Zieleinkaufspreis	2 237,50 €	2 363,13 €
– Lieferantenskonto	67,13 €	– 0,00 €
= Bareinkaufspreis	2 170,38 €	2 363,13 €
+ Bezugskosten	– 0,00 €	+ 50,00 €
= Bezugspreis/ Einstandspreis	2 170,38 €	2 413,13 €
Ergebnis: Der preisgünstigere Lieferant ist die Nussknacker AG.		

2.2.2 Qualitativer Angebotsvergleich

Angebote mit dem günstigeren Bezugspreis müssen nicht zwangsläufig am besten sein. Möglicherweise ist die Ware eines Lieferanten mit dem günstigsten Bezugspreis mangelhaft oder minderwertig in der Qualität. Dies kann zu eigenen Lieferengpässen, Produktionsstopps oder Kundenreklamationen führen. Aus diesem Grund müssen Unternehmen neben dem Kaufpreis auch weitere Aspekte in die Kaufentscheidung mit einbeziehen.

Beispiel:
Die Schöner Laden GmbH hat bei dem Vergleich der Nussknacker AG und der Minchen KG den gleichen Einstandspreis ermittelt. Nun muss Frau Müller weitere Kriterien heranziehen, die sie bei der Kaufentscheidung unterstützen.

Umwelt: Heutzutage kann sich kein Unternehmen mehr der Verantwortung einer umweltfreundlichen Produktion entziehen. Je nach Auslegung der Unternehmensziele erhält die Umweltverträglichkeit der zu verarbeitenden Materialien und der Verpackung eine unterschiedliche Gewichtung.

Qualität: Der Absatz eines Produkts hängt auch entscheidend von der Qualität ab. Entspricht die Qualität nicht den Ansprüchen der Kunden, so wird das Produkt nicht abgesetzt oder es wird reklamiert.

Lieferbedingungen: Durch fehlendes oder mangelhaftes Material kann die Produktion eines Industriebetriebs ins Stocken geraten. Aus diesem Grund muss der Lieferant stets zuverlässig sein. Bei der Auswahl des Lieferanten werden daher folgende Aspekte mitberücksichtigt:

- Kann der Lieferant flexibel auf Sonderwünsche reagieren?
- Gibt es einen Mindestbestellwert?
- Kann der Lieferant auch kurzfristig liefern?
- Ist die Bestellmenge variabel?

Serviceleistungen: Zusatzleistungen wie z. B. eine gute Beratung werden zudem bei der Kaufentscheidung berücksichtigt. Außerdem spielt es eine Rolle, wie kulant das Verhalten des Lieferers in Reklamationsfällen ist.

Damit die qualitativen Aspekte verschiedener Angebote miteinander verglichen werden können, ist es sinnvoll, eine Nutzwertanalyse durchzuführen. Dabei werden unterschiedliche Kriterien der Lieferanten in einem Punktesystem miteinander verglichen. In einer Entscheidungswerttabelle werden die entsprechenden Punkte aufgeführt und ausgewertet. Die Bewertungskriterien sind gemäß ihrer Bedeutung in den einzelnen Fällen zu bewerten. Es kann sein, dass in manchen Fällen der Bezugs- oder Einstandspreis weniger gewichtet wird als die Qualität oder auch anders herum. Eine Möglichkeit der Gewichtung kann dadurch erfolgen, dass jedem Kriterium ein bestimmter Gewichtungsfaktor an der Gesamtbedeutung zugeordnet wird. Dieser Anteil gibt die Punkte wieder, die pro Kriterium auf die einzelnen Lieferer zu verteilen sind. Mithilfe dieser Punktverteilung können die Lieferanten bewertet werden.

Beispiel:

Kriterien	Gewichtungsfaktor	Nussknacker AG		Minchen KG	
		Punkte	Punktefaktor	Punkte	Punktefaktor
Bezugs-/Einstandspreis	30	30	900	20	600
Qualität der Ware	30	15	450	30	900
Lieferfristen	10	10	100	5	50
Umweltverträglichkeit	10	5	50	10	100
Zahlungsbedingungen	20	15	300	10	200
Summe	100		1800		1850

Ergebnis: Das beste Gesamtergebnis unter der Berücksichtigung von qualitativen Kriterien und dem Einstandspreis erzielte die Minchen KG.

2.3 Nachhaltigkeit und fairer Handel

Beschaffungsentscheidungen müssen auch unter Umweltaspekten gefällt werden, da Unternehmen auch Verantwortung gegenüber der Umwelt und den Mitmenschen tragen. Da immer mehr Verbraucher Wert auf Waren legen, die nicht nur hohe Qualitätsstandards aufweisen, sondern auch unter Umweltgesichtspunkten verträglich sind, müssen die Beschaffungsziele entsprechend formuliert werden.

Zur Zielerreichung sollte die komplette Wertschöpfungskette möglichst um Nachhaltigkeit bemüht sein. Es sollen der Umwelt nicht mehr Ressourcen entnommen werden, als nachwachsen können. Unternehmen werden aufgefordert, ihrer Verantwortung zur Nachhaltigkeit nachzukommen. Umweltfreundliche Produkte können entsprechend zertifiziert werden (z. B. durch das Umweltzeichen „Der Blaue Engel").

Zudem gewinnt neben dem Aspekt der Nachhaltigkeit der faire Handel immer mehr an Bedeutung. Viele Unternehmen nehmen den fairen Handel in ihre Unternehmensziele auf. Das Konzept des fairen Handels betrifft hauptsächlich den Handel zwischen Industrie- und Entwicklungsländern. Das Konzept sieht vor, dass Erzeuger in Drittländern Mindestpreise für ihre Rohstoffe erhalten. Dadurch sollen Erzeuger ein verlässliches Einkommen erhalten, um unabhängig von den Schwankungen auf dem Weltmarkt sicher leben zu können.

Da sowohl fair gehandelte als auch nachhaltige Waren in der Regel kostenintensiver sind als konventionelle Produkte, kann dies zu einem unternehmerischen Zielkonflikt zwischen Umwelt- und Kostenaspekten führen.

www.blauer-engel.de

www.fairtrade-deutschland.de

2.4 Rechts- und Geschäftsfähigkeit

Beispiel:
Im Verkaufsraum der Schöner Laden GmbH hat der 17-jährige Sven Sommer sein absolutes Traumsofa gefunden. Er freut sich schon darauf, dieses endlich käuflich zu erwerben. Der Verkäufer Herr Müller freut sich auf ein „dickes Geschäft".

Herr Müller: „Da haben Sie sich ja ein ganz besonders schönes Sofa ausgesucht."

Sven: „2 500,00 € sind auch eine Menge Geld. Es hat sehr lange gedauert, bis ich mir das zusammengespart hatte. Ich werde bald mit meiner Freundin zusammenziehen und wollte ihr eine Freude bereiten."

Herr Müller: „Junger Herr, es ist mir zwar unangenehm, danach zu fragen, aber sind Sie eigentlich bereits volljährig?"

Sven: „Kein Problem, noch finde ich diese Frage nicht unangenehm. In sechs Wochen werde ich endlich 18 und darf dann alleine ohne meine Eltern mit dem Auto fahren. Warum fragen Sie?"

Herr Müller: „Es tut mir wirklich leid, aber ohne Einwilligung Ihrer Eltern dürfen Sie bei mir das Sofa nicht käuflich erwerben."

Sven: „Was haben denn meine Eltern damit zu tun? Ich kann Ihnen die Sorge etwas nehmen. In der Höheren Berufsfachschule habe ich bereits gelernt, dass ich mit 17 Jahren schon rechtsfähig bin. Es besteht somit kein Grund zur Unruhe."

Herr Müller: „Sie sind natürlich schon lange rechtsfähig. Jedoch besteht mit 17 Jahren noch nicht die volle Geschäftsfähigkeit."

Sven: „Das finde ich sehr kleinlich. Hinzu kommt, dass es sich hierbei um mein Geld handelt. Schließlich bekomme ich 570,00 € Ausbildungsvergütung. Außerdem kann ich mit meinem Taschengeld doch machen, was ich möchte."

Herr Müller: „So leid mir das tut, die Überraschung für Ihre Freundin müssen Sie sich noch aufsparen. 2500,00 € gehen wirklich über das übliche Taschengeld hinaus. Letztens habe ich einer 16-jährigen Kundin einen Couchtisch für 500,00 € verkauft. Einen Tag später kam die Mutter in unser Geschäft und hat das Geschäft rückgängig gemacht. Mein Chef war so sauer, er hat mich richtig runtergemacht. So leichtsinnig werde ich nicht noch einmal handeln. Wenn Ihre Eltern den Kaufvertrag mit unterschreiben, verkaufe ich Ihnen das Sofa liebend gerne."

Beurteilen Sie anhand der unten stehenden Informationen die rechtliche Situation. Ist Herr Müller im Recht oder kann Sven das Sofa käuflich erwerben?

Rechtsfähigkeit

Bürgerliches Gesetzbuch (BGB)

§ 1 Beginn der Rechtsfähigkeit

Die Rechtsfähigkeit des Menschen beginnt mit der Vollendung der Geburt.

Die **Rechtsfähigkeit** eines jeden Menschen beginnt mit der Geburt und endet mit dem Tod. Das bedeutet, dass jeder Mensch Träger von Rechten und Pflichten ist.

Es wird jedoch zwischen **juristischen Personen** und **natürlichen Personen** unterschieden. Lebende Menschen werden laut BGB als natürliche Personen bezeichnet.

Beispiel:
Die vierjährige Mathilde verliert bei einem Verkehrsunfall ihre Eltern. Sie hat nach dem Tod ihrer Eltern ein Anrecht auf das Erbe, jedoch hat sie auch die Pflicht, die Erbschaftssteuer zu bezahlen. Da Kinder noch nicht in der Lage sind, ihre Rechte und Pflichten wahrzunehmen, handeln dafür gesetzliche Vertreter. In der Regel sind das die Eltern oder der gesetzliche Vormund.
Falls es keine Kinder oder andere Erben gibt, besteht NICHT die Möglichkeit, Tiere als Erben einzusetzen. Tiere sind nicht rechtsfähig.

Zudem existieren auch juristische Personen, die jedoch durch Vermögensmassen oder Personenvereinigungen erst entstehen. Beiden Personen wird eine Rechtsfähigkeit zugesprochen. Bei den juristischen Personen wird noch folgender Unterschied vorgenommen:

- **Juristische Person des öffentlichen Rechts**
  Juristische Personen des öffentlichen Rechts entstehen durch die staatliche Verleihung. Erst durch einen staatlichen Entzug verlieren sie wieder ihre Rechtsfähigkeit.

  Beispiele: alle Bundesländer, die Bundesrepublik Deutschland, Städte und Gemeinden oder Handwerkskammern.

- **Juristische Person des Privatrechts**
  Durch die Eintragung ins Handelsregister oder Vereinsregister erlangen juristische Personen des Privatrechts die Rechtsfähigkeit. Entsprechend verlieren sie die Rechtsfähigkeit, wenn sie aus dem Register gelöscht werden.

  Beispiele: eine Gesellschaft mit beschränkter Haftung (GmbH), eine Aktiengesellschaft oder ein eingetragener Verein.

Juristische Personen können allerdings nicht selbstständig im Wirtschaftsleben tätig werden, obwohl sie rechtsfähig sind. Aus diesem Grund handeln für juristische Personen ihre Organe, die von natürlichen Personen geleitet werden (Vorstand eines Vereins oder einer Aktiengesellschaft).

Beispiel: Die SC Mettmann 04 e. V. kauft zu Trainingszwecken neue Geräte für den Kraftraum. Wenn der Verein die Lieferung nicht bezahlt, haftet der Verein und nicht das Vorstandsmitglied.

Geschäftsfähigkeit

Geschäftsfähigkeit ist von der Rechtsfähigkeit deutlich zu unterscheiden. Unter Geschäftsfähigkeit versteht man die Fähigkeit, rechtswirksame Geschäfte abzuschließen. Nicht jeder rechtsfähige Mensch ist dazu in der Lage, da in unserer Rechtsordnung ein gewisses Maß an Urteilsvermögen vorausgesetzt wird.

> Wer geschäftsfähig ist, darf selbstständig rechtswirksame Geschäfte abschließen.

Beispiel: Die vierjährige Mathilde kann zwar ihr Erbe antreten, da sie rechtsfähig ist. Die Möglichkeit, das Geld auszugeben, besteht jedoch nicht, da sie noch geschäftsunfähig ist.

Geburt

Geschäftsunfähigkeit

Kinder unter sieben Jahren sowie Personen, die dauerhaft geistesgestört sind, gelten nach § 104 BGB als **geschäftsunfähig**. Rechtsgeschäfte, die eine geschäftsunfähige Person abschließt, sind **nichtig** (ungültig).

Beispiel: Die fünfjährige Sarah kauft sich in einem Supermarkt eine Tüte Gummibärchen. Da für Geschäftsunfähige die gesetzlichen Vertreter, also die Eltern oder ein Vormund, handeln, ist der Kaufvertrag nichtig. Wenn Sarah jedoch von ihrem gesetzlichen Vertreter als Bote geschickt wurde, überbringt das Mädchen die Willenserklärung ihres Vertreters und nicht die eigene. Somit wäre der Kaufvertrag gültig.

7 Jahre

Beschränkte Geschäftsfähigkeit

Zwischen dem vollendeten siebenten Lebensjahr und dem vollendeten 18. Lebensjahr sind Minderjährige **beschränkt geschäftsfähig**. Mit der Zustimmung des gesetzlichen Vertreters können beschränkt geschäftsfähige Personen Rechtsgeschäfte abschließen. Ohne die Zustimmung des Vertreters sind diese Rechtsgeschäfte **schwebend unwirksam**.

Beispiel: Der 15-jährige Lasse kauft ohne Wissen seiner Eltern ein neues Rennrad. Erst wenn die Eltern nach Kenntnisnahme dem Kaufvertrag zustimmen, ist der Kaufvertrag gültig. Bis zu diesem Zeitpunkt ist der Kaufvertrag noch schwebend unwirksam.

Es gibt jedoch Ausnahmen, bei denen ein beschränkt Geschäftsfähiger keine Zustimmung der gesetzlichen Vertreter benötigt:
- Geschäfte, die nur einen rechtlichen Vorteil bringen;

Beispiel: Die 13-jährige Marlene bekommt von ihrer Patentante 100,00 € geschenkt. Obwohl Marlenes Eltern mit dieser Schenkung nicht einverstanden sind, ist sie aufgrund des rechtlichen Vorteils ohne die Zustimmung der Eltern gültig.

- Geschäfte, die mit eigenen Mitteln (Taschengeld) getätigt wurden. Es sind jedoch nur Bargeschäfte mit dieser Regelung erlaubt (Ratengeschäfte sind ausgeschlossen, da über zukünftiges Taschengeld noch nicht verfügt werden darf);

- Geschäfte, die ein von dem gesetzlichen Vertreter erlaubtes Arbeitsverhältnis betreffen (Kauf von Berufskleidung, Geschäfte im Rahmen der Ausbildung).

18 Jahre

Volle Geschäftsfähigkeit

Ab dem vollendeten 18. Lebensjahr sind alle Personen voll geschäftsfähig. Alle von ihnen getätigten Rechtsgeschäfte sind rechtswirksam. Jede voll geschäftsfähige Person muss auch die volle Verantwortung dafür übernehmen.

Tod

Auszug aus dem Bürgerlichen Gesetzbuch (BGB)

Geschäftsfähigkeit

§ 104 Geschäftsunfähigkeit

Geschäftsunfähig ist:

1. wer nicht das siebente Lebensjahr vollendet hat,

2. wer sich in einem die freie Willensbestimmung ausschließenden Zustand krankhafter Störung der Geistestätigkeit befindet, sofern nicht der Zustand seiner Natur nach ein vorübergehender ist.

§ 105 Nichtigkeit der Willenserklärung

(1) Die Willenserklärung eines Geschäftsunfähigen ist nichtig.

(2) Nichtig ist auch eine Willenserklärung, die im Zustand der Bewusstlosigkeit oder vorübergehender Störung der Geistestätigkeit abgegeben wird.

§ 105a Geschäfte des täglichen Lebens

Tätigt ein volljähriger Geschäftsunfähiger ein Geschäft des täglichen Lebens, das mit geringwertigen Mitteln bewirkt werden kann, so gilt der von ihm geschlossene Vertrag in Ansehung von Leistung und, soweit vereinbart, Gegenleistung als wirksam, sobald Leistung und Gegenleistung bewirkt sind. Satz 1 gilt nicht bei einer erheblichen Gefahr für die Person oder das Vermögen des Geschäftsunfähigen.

§ 106 Beschränkte Geschäftsfähigkeit Minderjähriger

Ein Minderjähriger, der das siebente Lebensjahr vollendet hat, ist nach Maßgabe der §§ 107 bis 113 in der Geschäftsfähigkeit beschränkt.

§ 107 Einwilligung des gesetzlichen Vertreters

Der Minderjährige bedarf zu einer Willenserklärung, durch die er nicht lediglich einen rechtlichen Vorteil erlangt, der Einwilligung seines gesetzlichen Vertreters.

§ 108 Vertragsschluss ohne Einwilligung

(1) Schließt der Minderjährige einen Vertrag ohne die erforderliche Einwilligung des gesetzlichen Vertreters, so hängt die Wirksamkeit des Vertrags von der Genehmigung des Vertreters ab.

(2) Fordert der andere Teil den Vertreter zur Erklärung über die Genehmigung auf, so kann die Erklärung nur ihm gegenüber erfolgen; eine vor der Aufforderung dem Minderjährigen gegenüber erklärte Genehmigung oder Verweigerung der Genehmigung wird unwirksam. Die Genehmigung kann nur bis zum Ablauf von zwei Wochen nach dem Empfang der Aufforderung erklärt werden; wird sie nicht erklärt, so gilt sie als verweigert.

(3) Ist der Minderjährige unbeschränkt geschäftsfähig geworden, so tritt seine Genehmigung an die Stelle der Genehmigung des Vertreters.

2.5 Kaufvertrag

Beispiel:
Endlich ist es so weit. Sven ist 18 Jahre alt geworden und kann nun endlich ohne Zustimmung seiner Eltern das Sofa aus der Schöner Laden GmbH kaufen. Er fährt noch einmal nach Lingen in die Schöner Laden GmbH und erhofft sich ein gutes Schnäppchen.

Wie könnte der Abschluss des Kaufvertrags aussehen?

Ein **Kaufvertrag** entsteht wie alle Verträge durch mindestens zwei übereinstimmende Willenserklärungen, genauer gesagt durch **Angebot** und dessen **Annahme**.

Die Antragsannahme und der Antrag können sowohl durch den Verkäufer als auch durch den Käufer erfolgen.

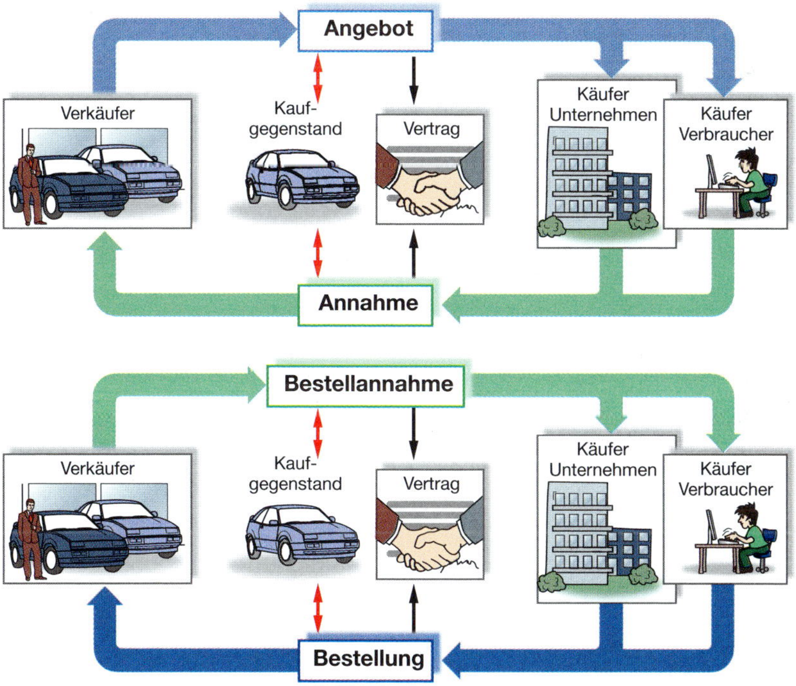

Prinzipiell ist jeder an sein Angebot gebunden. Es besteht jedoch die Möglichkeit, dass diese Bindung aufgehoben wird:

Mithilfe von **Freizeichnungsklauseln,** d.h., der Antrag wird durch den Absender mit Formulierungen wie z.B. „unverbindlich", „solange der Vorrat reicht", „Angebot frei bleibend" unverbindlich.

Mithilfe von **verspäteter** oder **abgeänderter Annahme.** Schriftliche Angebote müssen unverzüglich angenommen werden. Unter den Anwesenden muss ein Antrag sofort angenommen werden. Da die Beförderungsdauer berücksichtigt wird, muss ein schriftliches Angebot etwa nach einer Woche der Annahme vorliegen. Wird der Antrag verspätet oder abgeändert angenommen, so ist der Antragsteller nicht mehr verpflichtet, diesen anzunehmen. Wenn der Antrag trotzdem verspätet angenommen wird, entsteht ein Vertrag.

Rechte und Pflichten von Vertragspartnern

Erst wenn der Kaufvertrag (Abgabe eines Antrags und Annahme) von Käufer und Verkäufer abgeschlossen wurde, sind sie auch verpflichtet, den Vertrag zu erfüllen.

Durch den Abschluss des Kaufvertrags entsteht zunächst ein Verpflichtungsgeschäft. Sowohl der Käufer als auch der Verkäufer haben sich verpflichtet, ihren Leistungen nachzukommen. Sobald beide Parteien ihren Verpflichtungen nachgekommen sind, spricht man von einem Erfüllungsgeschäft. Grundsätzlich kann man unzählige Verpflichtungsgeschäfte abschließen, solange man diesen auch nachkommt.

Pflicht des Käufers:
- Annahme der Ware
- Zahlung des Kaufpreises

Rechte des Verkäufers

Pflicht des Verkäufers:
- Annahme des Kaufpreises
- mangelfreie Lieferung und Übereignung der Ware

Rechte des Käufers

Inhalte des Kaufvertrags

Im Alltag sind für die „normalen" Käufe im Supermarkt keine genauen Bedingungen für den Kauf auszuhandeln. Wenn es sich jedoch um wichtige Kaufverträge handelt, empfiehlt es sich, diese genauer auszuhandeln, um spätere Schwierigkeiten zu vermeiden.

Falls im Kaufvertrag für die einzelnen Punkte **keine** genauen Vereinbarungen vorgenommen wurden, gelten folgende gesetzliche Regelungen:

- **Preisnachlässe:** Nur wenn es vorher vereinbart wurde, dürfen Preisnachlässe (Rabatte oder Skonto) vorgenommen werden.
- **Lieferzeit:** Sofern keine anderen Absprachen vorgenommen wurden, ist die Ware unverzüglich zu liefern.

- **Zahlungsbedingungen:** Der Käufer ist zur Zahlung des Kaufpreises verpflichtet und muss auf eigene Gefahr das Geld überbringen.
- **Art und Güte der Ware:** Wenn nichts anderes vereinbart wurde, ist die Beschaffenheit der Ware wie bei anderen handelsüblichen gleichartigen Sachen maßgebend.
- **Verpackungs- und Beförderungskosten:** Sowohl die Kosten für die Verpackung als auch die Beförderungskosten sind vom Käufer zu tragen. Lediglich die Übergabekosten werden vom Verkäufer übernommen.
- **Erfüllungsort:** An diesem Ort muss der Schuldner seinen vertraglichen Verpflichtungen nachkommen. An dieser Stelle gehen die Kosten und das Risiko immer auf den Gläubiger über. Wenn nichts anderes vereinbart ist, gilt immer der Wohn- oder Firmensitz des jeweiligen Schuldners als Erfüllungsort.

Besitz und Eigentum

Eigentum ist die **rechtliche Gewalt** über eine Sache, **Besitz** ist die **tatsächliche Gewalt**.

In den meisten Fällen ist der Eigentümer einer Sache auch gleichzeitig der Besitzer.

Eigentümer einer Sache üben auch immer die **rechtliche Gewalt** darüber aus, falls das Gesetz nicht etwas anderes vorsieht. Der Eigentümer kann die Sache beispielsweise vermieten, verpfänden, verkaufen, verschenken oder sogar zerstören. Da es sein Eigentum ist, bleibt ihm das Recht vorbehalten. Ein Eigentümer kann anderen den Besitz erlauben oder auch andere Personen davon ausschließen.

Die **tatsächliche Gewalt** über einen Gegenstand übt der **Besitzer** aus.

Beispiel:
Hugo hat zum 18. Geburtstag von seinen Eltern ein Auto geschenkt bekommen. Da er nun für ein halbes Jahr nach Amerika geht, leiht er das Fahrzeug seinem Freund Caspar. Während seines Amerika-Aufenthalts bleibt Hugo rechtmäßiger Eigentümer und Caspar ist für diesen Zeitraum der Besitzer.

Eigentumsübertragung

Mit Abschluss des Kaufvertrags verpflichtet sich der Verkäufer, dem Käufer die Ware zu übertragen. Der Eigentumsübergang erfolgt je nach Sache unterschiedlich:

- **Bewegliche Sachen:** In der Regel erfolgt die Übertragung durch Einigung der Vertragspartner und Übergabe der Sache. Wenn sich die Sache noch im Besitz eines Dritten befindet, so wird der Herausgabeanspruch abgetreten.
- **Unbewegliche Sachen:** Die Übergabe von unbeweglichen Sachen (Häuser, Grundstücke) erfolgt durch Auflassung und Eintragung ins Grundbuch (Einigung über den Eigentumsübergang vor dem Notar).

Aus Packstation – Trickbetrüger ergaunerte sich Ware im Wert von 100000 Euro

MÜNSTER. Erst besorgte er sich Hunderte Passwörter, dann kassierte er ganz groß ab: Nach einer Serie von Trickbetrügereien mit ergaunerten Daten von Packstation-Kunden muss sich seit Montag ein vorbestrafter Betrüger vor dem Landgericht Münster verantworten.

Der Betrüger bestellte Versandhausware auf Rechnung von nichtsahnenden DHL-Kunden und holte sie mit selbst beschriebenen Magnetkarten an den Packstationen ab.

Der 31-jährige Münsteraner gab zum Prozessauftakt zu, zwischen März und Dezember 2011 hochwertige Versandhausware auf Rechnung von nichtsahnenden DHL-Kunden bestellt und mithilfe von selbst beschriebenen Magnetkarten an den Packstationen abgeholt zu haben. Schaden laut Anklage: weit über 100 000 Euro.
Die Ermittler kamen dem Mann auf die Spur, als sie die Packstationen in Münster beobachteten. Dabei konnten sie ihn fassen.

Daten im Internet gekauft
Die Datensätze der Packstation-Kunden waren von Hackern abgefischt und dann in speziellen Internet-Foren zum Verkauf angeboten worden. Der Angeklagte hat nach eigenen Angaben pro Datensatz sechs bis zehn Euro bezahlt.

Dafür erhielt er den Namen des Kunden, dessen Adresse sowie zwei Zugangs-Codes: einen für die Packstation, den anderen fürs Log-in bei DHL. Nach Erkenntnissen der Staatsanwaltschaft hatten die Hacker die Daten heimlich durch sogenannte Phishing-Mails ausgespäht. Dabei wurden Kunden mit manipulierten E-Mails zum Beispiel aufgefordert, ihre Daten für Kontrollzwecke neu einzugeben.

Notebooks und Kameras
Die Magnetkarten-Rohlinge und die entsprechenden Schreib- und Lesegeräte hatte sich der Angeklagte für rund 180 Euro in China gekauft. Seine Beute bestand überwiegend aus hochwertigen Notebooks, iPads und Digitalkameras, die der Angeklagte laut Geständnis anschließend zum halben Preis an verschiedene Abnehmer weiterverkauft hat.

Die Anklage listet in ihren insgesamt 165 Fällen auch Parfüm, Kleidung und Sexspielzeug auf.

Stimberg Zeitung, 04.06.2012; abgerufen unter www.stimberg-zeitung.de/staedte/muenster/Trickbetrueger-ergaunerte-sich-Ware-im-Wert-von-100-000-Euro;art1331,760467 [17.07.2014]

Verloren gegangene oder **gestohlene Sachen** können **nicht gutgläubig** erworben werden. Selbst von einem gutgläubigen Erwerber kann der rechtmäßige Eigentümer die Herausgabe der Sache verlangen.

Eigentumsvorbehalt

In den meisten Kaufverträgen taucht das Wort „Eigentumsvorbehalt" auf. Bis die Ware vollständig bezahlt ist, bleibt der Verkäufer der rechtmäßige Eigentümer. Im Vorfeld wird die Ware zwar häufig übergeben, jedoch ist der Käufer bis zur vollständigen Bezahlung lediglich der Besitzer. Wenn der Käufer mit der Zahlung in Verzug gerät, kann der Verkäufer auf die Herausgabe der Ware bestehen und vom Vertrag zurücktreten (vorher muss jedoch eine Nachfrist gesetzt werden). Sobald die Ware vollständig bezahlt wurde, erlischt der Eigentumsvorbehalt.

2.6 Kaufvertragsstörungen

Das Unternehmen Schöner Laden GmbH bestellt über die Einkaufsabteilung am Dienstag, 13.05.20.. beim Bürogroßhandel Sternemann 6000 Blatt Kopierpapier 80 g holzfrei DIN A4 in den Farben Grün, Gelb und Rot sowie vier Tonerkartuschen für die zwei firmeneigenen Develop-X3-Kopierer. Auf dem Bestellfax hat Frau Engels von der Einkaufsabteilung Mittwoch, den 4. Juni 20.. als Liefertermin „fix" festgesetzt. Sie benötigt für eine Werbekampagne 2000 Flyer, die am darauffolgenden Sonntag bei einem „Tag der offenen Tür" verteilt werden sollen.

Der Bürogroßhandel Sternemann bestätigt noch innerhalb von einer Stunde die Bestellung von Frau Engels für diesen Termin. Die Lieferung erfolgt am 04.06. nicht. Auch am Donnerstag, dem 05.06, wird die Lieferung nicht an das Unternehmen versandt. Frau Engels erhält am Freitag, dem 06.06.20.., die Lieferung des Bürogroßhandels Sternemann. Beim Auspacken der Kartons sieht Frau Engels mit Entsetzen, dass zwar die vier Tonerkartuschen vorhanden sind, aber nicht das gewünschte Kopierpapier. Stattdessen erhält sie 6000 Blatt Recycling-Kopierpapier, 80 g holzfrei.

Kurzerhand kauft Frau Engels beim örtlichen Bürobedarfsgeschäft Albers das farbige Kopierpapier in gewünschter Menge, allerdings zu einem Mehrpreis von gesamt 55,00 €. Am nächsten Tag schickt Frau Engels per Express-Lieferung das falsch gelieferte Recyclingkopierpapier kommentarlos zurück. Die Mehrkosten für die Express-Lieferung und das bei der Firma Albers gekaufte Kopierpapier stellt sie dem Großhandel Sternemann in Rechnung.

Schlechtleistung

Schlechtleistungen können auftreten bei Sachmangeln. Solche **Sachmängel** (§ 434 BGB) können sein:

Fehlerhafte Ware

Z. B. Lieferung nicht einwandfreier, verdorbener oder beschädigter Waren oder auch Lieferung einer niedrigeren Qualität als vereinbart.

Quantitätsmangel

Die Lieferung ist mengenmäßig als „zu wenig" erfolgt. Eine „zu viel"-Lieferung ist aber kein Mangel.

Falschlieferung

Die Ware wird in falscher Art, Qualität oder Güte geliefert.

Falsche Werbeaussage

Werden falsche Werbeaussagen getätigt, die technisch, wissenschaftlich nachprüfbar sind, so liegt hier ein Mangel vor.

Montagemangel

Hier liegt eine in Auftrag gegebene falsche Montage im Aufbau oder Zusammenbau vor.

Mangelhafte (fehlerhafte) Montage-Anleitung

Als Folge resultiert eine falsche anschließende (Eigen-)Montage (= sog. IKEA-Klausel).

Bezüglich der Erkennbarkeit von Warenmängeln unterscheidet man **offene Mängel**, die beim Auspacken und Überprüfen der gelieferten Ware sofort und leicht feststellbar sind.

Dagegen sind **versteckte Mängel** nicht so leicht erkennbar. Sie werden erst im Nachhinein deutlich. Vom Verkäufer **arglistig verschwiegene Mängel** sind versteckte Mängel, die dem Verkäufer bekannt sind, die er aber dem Käufer verschweigt.

Verjährung, Verjährungsfristen und Form der Beanstandung bei Schlechtleistung

Jeder Käufer muss sich beim Eintreffen der Ware von der einwandfreien Beschaffenheit der Lieferung überzeugen. Er muss also prüfen, ob die gelieferte Ware nicht einen der beschriebenen Mängel aufweist. Zum Umfang seiner Prüfungspflicht gehört auch das Überprüfen der Verpackung auf etwaige Beschädigungen.

Der Käufer muss innerhalb der Verjährungsfrist seine Rechte gegenüber dem Verkäufer geltend machen.

Als Verjährungsfristen kommen in Betracht:

- zwei Jahre als regelmäßige, kaufrechtliche Verjährungsfrist für Sachmängel (§ 434, 438 BGB);
- drei Jahre bei arglistig verschwiegenen Mängeln ab Entdecken (§ 195 BGB);
- fünf Jahre bei Bauwerksmängeln sowie Mängeln an in Gebäuden eingebauten Sachen.
- Für Gewährleistungsansprüche aus Kauf-, Werk- und Reiseverträgen wurden die Fristen auf zwei Jahre verlängert. Diese Frist kann auch nicht durch Vertragsklauseln oder durch Allgemeine Geschäftsbedingungen verkürzt werden.

Der Gesetzgeber schreibt keine besondere Form für die Mängelrüge vor. Sie kann z. B. mündlich gegenüber einem Vertreter erklärt werden. Im Geschäftsleben ist es jedoch üblich und ratsam, die Mängelrüge aufgrund der Beweissicherung schriftlich vorzunehmen.

Rechte des Käufers bei Schlechtleistung des Verkäufers

- Vorrangige Rechte des Käufers

  Recht auf Nacherfüllung gemäß § 439 BGB: Der Käufer hat das Recht auf Nachbesserung (z. B. Reparatur) oder auf Neulieferung (falls die Nachbesserung unverhältnismäßig mehr Kosten verursacht, als der Neuwert der Ware beträgt).

  Die Nacherfüllung gilt nach zwei erfolglosen Nachbesserungsversuchen als fehlgeschlagen (§ 440 BGB).

  Ein Nacherfüllungsanspruch des Käufers gegenüber dem Verkäufer besteht auch bei geringfügigen Mängeln (allerdings nicht bei „2. Wahl"-Ware).

  Die Nacherfüllung ist verschuldensunabhängig. Sollte allerdings ein Verschulden des Verkäufers nachweisbar sein, so hat der Käufer neben dem Recht auf Leistung auch noch das Recht auf Schadenersatz.

- Nachrangige Rechte des Käufers

  Ist die Nacherfüllung drei Mal fehlgeschlagen, so kann der Käufer dem Verkäufer gegenüber **mit Fristsetzung** folgende Rechte geltend machen:
  - **Rücktritt vom Vertrag** (bei geringfügigen Mängeln nicht möglich) entsprechend §§ 323, 326 und 440 BGB.

- **Minderung,** d.h., der Kaufpreis wird vom Käufer herabgesetzt gemäß § 441 BGB.
- **Schadenersatz statt Leistung** (nicht möglich bei geringfügigen Mängeln). Auch wenn der Käufer vom Vertrag zurücktritt, so kann er zusätzlich Schadenersatz statt Leistung geltend machen gemäß §§ 280 und 281 BGB. Hierbei handelt es sich um alle Kosten, die dem Käufer durch diese Störung zusätzlich entstanden sind.
- **Ersatz vergeblicher Aufwendungen** (ebenfalls nicht bei geringfügigen Mängeln) gemäß § 284 BGB. Hierunter versteht man alle Kosten, die dem Käufer entstehen in Erwartung der noch ausstehenden Lieferung oder Leistung.

Eine **Fristsetzung** bei der Inanspruchnahme von **Minderung und Rücktritt vom Vertrag** entfällt, wenn
- der Verkäufer die Nacherfüllung verweigert oder zwei Nacherfüllungsversuche gescheitert sind,
- die Nacherfüllung für beide Parteien unzumutbar ist,
- es sich um ein Fixgeschäft (Terminangabe mit dem Zusatz „fix") handelt oder
- besondere Umstände nach §§ 281 (2), 284 oder 440 BGB vorliegen.

Ebenfalls entfällt eine **Fristsetzung** bei der Inanspruchnahme von **Schadenersatz statt Leistung und Ersatz vergeblicher Aufwendungen** unter den gleichen Bedingungen wie oben.

Nicht-rechtzeitig-Lieferung

Liefert ein Verkäufer schuldhaft nicht oder nicht rechtzeitig, so spricht man von einer nicht rechtzeitigen Lieferung. Entsprechend dem BGB spricht man von Verschulden bei Fahrlässigkeit oder **vorsätzlichem** Handeln.

Allgemeine Voraussetzungen für die Nicht-rechtzeitig-Lieferung

- Die Lieferung war fällig, d.h., der mit Datumsangabe konkret gesetzte Termin ist überschritten worden (z.B. „heute in 14 Tagen, 17.03.20.., Ende Mai 20.. oder in den NRW-Sommerferien 2014").
- Die nicht erbrachte Lieferung ist vom Käufer bei nicht konkretem Liefertermin (z.B. „Lieferung in ca. zehn Tagen, Lieferung nach Ostern, Lieferung baldmöglichst") angemahnt worden.
- Der Verkäufer hat die Lieferung schuldhaft verzögert oder unterlassen.

Rechte des Käufers bei Nicht-rechtzeitig-Lieferung

Unter den obigen Voraussetzungen hat der Käufer folgende Rechte, wenn er **eine angemessene Nachfrist setzt:**

- **Der Käufer besteht weiterhin auf die Lieferung.** Er kann eventuellen Schadenersatz (= Verzögerungsschaden) verlangen, d.h. Kosten, die ihm durch die Verzögerung oder den Ausfall entstanden sind, kann er dem Verkäufer in Rechnung stellen.
- **Schadenersatz statt Leistung des Verkäufers,** d.h., der Käufer berechnet dem Verkäufer alle entstandenen Mehrkosten, die er aufgrund der Nicht-rechtzeitig-Lieferung zu tragen hatte. Ein Ersatz vergeblicher Aufwendungen wäre ebenfalls vom Verkäufer zu tragen.
- **Rücktritt vom Vertrag,** d.h., für den Käufer ist der Vertrag ungültig geworden (§ 323 BGB).

Aufgaben

1. *Bereiten Sie einen kurzen Vortrag vor, in dem Sie die beiden Bestellverfahren (Bestellpunkt- und Bestellrhythmusverfahren) in der Rolle der Auszubildenden des dritten Lehrjahres den übrigen Auszubildenden der Schöner Laden GmbH präsentieren.*

2. *Diskutieren Sie allgemein Vor- und Nachteile der jeweiligen Verfahren im Plenum und halten Sie stichpunktartig Ihre Ergebnisse auf Flipchart-Papier fest.*

3. *Die Unternehmensleitung gibt Ihnen folgende Daten:*
   - *Belegschaft: 50 Personen, davon zehn Auszubildende.*
   - *Jeder Mitarbeiter hat 30 Tage Urlaub im Jahr.*
   - *Die Krankenstatistik weist pro Arbeitnehmer zwei Tage Arbeitsausfall wegen Krankheit aus.*
   - *Die Auszubildenden sind verteilt auf zwei Berufsschultage, an denen sie nicht wieder in den Betrieb zurückmüssen.*

   Ausgehend von diesen Daten schlagen Sie Ihrer Unternehmensleitung ein schlüssiges Bestellverfahren vor, welches von den Auszubildenden langfristig organisiert werden kann.

4. *Nennen Sie die Möglichkeiten für die Schöner Laden GmbH, um außerhalb des eigenen Unternehmens Bezugsquellen zu ermitteln. Diskutieren Sie Ihre Lösung in Kleingruppen.*

5. *Ermitteln Sie den Bezugs- oder Einstandspreis für die Weihnachtsmänner und Adventskalender der Nussknacker AG und der Minchen KG.*

6. *Diskutieren Sie innerhalb einer Vierergruppe die einzelnen Beschaffungskriterien in der Tabelle auf S. 53.*

7. *Erläutern Sie, ob die aufgeführten Bewertungskriterien in der Tabelle für jedes Auswahlverfahren gültig sind. Notieren Sie mögliche weitere Kriterien.*

8. *Entscheiden Sie, ob es sich bei den folgenden Personen um (1) natürliche Personen, um (2) juristische Personen des privaten Rechts oder um (3) juristische Personen des öffentlichen Rechts handelt:*
   a) *Julia Koop GmbH*
   b) *Opel AG*
   c) *Universität Münster*
   d) *Der Bauer Gerrit Ehrmann*
   e) *Sportgemeinschaft Wattenscheid 09 e. V.*
   f) *Der Richter Hugo Ernst*

9. *Unter der Rechtsfähigkeit versteht das Gesetz die Fähigkeit einer Person, Träger von Rechten und Pflichten zu sein. Eine Person kann z. B. durch ein Erbe das Recht bekommen, Eigentümerin eines Hauses zu werden. Eine Pflicht existiert zum Beispiel, die Schule zu besuchen. Beschreiben Sie in Partnerarbeit, was man unter der Geschäftsfähigkeit versteht, und nennen Sie die Stufen der Geschäftsfähigkeit.*

10. *Dürfen folgende Rechtsgeschäfte abgeschlossen werden? Begründen Sie Ihre Antwort.*
   a) *Der 17 Jahre alte Philipp Meier kauft von seinem Taschengeld eine CD für 25,00 €.*
   b) *Jonas' sechs Jahre alte Schwester Pia bekommt von ihrer Oma ein Fahrrad geschenkt.*
   c) *Pia verkauft das Fahrrad für 30,00 € an ihre Freundin Marlene.*
   d) *Leonards 17 Jahre alter Bruder Carl kauft sich einen Roller für 2 300,00 € beim Bochumer Motorrad-Outlet.*
   e) *Zwei Jahre später kauft sich Carl einen Golf VII.*

11. *Erklären Sie, wie der Kaufvertrag zwischen Sven und der Schöner Laden GmbH auf S. 61 zustande kommt. Welche Pflichten ergeben sich für Sven und welche für die Schöner Laden GmbH?*

12. *Geben Sie in den folgenden Fällen an, ob die jeweiligen Personen die Sachen besitzen oder auch Eigentümer sind. Begründen Sie Ihre Antwort.*
   a) *Bauer Gerrit Ehrmann wohnt auf seinem eigenen Bauernhof.*
   b) *Julia Knoop hat ihren eigenen Wohnwagen für zwei Wochen dem niederländischen Nachbarn Arjan Ribben ausgeliehen.*
   c) *Carl spielt mit der Eisenbahn, die ihm seine Eltern zum Geburtstag geschenkt haben.*
   d) *Jannik fährt mit einem gestohlenen Fahrrad in die nahe liegende Diskothek.*

13. *Erstellen Sie eine Tabelle mit zwei Spalten. In die erste Spalte schreiben Sie die einzelnen Situationen, die sich in der Ausgangssituation chronologisch aneinanderreihen. In die zweite Spalte schreiben Sie die Rechtslage bzw. die Rechtsfolge, die sich aus der jeweiligen Situation ergibt.*

14. *Herr Müller hat für die Schöner Laden GmbH einen neuen Kaffeevollautomaten bestellt. Der Verkäufer versichert Herrn Müller, dass bis zum Start des Weihnachtsgeschäfts Mitte November der Kaffeevollautomat in jedem Fall eintreffen wird. Nachdem er Ende November immer noch keinen Kaffeevollautomaten im Geschäft hat, ruft er den Verkäufer an und beschwert sich. Der Verkäufer entschuldigt sich zwar für die lange Wartezeit, verneint aber, jemals eine Lieferung Mitte November zugesagt zu haben.*
   a) *Begründen Sie im Fall von Herrn Müller, warum es immer empfehlenswert ist, alle Bedingungen im Kaufvertrag genau zu vereinbaren und schriftlich festzuhalten.*
   b) *Welche Inhalte sollte Herr Müller in dem Kaufvertrag genau regeln?*

Vertiefungsaufgaben

A. *Sind die folgenden Behauptungen falsch oder richtig? Begründen Sie Ihre Antwort.*
   a) *Nicht-rechtzeitig-Lieferung liegt vor, wenn der Verkäufer schuldhaft nicht rechtzeitig liefert.*
   b) *Wenn der Liefertermin vorher genau festgesetzt war, muss der Käufer bei Nichtlieferung mahnen.*
   c) *Unter Nachfrist versteht man die Zeitspanne, die für die Beschaffung der Ware erforderlich ist.*
   d) *Bleibt eine Lieferung aus, weil das Personal streikt, trifft den Verkäufer kein Verschulden.*
   e) *Ein Verkäufer handelt fahrlässig, wenn er die nötige Sorgfalt außer Acht lässt.*

B. Beurteilen Sie die folgenden Fälle.

a) Die Deutsche Bahn AG veranstaltet eine Auktion (= Versteigerung) für Gegenstände, die in den Zügen, den Wartesälen und auf den Bahnhöfen liegen gelassen werden. Frau Broll ersteigert einen Regenschirm. Zu Hause bemerkt sie, dass die Schirmseide zwei Löcher hat. Kann sie diese Schlechtleistung beanstanden?

b) Nina Schäfer kauft sich ein neues Sommerkleid. Der Stoff des Kleides war im Schaufenster des Geschäftes als farbecht ausgeschrieben. Nach der ersten Reinigung des Kleides stellt Nina mit Schrecken fest, dass die Farben ineinander verlaufen sind. Kann sie diese Schlechtleistung beanstanden?

c) Beim Kauf eines Schreibtisches weist der Verkäufer Herrn Bauer darauf hin, dass das Schloss der abschließbaren Schublade defekt ist, und gewährt ihm einen Preisnachlass. Herr Bauer kauft den Schreibtisch. Nach zwei Monaten will er wichtige Papiere in seinem Schreibtisch verschließen, was aber aufgrund des defekten Schlosses nicht möglich ist. Kann Herr Bauer diese Schlechtleistung beanstanden?

d) Bei der Lieferung seines neuen Autos stellt Herr Braun fest, dass der Kofferraumdeckel von innen einen kleinen Kratzer hat. Kann Herr Braun diese Schlechtleistung beanstanden?

e) Acht Monate nach dem Kauf eines Radios bemerkt Herr Küppers, dass er keine Kurzwellensender empfangen kann. Beim Kauf des Gerätes wurde keine Garantiekarte ausgestellt. Kann Herr Küppers diese Schlechtleistung beanstanden?

Anforderungssituation 3 Betrieblicher Einsatz von Produktionsfaktoren

Den wirtschaftlichen Einsatz der Produktionsfaktoren planen, alternative Fertigungsverfahren vor dem Hintergrund fertigungstechnischer Rahmenbedingungen, der Wirtschaftlichkeit, der Nachhaltigkeit und der Qualitätssicherung beurteilen

Kompetenzen

Zu Beginn systematisieren Sie die in einem Unternehmen eingesetzten Produktionsfaktoren und unterscheiden Verfahren der Faktorkombination. Zudem analysieren Sie die Produktionsbedingungen im Hinblick auf die Produktionskosten.

Im weiteren Verlauf beschäftigen Sie sich mit verschiedenen Fertigungsverfahren und -organisationen im Team und deren Produktivität. Ebenso planen Sie unter dem Gesichtspunkt der betrieblichen Kapazität den zeitlichen Ablauf der Leistungserstellung.

Zum Schluss lernen Sie, auf der Grundlage einer Kalkulation der Selbstkosten für ein herzustellendes Produkt eine Entscheidung über Eigen- oder Fremdfertigung vorzubereiten.

Einstiegssituation

Die Anlagen- und Maschinenbaufirma Silo Expert GmbH & Co. KG ist ein mittelständisches Unternehmen, das sich auf die Planung, Fertigung und Montage von Anlagen für Schüttgüter spezialisiert hat.

Die Kunden dieses Unternehmens kommen aus ganz unterschiedlichen Branchen, wie z. B. Nahrungs- und Lebensmittel, Chemie, Holz, Baustoffe und Umwelttechnik.

Die meisten Anlagen für Schüttgüter werden individuell für die Auftraggeber hergestellt.

Die Stärken von Herrn Krampe und Frau Schnieder, die beide in der Geschäftsleitung tätig sind, liegen u. a. in der Entwicklung von strategischen Zielen. Dies hat in der Vergangenheit dazu geführt, dass das Unternehmen trotz eines zunehmend härteren Wettbewerbs gut aufgestellt ist und auf dem Markt bestehen kann. Dies soll auch in Zukunft so bleiben und so versuchen Frau Schnieder und Herr Krampe weiterhin, vorausschauend zu arbeiten und die Unternehmensprozesse optimal zu gestalten.

Arbeitsaufträge

1. *Wie können Mitglieder der Geschäftsleitung vorausschauend arbeiten und planen? Sammeln Sie mögliche Vorgehensweisen, die dieses strategische Vorgehen beinhaltet.*
2. *Welche Aspekte können dazu führen, dass Betriebe ihre Arbeitsabläufe immer wieder überprüfen und Prozesse wieder neu optimieren müssen?*

3.1 Produktionsfaktoren

Die Hauptaufgabe eines Betriebs ist die Erstellung von Gütern oder Dienstleistungen, diese Aufgabe bewältigt er mithilfe von Produktions- oder Leistungsfaktoren. Unter dem Begriff der Produktionsfaktoren versteht man alle Hilfsmittel, die bei der Herstellung von Gütern oder Dienstleistungen mit einfließen. Es gibt zwei Gruppen von Produktionsfaktoren, zum einen die volkswirtschaftlichen und zum anderen die betriebswirtschaftlichen Faktoren.

Volkswirtschaftliche Produktionsfaktoren

Die **volkswirtschaftlichen Produktionsfaktoren** gliedern sich wie folgt:

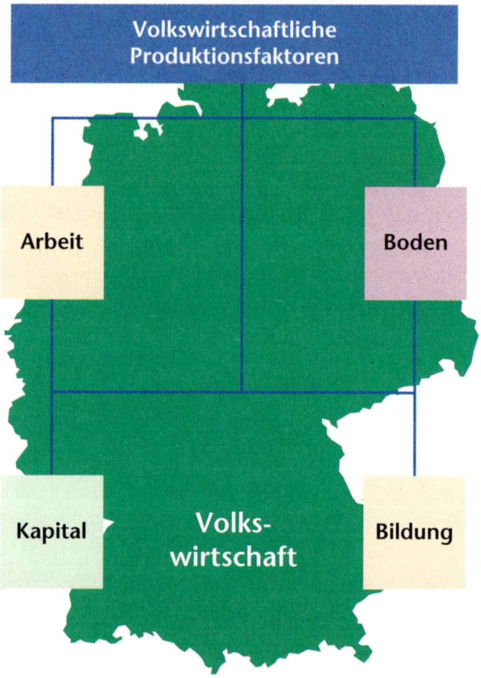

Volkswirtschaftliche Produktionsfaktoren	
Arbeit	Körperliche und geistige Tätigkeiten
Boden (Natur)	Gesamtheit aller von der Natur bereitgestellten Ressourcen, wie z. B. Boden, Bodenschätze, Wasser, Sonne, Pflanzen, Tiere
Kapital	Produktionsmittel aller Art (materiell und immateriell), wie z. B. Geld, Werkzeuge, Patente, Software
Bildung	Erworbenes Wissen, z. B. durch Schule, Ausbildung (Fachtheorie und Fachpraxis), Lernen im Alltag bzw. durch Erfahrungen

Betriebswirtschaftliche Produktionsfaktoren

Vergleicht man die volkswirtschaftlichen mit den betriebswirtschaftlichen Faktoren, fällt auf, dass der Produktionsfaktor Arbeit bei beiden eine große Rolle spielt. Die anderen Faktoren haben sich teilweise im Laufe der Zeit verändert. Früher war der Boden für die produzierenden Betriebe sehr wichtig, heute ist „Boden“ für viele Betriebe nur noch der Standort des Unternehmens.

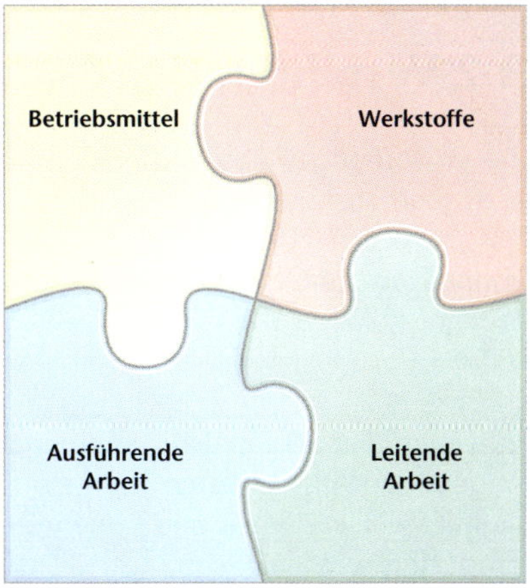

Betriebswirtschaftliche Produktionsfaktoren	
Elementarfaktoren	Ausführende Arbeit, Betriebsmittel (Gebäude, Maschinen) und Werkstoffe (Roh-, Hilfs- und Betriebsstoffe)
Dispositiver Faktor	Unternehmensleitung, Führungsfunktionen

Schaut man sich die betriebswirtschaftlichen Leistungsfaktoren genauer an, fällt auf, dass beim Faktor Arbeit unterschieden wird zwischen ausführender Arbeit (Elementarfaktor) und leitender Arbeit (dispositiver Faktor). In der Volkswirtschaft ist Arbeit ein Produktionsfaktor, der sowohl geistige als auch körperliche Arbeit beinhaltet.

Der **dispositive Faktor**, z. B. die Unternehmensleitung, hat als Hauptaufgabe, die Elementarfaktoren optimal zu kombinieren (Näheres dazu auch in Abschnitt 3.2). Die **ausführende Arbeit** ist die Tätigkeit eines Mitarbeiters nach vorgegebenen Arbeitsanweisungen.

Betriebsmittel sind:
- Werkzeuge (zur Unterstützung der menschlichen Arbeitskraft),
- Maschinen (zur Entlastung oder zum Ersetzen der menschlichen Arbeitskraft),
- Anlagegüter wie Fuhrpark, Gebäude, Grundstücke, Betriebs- und Geschäftsausstattung.

Der dritte Elementarfaktor, die **Werkstoffe,** umfassen alle Roh-, Hilfs- und Betriebsstoffe, die zur Erstellung von Produkten und Dienstleistungen benötigt werden. Rohstoffe sind dabei die

Hauptbestandteile von Produkten, Hilfsstoffe die Nebenbestandteile und Betriebsstoffe gehen nicht in das Produkt ein, werden aber bei der Produktion verbraucht.

Beispiel:
Hauptbestandteil (Rohstoff) eines Silos kann Metall sein, die verwendeten Hilfsstoffe sind u. a. Schrauben oder Schutzgas und die benötigten Betriebsmittel sind Energie oder Öl für eingesetzte Maschinen in der Produktion.

Können Produktionsfaktoren durch einen anderen Faktor ersetzt werden, spricht man von **Substitution** (vgl. auch 3.3 Produktionsbedingungen und Produktionskosten). Ein klassisches Beispiel dafür ist das Ersetzen von Arbeitern (ausführende Arbeit) durch Roboter einer automatisierten Fertigung (Werkstoff).

3.2 Verfahren der Faktorkombination

Die im vorherigen Abschnitt genannten betriebswirtschaftlichen Produktionsfaktoren Arbeitskraft, Betriebsmittel und Werkstoffe werden in den Unternehmen kombiniert, um eine Leistung zu erstellen, d. h. Produkte oder Dienstleistungen zu erzeugen. Die Produktionsfaktoren können auf unterschiedliche Art und Weise kombiniert werden und doch zum gleichen Ergebnis führen.

Beispiel:
In einem Niedriglohnland mit einem großen Angebot an Arbeitskräften kann ein Schüttgutsilo mit viel Handarbeit und hohem Zeitaufwand produziert werden.
Im Gegensatz dazu werden in einem Industrieland mit hohem Lohnniveau in der Regel weniger Arbeitskräfte, dafür aber mehr Maschinen eingesetzt, um das gleiche Produkt herzustellen.
Der Faktor, der die geringsten Kosten verursacht, wird also am meisten eingesetzt.

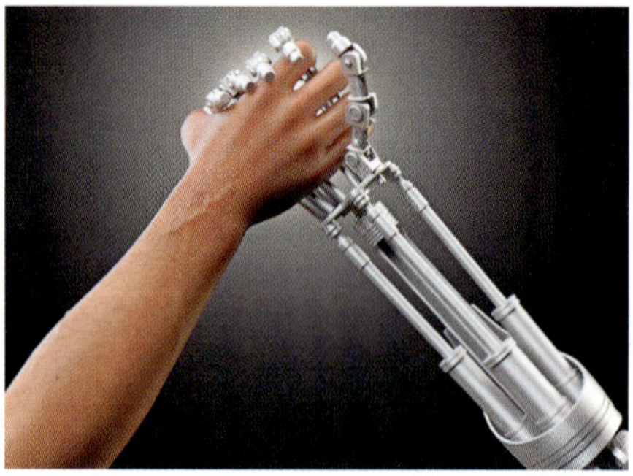

Die Unternehmen sind beim Absatz ihrer Produkte auf dem Markt immer im Wettbewerb mit anderen Anbietern, egal, ob sie national, europaweit oder weltweit tätig sind. Sie müssen durch eine möglichst gute Kombination ihrer Produktionsfaktoren dafür Sorge tragen, dass ihre Kosten geringer sind als der zu erzielende Marktpreis. Im Umkehrschluss bedeutet dies, dass Unternehmen, die durch ungünstige Faktorkombinationen zu hohe Kosten haben, auf Dauer nicht am Markt bestehen können. Entweder müssen sie zu hohe Preise für ihre Produkte verlangen oder sie passen sich dem Marktpreis an und haben zu geringe Einnahmen, die die entstandenen Kosten nicht decken können.

Das Bemühen, im Wettbewerb zu bestehen und möglichst geringe Kosten bei der Produktion zu verursachen, zwingt Unternehmen zu wirtschaften. Wirtschaften bedeutet, ein optimales Verhältnis zwischen Ausbringungsmenge und Einbringungsmenge zu schaffen und ökonomisch zu handeln. Hierbei hilft das **ökonomische Prinzip.**

Ökonomisches Prinzip

Das ökonomische (= wirtschaftliche) Prinzip stammt ursprünglich aus der Volkswirtschaftslehre und beschreibt, dass bei knappen Gütern wirtschaftlich gehandelt werden muss. So soll eine optimale Nutzung der Ressourcen sichergestellt werden. Dieses Prinzip gilt auch für die Betriebswirtschaft und schließt als Nebeneffekt einen sparsamen Umgang mit Ressourcen ein. So kann der Umweltschutz ein Nebenprodukt von ökonomischem Handeln sein.

Für die Produktion von Gütern und Dienstleistungen muss stets die beste Alternative der Faktorkombination gefunden werden: zum einen, um unter den gegebenen Rahmenbedingungen arbeiten zu können (Umweltschutzauflagen, Restvorkommen der benötigten Rohstoffe usw.), und zum anderen, um eine dauerhafte Deckung der Kosten zu erzielen. Dies kann sowohl durch das **Minimalprinzip** als auch durch das **Maximalprinzip** erreicht werden.

Ökonomisches Prinzip

Minimalprinzip	Maximalprinzip
Ein bestimmter Erfolg soll mit ***minimalem Einsatz*** an Mitteln erreicht werden.	Mit einem bestimmten Mitteleinsatz soll der ***maximale Erfolg*** erreicht werden.

Beispiele für die Silo Expert GmbH & Co. KG

Minimalprinzip	Maximalprinzip
Es sollen fünf Silos (= bestimmter Erfolg) bei möglichst geringem Materialverbrauch (= minimaler Einsatz) hergestellt werden.	*Mit dem vorhandenen Material (= bestimmter Mitteleinsatz) sollen möglichst viele Silos (= maximaler Erfolg) hergestellt werden.*

Vergleicht man die beiden Prinzipien miteinander, ist erkennbar, dass die Prinzipien eine feste und eine variable Größe beinhalten und Letztere jeweils der Namensgeber des Prinzips ist.

Wirtschaftlichkeit

Wie wirtschaftlich der Einsatz der Produktionsfaktoren ist, sieht man an dem Verhältnis zwischen der Leistung und den Kosten.

Leistungen sind Güter und Dienstleistungen, die im Verlauf des Leistungserstellungsprozesses eines Betriebs erstellt werden. Sie werden in Geldeinheiten gemessen und entsprechen somit dem Erlös oder Output in Euro.

Kosten sind die bei der Leistungserstellung verbrauchten Güter und Dienstleistungen, gemessen in Euro, also der Input in Euro.

$$\text{Wirtschaftlichkeit} = \frac{\text{Leistung}}{\text{Kosten}}$$

Beispiel:
Ein kleines Silo der Silo Expert GmbH & Co. KG wird für 3 300,00 € verkauft und verursacht in der Herstellung Kosten in Höhe von 2 750,00 €. So ergibt sich eine Wirtschaftlichkeit von 1,2. Das bedeutet, dass für jeden eingesetzten Euro 1,2 € erwirtschaftet werden.

(Rechenweg: Leistung (Erlös) : Kosten = 3 300,00 € : 2 750,00 € = 1,2)

Wird das Verhältnis zwischen Output und Input mengenmäßig berechnet, spricht man von Produktivität.

Produktivität

Oben wurde auf der Suche nach der optimalen Faktorkombination das wertmäßige Verhältnis vom Output zum Input durch die Wirtschaftlichkeit ausgedrückt. Wird das Verhältnis zwischen Output und Input mengenmäßig berechnet, spricht man von der **Produktivität**. Hier wird die Ausbringungsmenge mit dem mengenmäßigen Einsatz an Produktionsfaktoren ins Verhältnis gebracht.

$$\text{Produktivität} = \frac{\text{Output}}{\text{Input}}$$

Beispiel:
Für ein Standard-Silo von Silo Expert gelten folgende Angaben: Zwei Arbeiter produzieren ein Silo aus vorgefertigten Bauteilen an einem Arbeitstag. So ergibt sich eine Produktivität von 0,0625. Das bedeutet, dass in jeder Arbeitsstunde an diesem Arbeitsplatz 0,0625 Produkte erstellt werden.

(Rechenweg: Output : Input = 1 Stück : 16 Stunden = 0,0625 St./Tag)

Setzt man wie im Beispiel als Input die geleistete Arbeitszeit in die Formel ein, erhält man die **Arbeitsproduktivität**.

$$\text{Arbeitsproduktivität} = \frac{\text{Output (Stück)}}{\text{Input (Stunde)}}$$

Wird das eingesetzte Kapitel als Inputgröße eingesetzt, kann man die **Kapitalproduktivität** bestimmen und erhält eine Aussage zum Verhältnis Stück pro investierten Euro.

$$\text{Kapitalproduktivität} = \frac{\text{Output (Stück)}}{\text{Input (Kapital)}}$$

Die Produktivität kann nicht pauschal bewertet werden. In Leistungserstellungsprozessen mit Massenfertigung liegt natürlich eine viel höhere Produktivität vor als bei Einzelfertigungen oder langen Herstellungsprozessen.

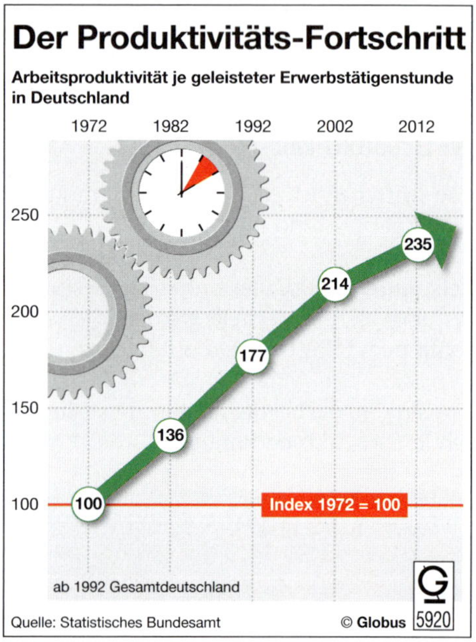

Liegt die Produktivität dennoch z. B. unter dem Branchendurchschnitt oder niedriger als bei der Konkurrenz, kann diese verbessert werden, indem entweder bei gleichem Input (Faktoreinsatz) der Output erhöht wird oder bei gleichem Output der Faktoreinsatz verringert wird.

Die Produktivität gehört zusammen mit der Wirtschaftlichkeit zu den Kennzahlen und Zielen der Rationalisierung.

3.3 Produktionsbedingungen und Produktionskosten

Ist die Wirtschaftlichkeit zu schlecht oder die Entwicklung im Laufe der Zeit negativ, d. h., sinkt die Wirtschaftlichkeit, muss etwas am Herstellungsprozess geändert werden, damit sich entweder die Leistung erhöht oder die Kosten gesenkt werden. Eine Kostensenkung kann durch die Substitution (vgl. 3.1 Produktionsfaktoren) der eingesetzten Produktionsfaktoren erreicht werden. Ist dies möglich, spricht man von **substitutionalen Produktionsbedingungen**.

Im Einzelnen kann das z. B. eine Veränderung des Verhältnisses von ausführender Arbeit und Betriebsmitteln sein (Austausch Mann gegen Maschine) oder man tauscht die bisherigen Roh-, Hilfs- oder Betriebsstoffe gegen günstigere Alternativen aus. Das Ergebnis oder die Ausbringungsmenge soll dabei aber gleich bleiben.

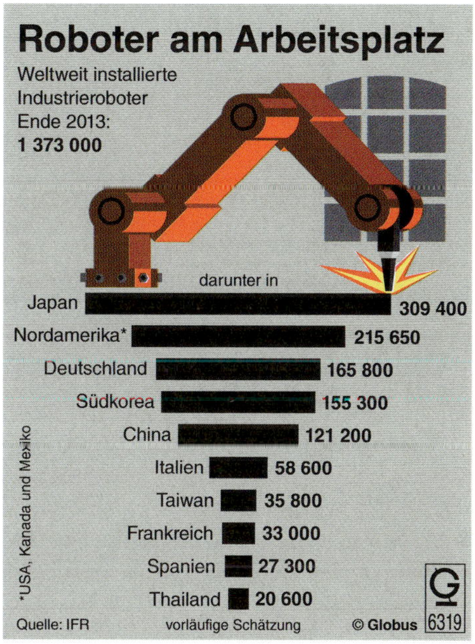

Die Grafik zeigt deutlich, dass vor allem in den Industrienationen eine starke Substitution des Produktionsfaktors **Ausführende Arbeit** (Mitarbeiter im Betrieb) durch den Faktor **Betriebsmittel** (Industrieroboter) erfolgt ist.

Es gibt auch Herstellungsverfahren, bei denen der Einsatz von Produktionsfaktoren beziehungsweise das Verhältnis der eingesetzten Faktoren fest vorgegeben ist. In diesem Fall spricht man von **limitationalen Produktionsbedingungen.** Beispiele dafür sind das Glockengießen, Taxifahrten oder ein Teil der Gemüseernte (Spargel stechen), hierbei ist der Mensch zurzeit noch nicht austauschbar.

Die Menge der eingesetzten Faktoren und deren Kombination ergibt zusammen die Summe der **Produktionskosten**. Dafür werden die einzelnen Produktionsfaktoren mit Preisen je eingesetzte Einheit bewertet und deren Summe ermittelt.

Beispiel:
Für ein Bauteil eines Mehlsilos finden sich folgende Daten im betrieblichen Rechnungswesen: Eine Arbeitsstunde wird mit 30,00 €, eine Maschinenstunde mit 20,00 € angesetzt. Laut Arbeitsvorbereitung beträgt die benötigte Arbeitszeit drei Stunden, wobei produktionstechnisch bedingt mindestens eine Arbeitsstunde immer enthalten ist.

Daraus ergeben sich drei mögliche Faktorkombinationen:

	Arbeitsstunden	Kosten/ Std. (€)	Zwischensumme (€)	Maschinenstunden	Kosten/ Std. (€)	Zwischensumme (€)	Gesamtkosten (€)
A	1	30,00	30,00	2	20,00	40,00	70,00
B	2	30,00	60,00	1	20,00	20,00	80,00
C	3	30,00	90,00	0	20,00	0,00	90,00

Die kostengünstigste Faktorkombination ist unter den derzeitigen Bedingungen die Möglichkeit A.

Errechnen Betriebe die unterschiedlichen Produktionskosten, um die kostengünstigste Variante der Kombination zu ermitteln, ermitteln sie die **Minimalkostenkombination**. Dies bedeutet, dass die Produktionsfaktoren zur Herstellung eines vorgegebenen Produkts (im Beispiel das Bauteil für ein Silo) oder einer vorgegebene Gütermenge so kombiniert wurden, dass zu den geringstmöglichen Kosten produziert wird. Diese Kombination zu finden ist Aufgabe des dispositiven Produktionsfaktors, der Geschäftsleitung oder der leitenden Mitarbeiter.

Die Produktionsfaktoren lassen sich allerdings nicht immer beliebig kombinieren. Das kann daran liegen, dass

- ein Faktor mengenmäßig begrenzt ist;

  Beispiel: Es steht nur eine bestimmte Menge an Fachkräften zur Verfügung.

- ein Faktor um ein Vielfaches teurer ist als ein anderer Faktor;

  Beispiel: Menschliche Arbeit ist in vielen Bereichen um ein Vielfaches teurer als maschinelle Arbeit.

- ein Faktor nicht sofort ausgetauscht werden kann;

  Beispiel: Sozialgesetze und Tarifverträge regeln die Freisetzung von Mitarbeitern im Betrieb.

- Werkstoffe oder Herstellungsprozesse menschliche Arbeit für qualitativ hochwertige Produkte voraussetzen.

  Beispiel: Beim Stahlkochen gleicht kein chemischer Vorgang dem anderen, der Vorgang muss von Fachkräften durchgehend begleitet werden.

Zur Verwirklichung der Minimalkostenkombination ist häufig Einsparungspotenzial bei den Werkstoffen und Betriebsmitteln zu finden, z. B. durch Rationalisierungen. **Rationalisierung** bedeutet die Durchführung von Maßnahmen zur Optimierung der herrschenden Verhältnisse in einem Betrieb. Man kann die Optimierung auf unterschiedliche Art durchführen, wie das nachfolgende Schaubild verdeutlicht.

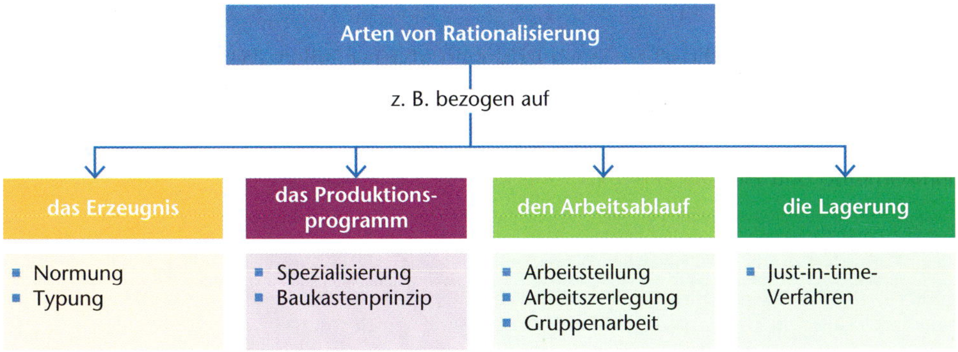

Wird bei den Betriebsmitteln rationalisiert, indem menschliche Arbeitskraft durch Maschinen und Roboter ersetzt wird (Automation), findet häufig auch eine Arbeitsteilung und Zerlegung der Arbeitsschritte statt. So können Kosten wie Löhne für die Mitarbeiter eingespart und Produktionsabläufe verkürzt werden.

Durch günstigen Einkauf von Hilfsstoffen, wie Schrauben, Schmierfetten oder Gasen, kann ebenfalls die Wirtschaftlichkeit verbessert und die Minimalkostenkombination erreicht werden – genauso wie durch sparsame Verwendung aller eingesetzten Werkstoffe.

3.4 Fertigungsverfahren und Fertigungsorganisation

Die Leistungserstellung (Produktion) einer Unternehmung kann auf verschiedene Art und Weise organisiert sein und so gibt es auch unterschiedliche **Arten von Fertigungsverfahren.**

Sie können unterschieden werden nach

- der Häufigkeit der Prozesswiederholung,
  (bezeichnet als **Produktionstypen**, **Fertigungstypen** oder **Prozesstypen der Fertigung**[1])
- der Anordnung der Betriebsmittel,
  (bezeichnet als **Organisationstypen der Fertigung** oder **Fertigungsorganisation**)
- dem Grad der Beteiligung menschlicher Arbeit.

Fertigungsverfahren nach der Häufigkeit der Prozesswiederholung (Fertigungstypen)

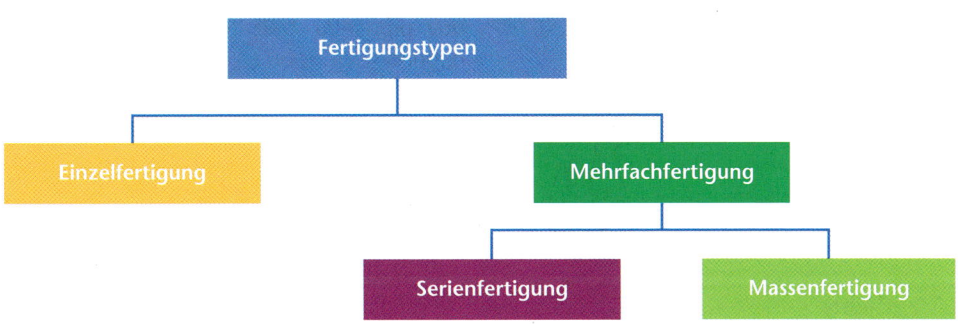

[1] *Diese Begriffe werden synonym verwendet, da es in der Literatur keinen einheitlich festgelegten Begriff gibt.*

Einzelfertigung

Bei der Einzelfertigung werden Unikate hergestellt. Eine Unternehmung stellt Erzeugnisse her, die in der Regel im Kundenauftrag gefertigt werden und sich von den anderen Produkten unterscheiden.

Beispiele: Silo-Sonderbau, Turbinen, Industrieanlagen, Schiffe, Straßen

Serienfertigung

Von Serienfertigung spricht man, wenn Produkte in bestimmten, begrenzten Stückzahlen (Serien) produziert werden, die sich in der Fertigung mehr oder weniger unterscheiden. Sie werden häufig auf der gleichen Fertigungsanlage hergestellt. Je nach Produkt muss die Anlage umgerüstet werden oder es werden unterschiedliche Komponenten für verschiedene Serien eingebaut, wie z. B. in der Automobilindustrie oder bei Silos für unterschiedliche Schüttgüter. In Abhängigkeit von der Menge unterscheidet man Klein- und Großserien, wobei der Übergang von Großserien zur Massenfertigung fließend ist.

Massenfertigung

Massenfertigung ist daran erkennbar, dass immer das gleiche Produkt in sehr großen Mengen über einen längeren Zeitraum hergestellt wird.

Beispiele: Strom, Wasser, Schrauben, Ziegelsteine, Zement

Bei der Massen- und Serienfertigung werden viele Werkstoffe verbraucht und zu neuen Produkten verarbeitet. Je nachdem, ob es immer die gleichen oder unterschiedliche Rohstoffe als Ausgangsmaterial gibt – oder sich der Produktionsprozess von Produktion zu Produktion unterscheidet –, bezeichnet man diese als **Sortenfertigung** oder als deren Sonderformen **Partiefertigung** oder **Chargenfertigung.**

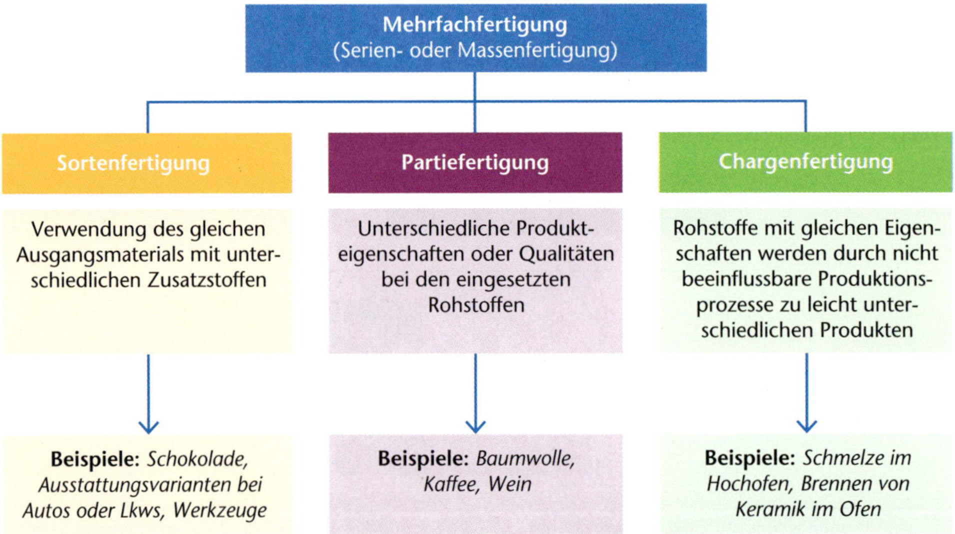

Fertigungsverfahren nach der Anordnung der Betriebsmittel (Organisationstypen)

Die Unterscheidung der Fertigungsverfahren nach der Anordnung der Betriebsmittel ergibt die Unterteilung in Werkstattfertigung, Reihenfertigung, Fließfertigung und Gruppenfertigung.

Wertstattfertigung (Werkstättenfertigung)
Die Betriebsmittel mit gleichartigen Funktionen sind in einer Werkstatt zusammengefasst, z. B. Bohrerei, Lackiererei. Das Werkstück wird von Abteilung zu Abteilung transportiert, d. h., die Fertigung erfolgt nach dem **Verrichtungsprinzip**. So kann ein Werkstück auch mehrere Male in der gleichen Abteilung bearbeitet werden.

Beispiel für eine Werkstattfertigung: **Produktion von Trichterfüßen für Silos**

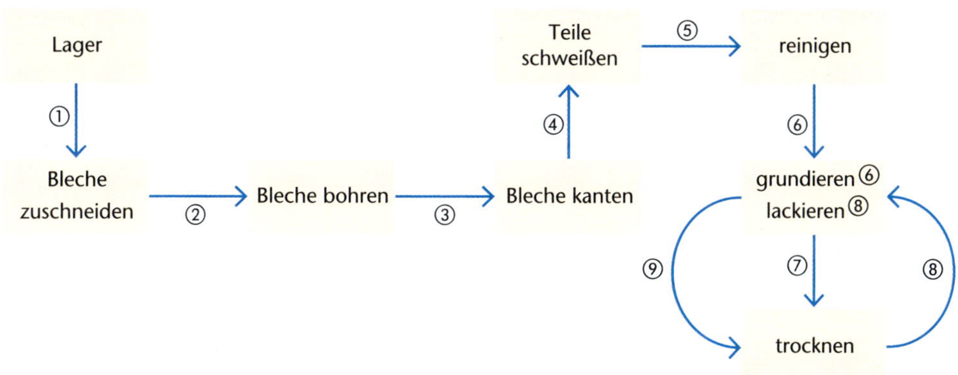

Die Durchlaufzeiten in den einzelnen Werkstätten sind unterschiedlich, so sind Zwischenlager erforderlich, die als Puffer in der Produktion dienen. Je nach räumlichen Bedingungen der Produktion sind damit teils lange Transportwege verbunden. Die Werkstattfertigung ist bei Einzelfertigungen oder Kleinserien sinnvoll, da dieses Fertigungsverfahren sehr flexibel ist.

Diese Flexibilität setzt gut qualifizierte Arbeitskräfte und Universalmaschinen voraus und stellt hohe Anforderungen an die Arbeitsvorbereitung.

Reihenfertigung (Straßenfertigung)
Können die für den Produktionsprozess benötigten Maschinen und Werkzeuge nach dem Fertigungsablauf des jeweiligen Produkts in einer Reihe angeordnet werden, spricht man von Reihenfertigung.

Zur besseren zeitlichen Abstimmung zwischen den einzelnen Arbeitsschritten wird bei der Reihenfertigung die Arbeit in kleine Schritte (Arbeitsgänge) zerlegt.

Beispiel für eine Reihenfertigung:

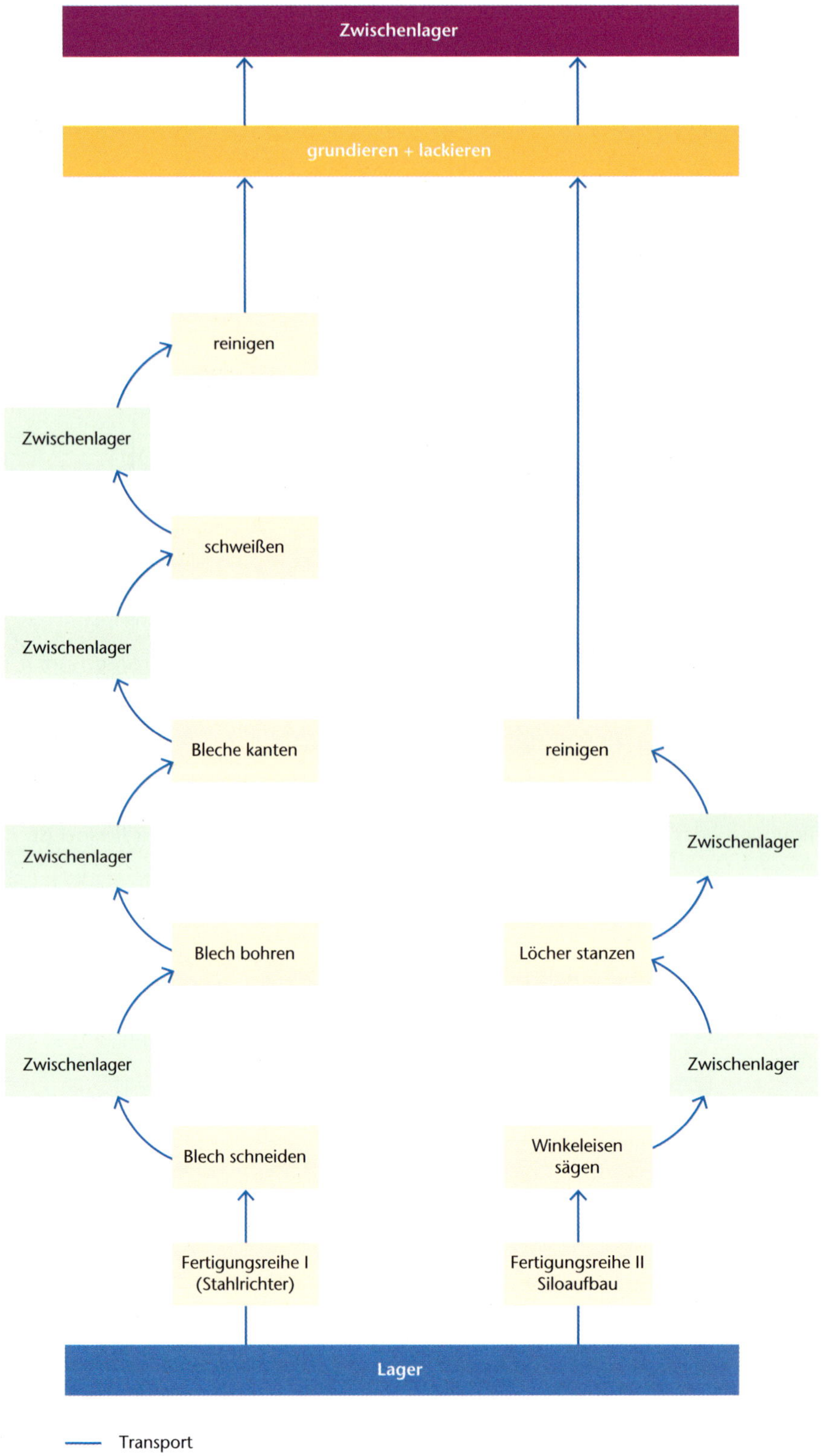

Das auf S. 82 dargestellte Anordnungsprinzip der Maschinen bezeichnet mal als **Objektprinzip**, da sich der Aufbau der Fertigungsstraße nach dem Fertigungsablauf der Produkte richtet.

Es sind nach wie vor Zwischenlager und Transportwege erforderlich, jedoch nicht mehr in dem Umfang wie bei der Werkstattfertigung. Die Reihenfertigung ist geeignet für größere Serien, da jede Umstellung der Fertigungsstraße auf eine neue Serie (Umrüstung) Zeit benötigt und Geld kostet (Umrüstkosten).

Mit diesem Organisationstyp ist die Produktion weniger flexibel, benötigt allerdings auch nicht mehr so hoch qualifizierte Mitarbeiter und es können mehr Spezialmaschinen eingesetzt werden.

Fließfertigung
Die Fließfertigung stellt eine Weiterentwicklung der Reihenfertigung dar. Die Arbeitsmittel sind ebenfalls nach dem Objektprinzip angeordnet, jedoch sind die Arbeitsvorgänge zeitlich genau fest gelegt und aufeinander abgestimmt. So können die Werkstücke ohne Pause von einem Arbeitsplatz zum nächsten transportiert werden.

Beispiel für eine Fließfertigung:

Teile für den Silo-Aufbau auf dem Trichter (= Silobehälter)

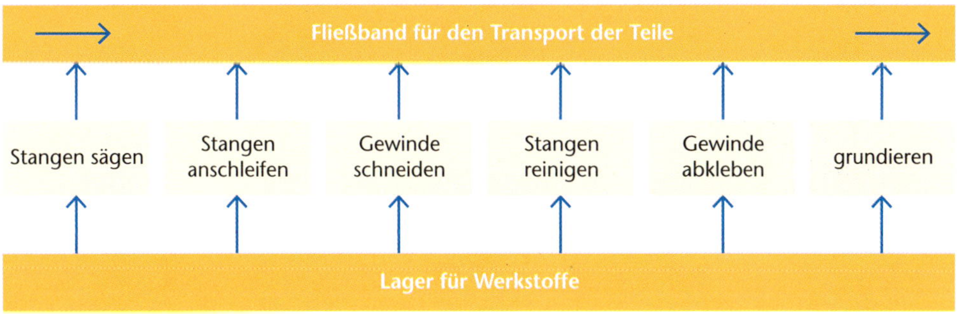

Zwischenlager und Transportwege entfallen bei diesem Organisationstyp, dafür ist die Bearbeitungszeit an jeder Station vorgegeben (Takt) und dieser Typ beinhaltet sich ständig wiederholende Arbeiten. Die Fließfertigung ist besonders sinnvoll bei Großserien und der Massenfertigung, da auch hier bei jedem neuen Produkt Umrüstzeiten und -kosten anfallen.

Aufgrund der sich ständig wiederholenden Arbeiten kann sich für die wenigen Handgriffe eine hohe Geschicklichkeit entwickeln, was zu weniger Ausschuss führt.

Gruppenfertigung (Inselfertigung)
Bei diesem Fertigungsverfahren werden verschiedenartige Betriebsmittel in einem Raum zusammengefasst (Fertigungsinsel), und zwar derart, dass keine Transportwege notwendig sind.

Innerhalb einer Gruppe sind die Maschinen entsprechend den jeweiligen Arbeitsabläufen angeordnet, so entsteht eine Kombination aus Reihen- und Werkstattfertigung. Die der Gruppe zugeordneten Mitarbeiter organisieren ihre Arbeit eigenverantwortlich und selbstbestimmt. So wird Monotonie verhindert und die Arbeitsmotivation gesteigert, was die Voraussetzungen für eine höhere Produktqualität schafft.

Beispiel für eine Gruppenfertigung:

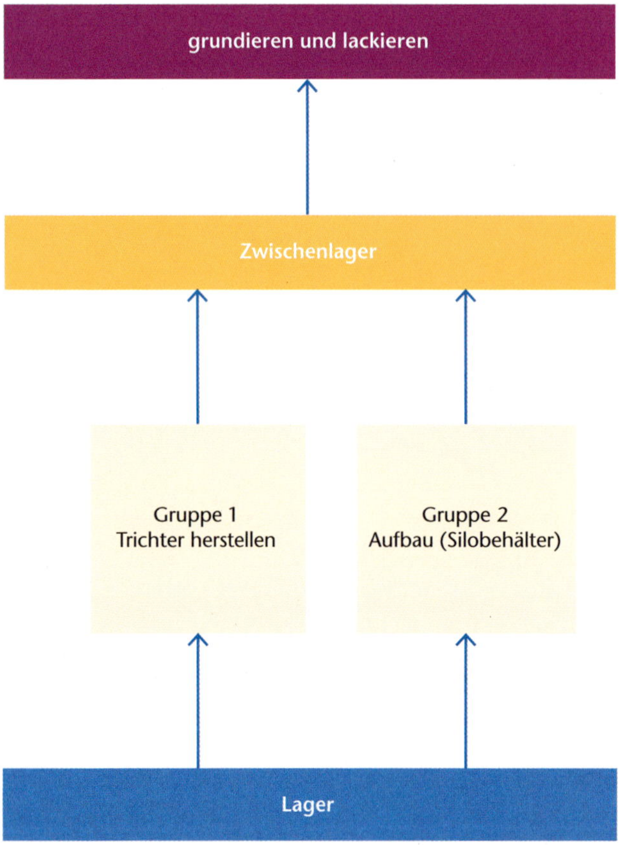

Die einzelnen Produktionsgruppen können sehr unterschiedliche Teile oder Werkstücke herstellen, von Einzelteilen über Bauteile bis hin zu fertigen Produkten. So ist eine große Anpassungsfähigkeit an Kundenwünsche gegeben.

Fertigungsverfahren nach dem Grad der Beteiligung

Die Unterscheidung nach dem Grad der Beteiligung meint den Anteil der menschlichen, körperlichen Arbeit am Leistungserstellungsprozess.

Handarbeit	Die ausführende Arbeit wird überwiegend durch körperliche Arbeit erledigt.
Maschinenarbeit	Die körperliche Arbeit wird durch Maschinen ersetzt, die Arbeitskräfte werden aber noch zur Steuerung und Lenkung der Maschinen benötigt.
Automatisierte Fertigung	Der Produktionsprozess erfolgt durch Maschinen, die eigenständig arbeiten können, d. h., die Steuerung und Lenkung erfolgen durch die Maschinen selbst. Der Mensch überwacht nur noch den Arbeitsablauf.

Der Grad der Beteiligung hängt wie bei den anderen Arten der Fertigungsverfahren stark von den Werkstoffen und den möglichen Bearbeitungsprozessen ab.

3.5 Planung der Leistungserstellung (Personaleinsatz und Maschinenbelegungsplan)

Die Planung der betrieblichen Leistungserstellung wird als **Arbeitsvorbereitung** bezeichnet. In vielen Betrieben ist dies eine eigenständige Abteilung, die einen Überblick über alle Fertigungseinheiten hat und so die Fertigungsabläufe und deren Arbeits- und Produktionsschritte optimal aufeinander abstimmen kann. Die Arbeitsvorbereitung gehört zu den dispositiven Produktionsfaktoren eines Unternehmens.

Die Arbeitsvorbereitung trägt in vielen Bertrieben die Verantwortung dafür, dass die Produktion geplant und gesteuert wird. In der Regel wird zur Unterstützung dieser Arbeit Software eingesetzt, in der – im optimalen Fall – alle die Leistungserstellung betreffenden Informationen eingepflegt sind, was zur Verkürzung von Durchlaufzeiten, zum Abbau von Lagerkapazitäten oder zur Verbesserung der Kapazitätsauslastung führt.

Beispiel:
Die Arbeitsvorbereitung der Silo Expert GmbH & Co. KG erhält nach dem Eingang eines Kundenauftrags von der Konstruktionsabteilung die Zeichnungen und muss nun unter Berücksichtigung der derzeitigen Lage des Betriebs die Materialstücklisten und die Arbeitspläne erstellten.

In der **Produktionsprogrammplanung** wird für einen bestimmten Zeitraum festgelegt, welche Erzeugnisse in welcher Stückzahl bis wann produziert werden sollen.

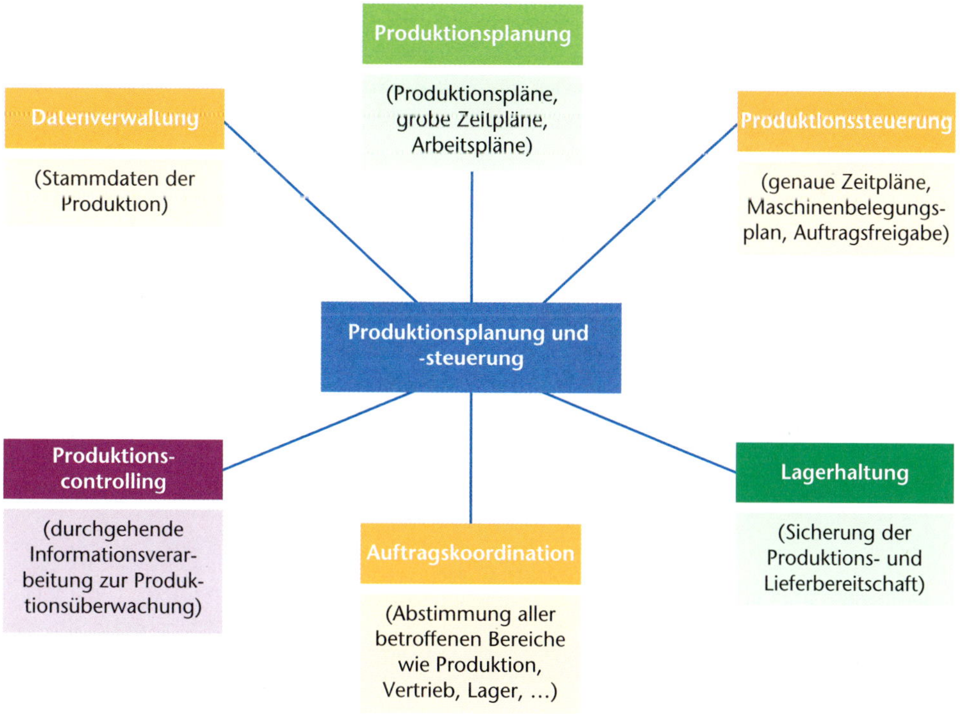

In Betrieben mit einer Produktion, die von einzelnen Kundenaufträgen abhängt, wie z. B. bei der Silo Expert GmbH & Co. KG, ist dieser Zeitraum ein anderer als bei einem Hersteller von Großserien. Ebenso spielt die Produktionsdauer der hergestellten Produkte eine Rolle. Erstreckt sich der Produktionszeitraum über mehrere Monate oder gar Jahre, wie beim Straßen- oder Schiffsbau, muss sich der Planungszeitraum entsprechend verlängern.

Zur Erstellung eines Produktionsplans müssen im Vorfeld drei Dinge berücksichtigt werden. Dies sind

- die **Absatzplanung**, in der die erwarteten Absatzmengen und festgelegten Absatzziele berücksichtigt werden;
- die **Bedarfsplanung der Menge** an Enderzeugnissen (Primärbedarf);
- die **Ressourcenplanung**, die überprüft, ob der ermittelte Primärbedarf mit den vorhandenen Ressourcen produziert werden kann.

In dem Begriff der betrieblichen Ressourcen sind u. a. die vorhandenen Betriebsmittel und das Personal mit inbegriffen. Hat die Ressourcenplanung ergeben, dass die benötigten Kapazitäten vorhanden sind, kann der Arbeitsplan erstellt werden. Dieser legt fest, welche Arbeiten an welchem Arbeitsplatz in welcher Reihenfolge bis wann erledigt werden. Arbeitspläne können mit verschiedenen Methoden erstellt werden.

Zeitorientierte Ablauforganisation mithilfe der Netzplantechnik

Ein Netzplan wird erstellt und gibt den Produktionsablauf mithilfe von Knoten wieder. Die Knoten sind entsprechend der Reihenfolge der Arbeitsschritte miteinander verbunden. Der Netzplan enthält Informationen zu den einzelnen Vorgängen (Arbeitsschritten), die Vorgangsdauer, den frühesten und spätestens Anfangstermin, die Gesamtdauer des Prozesses, Zeitreserven und den kritischen Weg. Hier gibt es **kritische Vorgänge,** für die es keine Pufferzeiten gibt und deren Zeitplan genau eingehalten werden muss, da sich sonst die gesamte Produktionszeit verlängert.

Beispiel: **Netzplan**

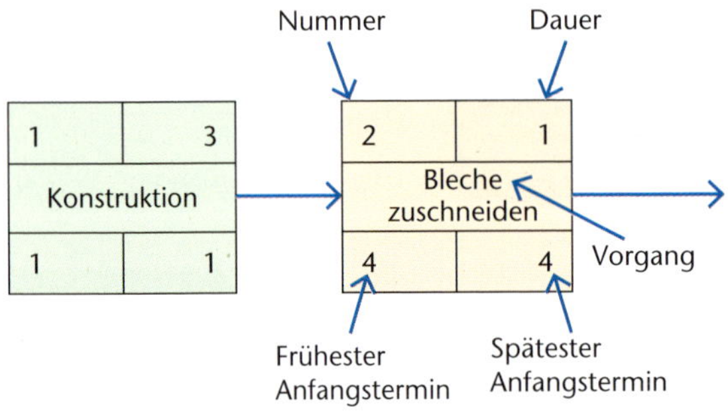

Jeder Knoten enthält Informationen über den jeweiligen Arbeitsschritt (Vorgang), seine Einordnung in den Produktionsablauf, die benötigte Zeit und den frühesten und spätesten Anfangstermin.

Zusätzlich zu den Informationen aus den Knoten enthält ein Netzplan weitere Angaben zur Gesamtdauer des Projekts und Zeitreserven.

Zeitorientierte Ablauforganisation mithilfe eines Balkendiagramms

Das Balkendiagramm wird heute vielseitig in Unternehmen eingesetzt. Speziell im Projektmanagement wird es bei kleineren und überschaubaren Projekten als sogenannter Projektterminplan eingesetzt, um eine anschauliche grafische Darstellung zu bekommen.

Das **Balkendiagramm** (auch **Gantt-Diagramm** genannt) erfüllt mehrere Zwecke für die Projektverantwortlichen:

- Es enthält eine detaillierte Liste von Vorgängen, die die Reihenfolge und die Dauer der einzelnen Vorgänge lückenlos erfasst.
- Es stellt jeden Vorgang in Form eines Balkens dar (aus der Länge des Balkens erschließt sich die Dauer des Vorgangs).
- Es sind schnell die Anfangs- und Endtermine der Vorgänge ersichtlich und somit auch der gesamte Anfang des möglichen Projekts und das definierte Ende des Projekts.
- Zu jedem Zeitpunkt lässt sich anhand des Diagramms der Ist-Zustand mit dem Soll-Zustand vergleichen.

Grundlage für die Erstellung eines Balkendiagramms zur Produktionsplanung ist eine Übersicht, aus der die einzelnen Arbeitsschritte und die Dauer der Schritte hervorgehen.

Beispiel zur Erstellung eines Silotrichters

Nr.	Vorgangsname	Dauer (in Zeiteinheiten)
1	Konstruktion der Siloanlage, Arbeitsvorbereitung	6
2	Materialbeschaffung	3
3	Blechtafeln anzeichnen	1
4	Blechtafeln schneiden	1
5	Bleche bohren	1
6	Bleche kanten	1
7	Bleche zu Trichter zusammenschweißen	2
8	Reinigen	1
9	Grundieren und trocknen	6
10	Lackieren und trocknen	6

Balkendiagramm
Die Darstellung in der Arbeitsvorbereitung entspricht nicht ganz dem, wie man es von Grafiken kennt, die statistische Inhalte darstellen. Grundsätzlich sind aber genauso auf der horizontalen Achse die Zeiteinheiten erfasst und auf der vertikalen Achse die einzelnen Vorgänge. Nur die Balken werden nicht immer aneinandergereiht dargestellt, sondern zur besseren Übersicht auch untereinander.

1	2	3	4	5	6	7	8	9	10	11	12	13	14	15	16	17	18	19	20	21	22	23	24	25
1	1	1	1	1	1																			
2	2	2																						
						3																		
							4																	
								5																
									6															
										7	7													
												8												
													9	9	9	9	9	9						
																			10	10	10	10	10	10

Nichtkritischer Vorgang

Kritischer Vorgang

Das Balkendiagramm gibt so auch einen Überblick über den **kritischen Weg**, der durch Vorgänge bestimmt wird, für die keine Pufferzeiten vorhanden sind (grün hinterlegt). Der kritische Weg legt die Projektdauer fest, da eine Verzögerung an diesen Stellen der Leistungserstellung gleichzeitig eine Verlängerung des Projekts beziehungsweise der Produktion bedeutet.

Beispiel:
Verzögern sich durch einen krankheitsbedingten Ausfall die Arbeitsschritte in der Blechbearbeitung (Schritte 3–6), muss mit weiteren Verzögerungen geplant werden, da die Schweißarbeiten dann nicht pünktlich begonnen werden können. Diese Abteilung ist allerdings so ausgelastet , dass eine andere Belegung außer an Tag 11 und 12 für die Erstellung dieses Silos nicht möglich ist.

Je nach Thematik innerhalb eines Projekts oder auch eines Produktionsprozesses lassen sich sehr verschiedene Inhalte von Unternehmensbereichen grafisch darstellen, auch die Personalplanung. Man kann z. B. auch die Urlaubsplanung mit einem Balkendiagramm anschaulich darstellen.

3.6 Kalkulation der Selbstkosten

Die Bestimmung der Selbstkosten gehört in den Bereich der Kostenträgerrechnung, sie ist damit ein Bestandteil der betrieblichen Preiskalkulation. Als **Kostenträger** bezeichnet man Leistungseinheiten, für die Kosten angefallen sind, also hergestellte Produkte, Projekte oder andere vom Betrieb erstellte Leistungen. Mithilfe der Kostenträgerrechnung sollen die Kosten auf die Produkte oder Dienstleistungen verteilt werden, die diese Kosten auch verursacht haben. So können bei der Kalkulation von Preisen die entsprechenden Kosten berücksichtigt werden.

Man unterscheidet die Kostenträgerzeitrechnung und die Kostenträgerstückrechnung. Bei der **Kostenträgerzeitrechnung** werden die in einer Rechnungsperiode (Monat, Quartal, Jahr) angefallenen Kosten auf einen Kostenträger umgerechnet. Bei der **Kostenträgerstückrechnung** werden die Kosten für einen einzelnen Auftrag (ein einzelnes Stück) berechnet, man spricht auch von einer **Kalkulation**. Dieses Verfahren wird häufig bei Auftragsarbeiten angewandt, so auch von der Silo Expert GmbH & Co. KG.

Beispiel:
Viele Silos werden im Kundenauftrag als Einzelstück hergestellt. So muss für jeden Auftrag, da er sich von den anderen unterscheidet, eine individuelle Kostenermittlung stattfinden. Nur wenn diese ordnungsgemäß durchgeführt wurde, kann ein Preis ermittelt werden, der die mit dem Auftrag verbundenen Kosten deckt. Ist dies nicht dauerhaft sichergestellt, ist die Existenz der Firma Silo Expert gefährdet. Liegen die Selbstkosten für ein kleines Silo bei 2750,00 €, man geht aber aufgrund falscher Annahmen von 2200,00 € aus, besteht die Gefahr, dass als Verkaufspreis nur 2700,00 € angesetzt werden. Somit würde ein Verlust von 50,00 € entstehen.

Die Ermittlung der Selbstkosten findet mithilfe der Zuschlagskalkulation statt. Als Voraussetzung für die Kalkulation müssen die Einzelkosten und die Gemeinkosten der Kostenträger bekannt sein.

- **Einzelkosten** sind Kosten, die direkt den Kostenträgern zugeordnet werden können. Dies sind in der Regel die Materialkosten und die Lohnkosten.
- **Gemeinkosten** sind allgemeine Kosten, die den Produkten nicht direkt zugeordnet werden können und mithilfe von Zuschlagssätzen[1] den Produkten zugeordnet werden. Dies sind z. B. Strom, Gehälter der Mitarbeiter in der Verwaltung oder dem Vertrieb, Löhne der Lagermitarbeiter.

Schema einer Zuschlagskalkulation

Fertigungsmaterial	→	Einzelkosten aus der Buchhaltung
+ Materialgemeinkosten (MGK)	→	Wert wird gemäß dem berechneten %-Satz vom Fertigungsmaterial berechnet
= **Materialkosten**	→	**Summe**: Fertigungsmaterial + MGK
Fertigungslöhne	→	Einzelkosten aus der Buchhaltung
+ Fertigungsgemeinkosten (FGK)	→	Wert wird gemäß dem berechneten %-Satz von den Fertigungslöhnen berechnet
+ Sondereinzelkosten der Fertigung (SEKF)	→	Einzelkosten, wie z. B. Modellkosten, Patentkosten, Lizenzgebühren
= **Fertigungskosten**	→	**Summe:** Fertigungslöhne + FGK
Herstellkosten	→	**Summe:** Materialkosten + Fertigungskosten
+ Verwaltungsgemeinkosten (VerwGK)	→	Wert wird gemäß dem berechneten %-Satz von den Herstellkosten berechnet
+ Vertriebsgemeinkosten (VertrGK)	→	Wert wird gemäß dem berechneten %-Satz von den Herstellkosten berechnet
+ Sondereinzelkosten des Vertriebs (SEKV)	→	Einzelkosten aus der Buchhaltung
= **Selbstkosten**	→	**Summe:** Herstellkosten + VerwGK + VertrGK

[1] *Zuschlagssätze werden nach einem bestimmten Schema mithilfe des sog. Betriebsabrechnungsbogens im Rahmen der betrieblichen Kosten- und Leistungsrechnung berechnet.*

Beispiel für ein kleines Silo der Silo Expert GmbH & Co. KG:

Fertigungsmaterial		900,00 €	
Materialgemeinkosten (MGK)	5 %	45,00 €	
Materialkosten			***945,00 €***
Fertigungslöhne		540,00 €	
Fertigungsgemeinkosten (FGK)	120 %	648,00 €	
Sondereinzelkosten der Fertigung (SEKF)		120,00 €	
Fertigungskosten			***1 308,00 €***
Herstellkosten			***2 253,00 €***
Verwaltungsgemeinkosten	14 %		315,42 €
Vertriebsgemeinkosten	4 %		90,12 €
Sondereinzelkosten des Vertriebs (SEKV)			92,00 €
Selbstkosten			***2 750,54 €***

Die Bestimmung der Selbstkosten hilft nicht nur kostendeckend zu arbeiten, weil sie ein Instrument der Kosten- und damit auch der Preisbestimmung ist, sondern sie kann auch bei der Entscheidung über Eigen- oder Fremdbezug helfen.

3.7 Eigenfertigung oder Fremdbezug (Make or Buy)

Die Entscheidung zwischen **Eigenfertigung** oder **Fremdbezug** ist eine Entscheidung darüber, ob Produktionsteile oder Produkte selbst hergestellt werden oder gekauft beziehungsweise geleast werden. Vor dieser Entscheidung stehen die meisten produzierenden Betriebe, und das nicht nur einmal. Verändern sich Marktgegebenheiten, wie Einkaufspreise, Absatzpreise, Kundenwünsche oder die Konkurrenzsituation, muss die Entscheidung „**Make or Buy?**" wieder neu bedacht und getroffen werden.

Als Entscheidungskriterien sollten dabei vor allem einfließen:

- Kostenvergleiche,
- vorhandene Betriebsmittel,
- Auftrags- und Beschäftigungslage des Betriebs,
- Beschaffungs- und Fertigungsdauer des Teils oder Produkts,
- Qualität des Produkts,
- Unternehmensideale.

Kostenvergleiche

Die Eigenfertigung bedeutet für den Betrieb die Belastung mit fixen[1] und variablen[2] Kosten. Der Fremdbezug belastet die Unternehmung nur mit variablen Kosten, und zwar in Abhängigkeit von der bezogenen Menge.

Beispiel:
Die Silo Expert GmbH & Co. KG überlegt aufgrund von veränderten Kundenwünschen, einige bisher fertig bezogene Bauteile selbst herzustellen. Das betroffene Bauteil hat bisher im Einkauf 200,00 € pro Stück gekostet. Stellt die Silo Expert das Bauteil demnächst selbst her, fallen fixe Kosten von 4000,00 € und variable Kosten in Höhe von 100,00 € pro Stück an.

Daraus ergeben sich folgende Kostenfunktionen:
Eigenfertigung 100 x + 4 000
Fremdbezug 200 x

Lösung: Gleichsetzung der Kostenfunktionen

$$100\,x + 4\,000 = 200\,x \qquad | - 100\,x$$
$$4\,000 = 100\,x \qquad | : 100$$
$$40 = x$$

Bei einer Menge von 40 Bauteilen sind Fremdbezug und Eigenfertigung gleich teuer, ab einer Menge von 41 Stück ist die Eigenfertigung günstiger.

Vorhandene Betriebsmittel

Bevor man die Entscheidung trifft, selbst zu produzieren, sollte überprüft werden, ob der Betrieb sowohl über die entsprechenden Betriebsmittel wie Maschinen und technische Anlagen als auch über Personal mit entsprechendem technischen und fachlichen Know-how verfügt. Auch wenn es betriebswirtschaftlich sinnvoll ist, etwas selbst herzustellen, sollte dies nur erfolgen, wenn die betrieblichen Voraussetzungen da sind oder in absehbarer Zeit erreicht werden können.

Beispiel:
Um bisher zugekaufte Bauteile selbst produzieren zu können, müssen bei Silo Expert zusätzlich bestimmte Fachkräfte eingestellt werden. Trotz intensiver Bemühungen bleiben die ausgeschriebenen Stellen unbesetzt. In diesem Fall muss das Bauteil weiter fremdbezogen werden, auch wenn dies auf Dauer rein rechnerisch teurer und damit ungünstiger für die Gewinnentwicklung ist.

Auftrags- und Beschäftigungslage des Betriebs

Sind die betrieblichen Anlagen schon ausgelastet, ist es nicht sinnvoll, noch mehr Produkte oder Bauteile selbst herzustellen. Im Gegenteil sollte in einer solchen Situation darüber nachgedacht werden, Teile der Produkte fremdzubeziehen, um bei entsprechender Nachfrage Produktionskapazitäten für eine Ausweitung der Produktionsmenge zu nutzen.

[1] *Fixe Kosten: Kosten, die in ihrer absoluten Höhe über einen längeren Zeitraum konstant sind, wie z. B. Miete, Gehälter, Abschreibungen*

[2] *Variable Kosten: Kosten, die in Abhängigkeit von der Auslastung/Beschäftigung steigen oder sinken, z. B. Materialkosten, Fertigungslöhne, Energie*

Beispiel:
Die Auftragslage der Silo Expert GmbH & Co. KG entwickelt sich sehr gut und im Moment kommen mehr Kundenanfragen beim Verkauf an, als die Produktion an Silos herstellen kann. Die Geschäftsleitung überlegt, ob sie bisher selbst erstellte Teile qualitativ gleichwertig einkaufen und die damit frei gewordenen Kapazitäten zur Produktion von mehr Silos nutzen kann.

Beschaffungs- und Fertigungsdauer

Die Zeitspanne der Fertigung kann von der Beschaffungsdauer des Bauteils oder Produkts abweichen, das kann erhebliche Auswirkungen auf den Prozess der Leistungserstellung haben.

Beispiel:
Die Silo Expert GmbH & Co. KG informiert sich über die Kosten und Beschaffungsbedingungen von Bauteilen für die Silos. Viele der Silos werden als Einzelstück im Kundenauftrag gefertigt. Die gekauften Bauteile müssen weit im Voraus bestellt werden, damit sie pünktlich für die Produktion angeliefert werden. Diese Bestellspanne deckt sich jedoch mit der Produktionszeit der Silos, also kann das Bauteil fremdbezogen werden.

Qualität des Produkts

Sind alle produktionstechnischen Aspekte betrachtet, ist es auch wichtig, sich die Qualität des zu beziehenden Produkts genauer anzuschauen.

Kann das Produkt nicht in der bisherigen Qualität bezogen werden, muss überprüft werden, ob die mindere Qualität vertretbar ist oder lieber Abstand davon genommen werden soll.

Beispiel:
Die Silo Expert GmbH & Co. KG hat trotz intensiver Bemühungen keinen Lieferanten gefunden, der Bauteile für Spezialsilos der Pharmaindustrie in der Qualität herstellt, wie sie bisher in Eigenfertigung produziert wurden. Da der Silo Expert die Kundenzufriedenheit und die hohe Qualität ihrer Produkte wichtig sind, wird dieses Bauteil weiter selbst gefertigt.

Unternehmensideale

Setzt die Firmenphilosophie eines Unternehmens auf Nachhaltigkeit und Umweltschutz, wird es beim potenziellen Lieferanten ebenfalls darauf achten. Es ist mit den Unternehmensidealen nicht vereinbar, selbst nachhaltig zu arbeiten und auch damit zu werben, aber bei dem Lieferanten nicht auf Selbiges zu achten.

Die Entscheidung „make or buy" kann also nicht nur auf rein kostentechnischer Basis getroffen werden, es spielen noch einige nicht monetäre Faktoren bei der Entscheidung eine Rolle.

Aufgaben

1. *Erstellen sie eine Übersicht der in ihrem Praktikumsbetrieb eingesetzten Produktionsfaktoren und systematisieren Sie diese anhand folgender Kriterien: Flexibilität, Kosten, Art der Maschinen, Qualifikation der Mitarbeiter, Abwechslung im Arbeitsalltag, Störanfälligkeit der Produktion. Beurteilen Sie anschließend die eingesetzten Verfahren in Hinblick auf Nachhaltigkeit und Qualitätssicherung.*

2. *Welche Faktorkombinationen erkennen Sie bei der Silo Expert GmbH & Co. KG?*

3. *Formulieren Sie jeweils drei mögliche Minimal- und Maximalprinzipen für die Silo Expert GmbH & Co. KG.*

4. *Für einen Kundenauftrag über zehn Silos für die Chemieindustrie analysieren Sie die Produktionsbedingungen und suchen die Minimalkostenkombination. Gegeben sind folgende Angaben aus der Arbeitsvorbereitung:*

   Erstellung der Füße für ein Silo dauert fünf Stunden, davon sind zwei Stunden unbedingt per Hand auszuführen, der Rest kann von Maschinen übernommen werden. Die Arbeitsstunde wird mit 31,00 € angesetzt, die Maschinenstunde mit 22,00 €.

5. *Recherchieren Sie die in Ihrem Praktikumsbetrieb eingesetzten Fertigungsverfahren. Stellen Sie dar, warum gerade diese in Ihrem Betrieb eingesetzt werden.*

6. *Bewerten Sie die Produktivität der von Ihnen unter Aufgabe fünf dargestellten Fertigungsverfahren.*

7. *Sie sind in der Silo Expert GmbH Co. KG zuständig für die Urlaubsplanung.*

   Die fünf Mitarbeiter der Vertriebsabteilung möchten ihren Sommerurlaub entweder kurz vor oder während der NRW-Schulferien (32.–38. Kalenderwoche) nehmen.

   Die Unternehmensleitung hat allerdings festgelegt, dass mindestens drei Arbeitnehmer wöchentlich während der Sommerferien anwesend seien sollen.

   Folgende Urlaubswünsche liegen der Unternehmensleitung vor:

   Herr Fritsch zwei Wochen (30. und 31. Woche), Frau Martinek drei Wochen (32. bis 34. Woche), Herr Baslan vier Wochen (33. bis 36. Woche), Frau Schlack eine Woche (34. Woche) und Herr Kling vier Wochen Urlaub in der 35. bis 38 . Woche.

   a) *Erstellen Sie stellvertretend für die Personalabteilung ein Balkendiagramm für die geschilderten Urlaubswünsche.*
   b) *Stellen Sie fest, ob die von der Unternehmensleitung geforderte Anordnung, dass mindestens drei Arbeitnehmer in den Sommerferien anwesend seien sollen, möglich ist.*
   c) *Überlegen Sie gegebenenfalls eine Variante, wie eventuelle Probleme bei der Urlaubsplanung gelöst werden können.*

8. *Sie arbeiten im Verkauf der Silo Expert GmbH & Co. KG und sollen die Selbstkosten des neuen Silos für die Müller-Mühle in Soest kalkulieren. Folgende Angaben sind Ihnen bekannt:*

Fertigungsmaterial		*900,00 €*	
Materialgemeinkosten (MGK)	*6 %*	*€*	
Materialkosten			
Fertigungslöhne		*540,00 €*	
Fertigungsgemeinkosten (FGK)	*130 %*		
Sondereinzelkosten der Fertigung (SEKF)		*0,00 €*	
Fertigungskosten			
Herstellkosten			
Verwaltungsgemeinkosten	*13 %*		
Vertriebsgemeinkosten	*3 %*		
Sondereinzelkosten des Vertriebs (SEKV)			*45,00 €*
Selbstkosten			

9. *Sie sollen für ein Treffen der Geschäftsleitung der Silo Expert GmbH & Co. KG eine Stellungnahme verfassen, ob demnächst einfache Bauteile fremdbezogen werden sollen oder nicht.*

Als alternative Bezugsquelle kämen Hersteller in England infrage, die jedoch weder dem Qualitätsanspruch noch dem Umweltschutzgedanken Ihrer Firma entsprechen. Diese Hersteller bieten diese Teile allerdings sehr günstig an. Zudem würden durch den Einkauf Kapazitäten in der Produktion freigegeben werden, die zur Produktionsausweitung bei den Hauptbauteilen genutzt werden könnten.

Vertiefungsaufgaben

A. *Suchen Sie sich ein Produkt Ihres Praktikumsbetriebs heraus und stellen Sie mögliche Faktorkombinationen dieses Produkts dar.*

B. *Sie sind im Rahmen Ihres Praktikums in der Arbeitsvorbereitung. Sie sollen einen Vorschlag zum Einsatz des oder der optimalen Fertigungsverfahren(s) erarbeiten. (Die entsprechende Beschreibung der Arbeitsschritte finden Sie unter BuchPlusWeb.)*

C. *Berechnen Sie beispielhaft für zwei Produkte Ihres Praktikumsbetriebs die Produktivität. Erläutern Sie, ob diese noch optimiert werden könnte, und zeigen Sie mögliche Lösungen auf. (Hinweis: Es reicht eine ungefähre Berechnung, da die genauen Kosten in der Regel Mitarbeitern außerhalb der entsprechenden Abteilungen nicht zur Verfügung stehen.)*

D. *Welche Produkte stellt Ihr Praktikumsbetrieb selbst her und welche bezieht er fremd? Erläutern Sie die Gründe, die zu dieser Entscheidung geführt haben.*

E. *Halten Sie ein Referat über den Fertigungsablauf in Ihrem Praktikumsbetrieb.*

Anforderungssituation 4 Volkswirtschaftliche Preisbildung und Marketing-Mix

Analysieren von Wettbewerb und Preisbildung auf ausgewählten Märkten und Festlegen eines abgestimmten Marketing-Mix

4

Kompetenzen

Zum Einstieg in diese Anforderungssituation beschäftigen Sie sich mit den Bestimmungsgrößen von Angebot und Nachfrage auf Märkten. Anhand eines Preis-Mengen-Diagramms erläutern Sie den typischen Verlauf von Angebots- und Nachfragekurven. Anschließend lernen Sie die drei Marktformen kennen und können sie auf den Märkten erkennen und unterscheiden.

Nachdem Sie das Modell des vollkommenen Marktes untersucht haben, werden Sie anschließend die unvollkommenen Märkte näher betrachten. Sie werden in Gruppen die absatzpolitischen Instrumente herausarbeiten. In diesem Zusammenhang geht es um eine genaue Beschreibung der Produkte und Sortimente auf den unvollkommenen Märkten. Zudem prüfen Sie, welche Möglichkeiten genutzt werden, um Produkte auf dem Markt möglichst schnell abzusetzen. Außerdem geht es in diesem Kapitel um die Preis- und Konditionenpolitik. Sie werden untersuchen, wie sich der Preis eines Produkts zusammensetzt und wie dieser verändert werden kann. Im Rahmen der Kommunikationspolitik wird es anschließend um die Vermarktung von Produkten gehen. Abschließend werden Sie eigenständig einen Marketing-Mix, eine Kombination aus den vier aufgeführten Bereichen, erstellen.

Einstiegssituation

Das Unternehmen MINO GmbH hat sich auf die Produktion von qualitativ hochwertigen Stühlen in verschiedenen Ausführungen spezialisiert. Bisher findet die Produktion der stylischen Möbelstücke ausschließlich in Köln statt. Der Geschäftsführer, Herr Diplom-Kaufmann Jürgen Schwering, hat Anfang Januar die „imm cologne" besucht. Das ist die internationale Möbelmesse in Köln, die weltweit führende Einrichtungsmesse. Bei der Abteilungsleitersitzung berichtet Herr Schwering fasziniert von seinen neusten Beobachtungen: „Mir ist aufgefallen, dass viele Anbieter bei der Möbelherstellung stark ökologische Aspekte berücksichtigen. Wie es mir scheint, ist das der Trend für das kommende Jahr. Materialien aus Plastik werden immer mehr aus der Produktion genommen. Meiner Ansicht nach kauft der umweltbewusste Kunde lieber qualitativ hochwertige Stühle aus massivem Holz." Daraufhin meldet sich die Abteilungsleiterin aus der Marketingabteilung zu Wort: „Ja, die Anforderungen der Kunden ändern sich. Darauf müssen wir flexibel reagieren. Die Gesundheit und eine gesunde Umwelt stehen bei vielen Kunden ebenso im Vordergrund wie ein guter Preis. Entsprechend sollten wir gegebenenfalls auch umdenken."

Arbeitsauftrag

Die Abteilungsleiter der MINO GmbH müssen umdenken. Erstellen Sie eine Übersicht über die Maßnahmen, welche zur Steigerung des Umsatzes berücksichtigt werden sollten.

4.1 Angebot und Nachfrage

Nachfrage und Angebot nach einem Gut führen dazu, dass sich ein Markt bildet, z.B. ein Markt für Büromöbel. Es gibt Kunden, die diese speziellen Möbel benötigen und nachfragen, und Hersteller, die diese Möbel anbieten und verkaufen.

Nachfrager (Käufer) und **Anbieter** (Verkäufer) auf einem Markt haben in der Regel unterschiedliche Interessen. Anbieter wollen zu einem möglichst hohen Preis verkaufen und so einen maximalen Gewinn erzielen. Im Gegensatz dazu versuchen die Nachfrager, zu möglichst geringen Preisen einzukaufen, um sich von ihrem Einkommen möglichst viel kaufen zu können. Findet sich zwischen diesen entgegengesetzten Interessen ein Kompromiss, ergibt sich der Marktpreis. Er ist der Ausgleich zwischen den unterschiedlichen Interessen von Anbietern und Nachfragern.

Diesen Mechanismus des Interessenausgleichs nennt man auch **Selbststeuerungsmechanismus des Marktes**. Er führt dazu, dass die vielen Bedürfnisse und Interessen innerhalb einer Volkswirtschaft aufeinander abgestimmt werden. In gut funktionierenden Volkswirtschaften werden so (fast) alle Güter, die die Menschen benötigen und nachfragen, auch angeboten (vgl. Preisbildung im Polypol, Kapitel 4.3.1).

Angebot

Das Verhalten der Anbieter folgt in der Regel dem Streben nach **Gewinnmaximierung**. Für das Verhalten auf dem Markt bedeutet es, dass umso mehr angeboten wird, je höher die Preise für dieses Gut sind. Umgekehrt gilt, dass das Angebot zurückgeht, je niedriger die Preise sind. Diesen Zusammenhang kann man gut in einem sogenannten **Preis-Mengen-Diagramm** darstellen (vgl. Kapitel 4.2, Anbieterverhalten am Markt).

Allen privatwirtschaftlichen Unternehmen wird in der volkswirtschaftlichen Theorie als oberstes Ziel die Gewinnmaximierung unterstellt. Es gibt Ausnahmen, wie gemeinnützige Unternehmen oder Situationen, in denen andere Ziele priorisiert werden, um z. B. dauerhaftes Bestehen am Markt zu sichern oder das Unternehmen neu auszurichten. Am Ende aber sollen diese gesteckten Ziele und deren Strategien doch wieder zu einer guten Position des Unternehmens und damit zur Gewinnmaximierung führen.

Einflussfaktoren beim Angebot

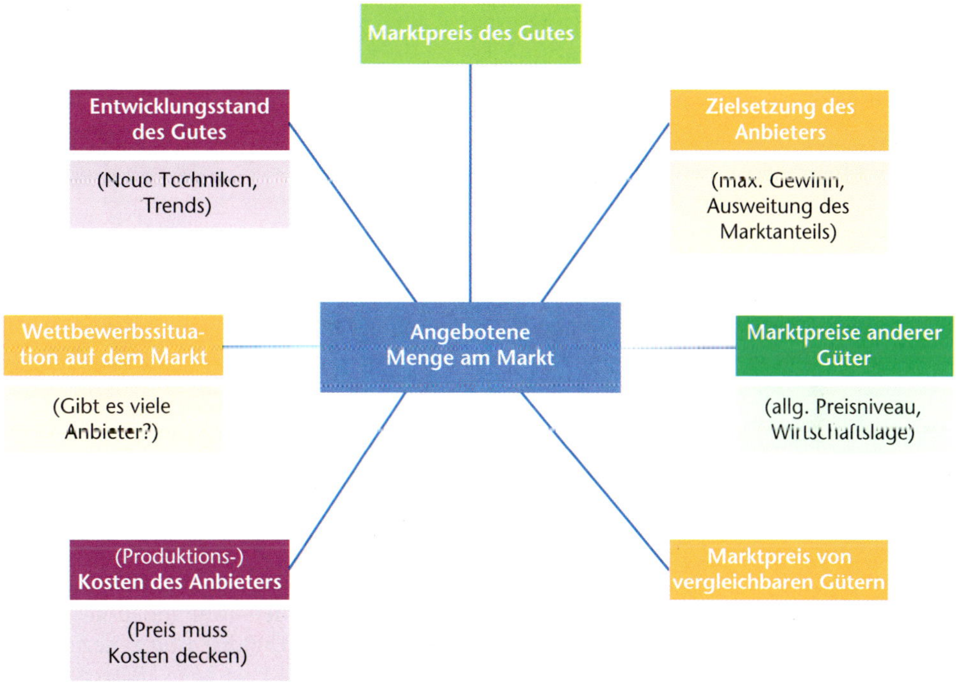

Die dargestellten Einflussfaktoren müssen bei international tätigen Unternehmen noch um das Ausland ergänzt werden.

So muss die MINO GmbH bei der Gestaltung ihres Büromöbelprogramms die Mittbewerber aus dem Ausland und die Wirtschaftslage des Auslands mit berücksichtigen, wenn sie dort erfolgreich am Markt bestehen will.

Nachfrage

Die Nachfrager streben eigentlich – genau wie die Anbieter – ebenfalls nach Gewinnmaximierung, d. h. im Falle der Konsumenten, dass diese versuchen, so viele Güter wie möglich für das ihnen zur Verfügung stehende Einkommen zu bekommen. Dies nennt man bei den Nachfragern **Nutzenmaximierung**. Den Zusammenhang zwischen dem Marktpreis und der nachgefragten Menge kann man ebenfalls in einem Preis-Mengen-Diagramm darstellen (vgl. Kapitel 4.2, Nachfragerverhalten am Markt).

Einflussfaktoren bei der Nachfrage

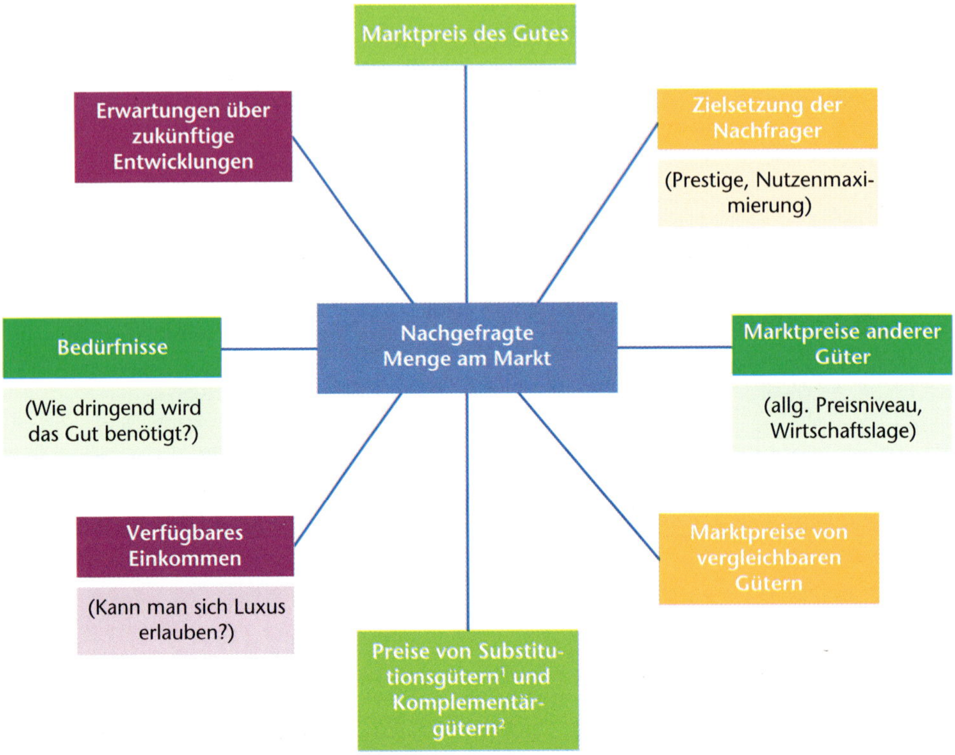

Die Übersicht verdeutlicht, dass Nachfrager ihre Kaufentscheidungen nicht nur aus rein rationellen Gründen treffen wie dem Preis – sie sind auch anderen Einflüssen unterworfen, die nicht zu unterschätzen sind. Für ein erfolgreiches Bestehen am Markt ist es notwendig, zu wissen, nach welchen Grundsätzen die Kunden ihre Kaufentscheidungen treffen. Beim Büromöbelhersteller MINO GmbH werden es im Falle der Firmenkunden vielleicht überwiegend rationelle Gründe sein, aber bei hochwertigen Möbeln spielen auch emotionale Gründe wie das Prestige eine große Rolle.

---

[1] *Substitutionsgüter: austauschbare Güter, z. B. Butter und Margarine, Feuerzeug und Streichhölzer*

[2] *Komplementärgüter: sich gegenseitig ergänzende Güter, z. B. Benzin und Auto, Drucker und Patrone*

4.2 Marktverhalten in Abhängigkeit vom Preis (Preis-Mengen-Diagramm)

Anbieter und Nachfrager sind verschiedenen Einflussgrößen unterworfen, verhalten sich aber dennoch meistens nach bestimmten Gesetzmäßigkeiten.

Anbieterverhalten am Markt

Das Verhalten der Anbieter folgt dem sogenannten **Gesetz des Angebots**. Es werden umso mehr Güter am Markt angeboten, je höher der Preis ist.

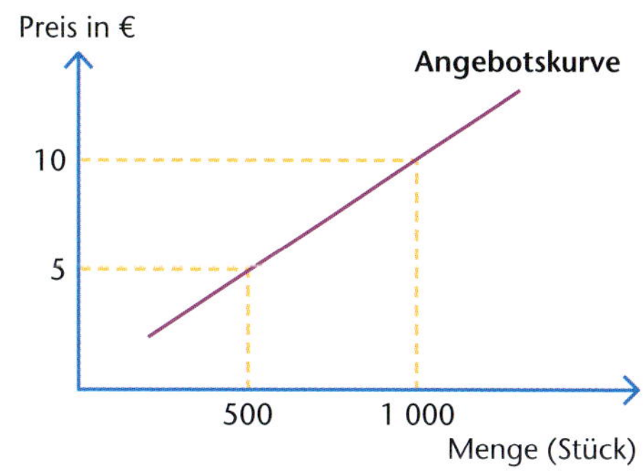

Die Grafik verdeutlicht das Angebotsgesetz. Die angebotene Menge steigt von 500 Stück auf 1 000 Stück, wenn der Marktpreis von 5,00 € auf 10,00 € ansteigt. Daraus lässt sich schließen, dass der Preis die Ursache für Veränderungen ist (höherer Marktpreis) und die angebotene Menge die Wirkung der Veränderung zeigt (höhere Angebotsmenge). Man spricht von einem **elastischen Angebot**.

Es gibt auch Situationen, in denen das Angebot nicht elastisch ist. Das ist der Fall, wenn z. B. ein Betrieb seine Produktion voll ausgelastet hat. Er kann – trotz steigender Preise – die angebotene Menge nicht erhöhen, obwohl er es gerne täte.

Wird das Angebot auf einem Güter- oder Dienstleistungsmarkt ausgedehnt, steigern z. B. die Betriebe die Produktion wegen guter Gewinnerwartungen oder kommen neue Anbieter hinzu, verschiebt sich die Angebotskurve im Diagramm nach rechts. Bei einer Verringerung des Angebots verschiebt sich dagegen die Kurve nach links, wie z. B. bei einem Trendwechsel bei Bürostühlen.

Nachfragerverhalten am Markt

Auch das Verhalten der Nachfrager folgt normalerweise einem bestimmten Muster. Je niedriger die Preise sind, desto mehr wird nachgefragt. Man spricht vom **Gesetz der Nachfrage**.

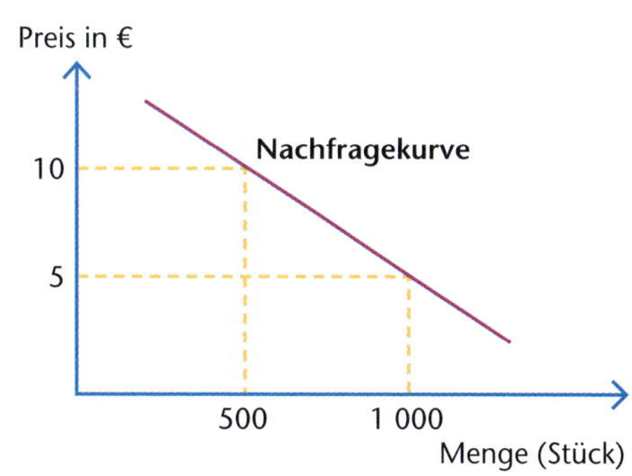

Die grafische Darstellung der Nachfragekurve zeigt eindeutig, dass bei niedrigen Preisen mehr Güter nachgefragt werden. Hier sind es 1 000 Stück bei einem Preis von 5,00 € anstatt der 500 Stück bei einem Preis von 10,00 €. Die Preisänderung hat eine Folge, nämlich die Erhöhung der Nachfrage. Also existiert auch hier ein Zusammenhang zwischen Ursache (Preisänderung) und Wirkung (Änderung der Nachfragemenge). Dieser Mechanismus wird als **elastische Nachfrage** bezeichnet.

Wie beim Anbieterverhalten gibt es auch bei den Nachfragern Abweichungen vom normalen Verhalten:

- Nachfrager, für die ein hoher Preis ein Qualitätsmerkmal ist, verhalten sich genau entgegengesetzt. Bei steigenden Preisen kaufen sie mehr, bei sinkenden Preisen fragen sie weniger nach. Dies bezeichnet man als **anomale Nachfrage**.
- Des Weiteren gibt es die **unelastische Nachfrage**, z. B. bei lebensnotwendigen Medikamenten, die kaum auf Preisänderungen reagiert, da das Gut dringend benötigt wird.
- Bei nicht lebensnotwendigen Gütern reagiert die Nachfrage hingegen sehr schnell, wie z. B. bei Blumen, Reisen, Kinobesuchen. Hier spricht man von einer sehr elastischen oder im Extremfall von einer **vollkommen elastischen Nachfrage**.

Verändert sich aufgrund der beschriebenen Einflussfaktoren die Menge der nachgefragten Güter, so verschiebt sich die Nachfragekurve. Bei einer Verringerung der Nachfrage, z. B. durch schlechte Zukunftserwartungen der Konsumenten (Jobverlust, Rückgang der Einkünfte), verschiebt sich die Kurve nach links. Fragen die Konsumenten mehr nach, da z. B. die Einkommen steigen und „man sich mehr gönnt", verschiebt sich die Kurve dementsprechend nach rechts.

Zusammenfassend lässt sich sagen, dass die Nachfrage und das Angebot auf Märkten umso elastischer sind, je schneller sie auf Veränderungen des Preises mit einer Veränderung der Menge reagieren. Dieser Zusammenhang wird in Kapitel 4.3 Markformen in einem Preis-Mengen-Diagramm beschrieben.

4.3 Marktformen

In den vorangegangenen Kapiteln wurde das Anbieter- und Nachfrageverhalten auf dem Markt näher erläutert. Anbieter wollen zu einem Preis anbieten, bei dem der Gewinn für sie möglichst hoch ausfällt. Nachfrager wollen hingegen Produkte zu einem Preis kaufen, bei dem der Nutzen für sie am größten ist. Es wäre natürlich einfach, wenn die Wünsche beider Marktteilnehmer kompatibel wären. Es muss jedoch eine Anpassung der Wünsche auf dem Markt erfolgen. Der Markt ist der Ort, an dem Nachfrage und Angebot zusammentreffen. Hier werden die Pläne der Anbieter und Nachfrager zum Ausgleich gebracht, da der Markt der Ort der Preisfindung ist. Die Schnittmenge, an der das Angebot und die Nachfrage zusammentreffen, wird als Gleichgewichtspreis bezeichnet. An diesem Punkt sind sich Anbieter und Nachfrager ebenfalls über die Menge einig. Anhand von Angebot und Nachfrage nach Grillwürstchen soll der Zusammenhang verdeutlicht werden. Bei einem Preis von 0,50 € würden 1 000 Kunden die Grillwurst nachfragen, jedoch würden lediglich 250 Anbieter Würstchen anbieten und 750 Nachfrager könnten ihr Bedürfnis nicht stillen.

Preis ins € je Stück	Angebot in € je Stück	Nachfrage in € je Stück	Differenz
0,50	250	1 000	750
0,70	350	750	400
0,90	500	500	0
1,25	650	450	200
1,50	1 000	200	800

= Gleichgewichtsmenge

Das Verhalten der Marktteilnehmer hängt entscheidend davon ab, wie viele Anbieter bzw. Nachfrager es für ein Gut gibt. Nicht nur die Zahl und Größe der Marktteilnehmer, sondern auch das jeweilige Marktverhalten der Angebots- und Nachfrageseite sind relevant. Je nach Anzahl der Anbieter und Nachfrager werden drei **Marktformen** unterschieden: **Monopol, Oligopol** und **Polypol**.

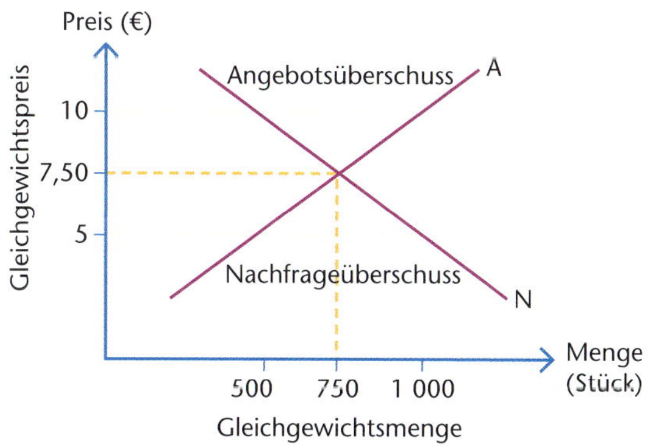

4.3.1 Vollkommener Markt und Polypol

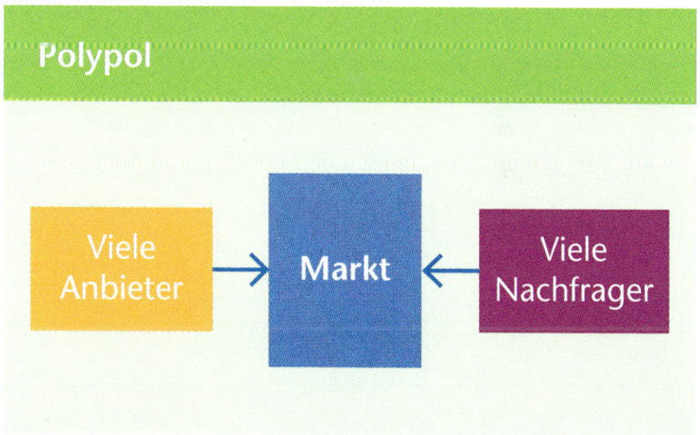

Wenn es auf einem Markt viele Anbieter und viele Nachfrager gibt, so wird von einem **Polypol** gesprochen. In diesem Zusammenhang ist auch von „**vollständiger Konkurrenz**" die Rede. Im Verhältnis zum Gesamtmarkt sind die Marktmacht und der Einfluss des einzelnen Marktteilnehmers so gering, dass er keinen Einfluss auf die Preisgestaltung ausüben kann. Verlangt ein Anbieter einen niedrigeren Preis, so würde die ganze Nachfrage zu ihm strömen, welche der Anbieter gar nicht befriedigen könnte. Würde der Anbieter hingegen einen höheren Preis verlangen, so würden alle Nachfrager zur Konkurrenz wechseln. Einen größeren Marktanteil kann der Anbieter also nur durch eine bessere Qualität, eine kostengünstigere Produktion und durch einen besonders guten Kundenservice erreichen. Hierdurch wird der einzelne Anbieter im ständigen Prozess zur Rationalisierung angestoßen, was dem Nachfrager (Kunden) zugutekommt.

Spricht man im Polypol (vollkommene Konkurrenz) von einem **vollkommenen Markt**, so müssen einige Voraussetzungen erfüllt sein, die nicht überall gegeben sind:

- Es muss sich um **homogene** (einheitliche) Güter handeln.
- Es muss eine **Markttransparenz** gegeben sein, jeder Marktteilnehmer muss also einen vollständigen Marktüberblick haben.
- Es darf keine **persönlichen Präferenzen** (Bevorzugung) geben (z. B. geht ein Kunde nur zum Bäcker Leckerbiss, weil die Verkäuferin so nett ist).
- Es darf keine **zeitlichen Präferenzen** geben (Bevorzugung). (Es gibt keine Lieferfristen für die Anbieter und die Nachfrager können die Ware unverzüglich abnehmen.)
- Es darf keine **örtlichen Präferenzen** geben. (Dies bedeutet, dass die Nachfrager sich nicht durch einen besonders günstigen Standort beeinflussen lassen.)
- Es darf **keine Zugangsbeschränkungen** zum Markt geben, d. h., jeder Anbieter darf frei verkaufen können und jeder Nachfrager kann frei kaufen.

Ein wirklich vollständiger Markt im Polypol bringt dem Kunden (Nachfrager) den größten Vorteil. Die aufgeführten Voraussetzungen für einen vollkommenen Markt sind jedoch **nie gegeben und in der Realität nicht existent**.

4.3.2 Monopol

Bei der Marktform **Monopol** ist das gesamte Angebot oder die gesamte Nachfrage am Markt in einer Hand. Es handelt sich dabei um einen **einzigen Verkäufer** (alleiniger Anbieter) oder um einen einzigen Käufer (alleiniger Nachfrager). Demnach gibt es sowohl ein **Nachfrage-** als auch **Angebotsmonopol**.

Beispiele:
In der Vergangenheit hatte die Deutsche Bahn AG ein **Nachfragemonopol** auf E-Loks. Somit war die Deutsche Bahn AG der einzige Nachfrager und es gab mehrere Anbieter.

Dagegen hatte die Deutsche Post bis 2007 ein **Angebotsmonopol** im Briefverkehr. Der Post als einzigem Anbieter standen zahlreiche Nachfrager gegenüber. Die Möglichkeit, einen anderen Anbieter zu wählen, entfiel.

Wenn ein Anbieter eine Monopolstellung besitzt, muss er auf keinen Konkurrenten Rücksicht nehmen. Somit kann er die Preishöhe weitestgehend selbst festlegen. Jedoch wird auch ein Monopolist feststellen, dass er den Preis nicht beliebig festsetzen kann. Bei einem zu niedrigen Preis steigt die Nachfrage unendlich an, sodass er sie dann eventuell nicht mehr bedienen kann. Wird der Preis durch den Monopolisten zu hoch angesetzt, bleibt die Kundschaft gegebenenfalls weg, da die Kunden auf das Produkt verzichten oder auf Ersatzgüter umschwenken. Natürlich würde ein privater Monopolist probieren, den Preis möglichst hoch anzusetzen, damit er einen hohen Gewinn erwirtschaften kann. Dem Monopolisten sind in Deutschland durch das **Gesetz gegen Wettbewerbsbeschränkungen** Grenzen gesetzt. Ziel des Gesetzes ist es, marktbeherrschende Stellungen von Unternehmen zu verhindern und Missbrauch von einflussreichen Unternehmen entgegenzuwirken.

Es ergeben sich durch Monopolstellungen einige Nachteile:

- Beim Monopol liegt eine **wirtschaftliche Macht** vor.
- Der **Kundendienst** ist häufig **nicht** so **gut**, da der Monopolist nicht auf eine 100-prozentige Zufriedenheit der Kunden angewiesen ist.
- Aufgrund des **mangelnden Konkurrenzdrucks** unterbleiben häufig Modernisierungs- oder Verbesserungsmaßnahmen des Unternehmens.
- Der Monopolist kann seinen Preis sehr hoch ansetzten, obwohl dies gar nicht mehr der Qualität des Produkts entspricht. In diesem Fall spricht man von einem **Monopolgewinn**.

4.3.3 Oligopol

Über Preise spricht man nicht...

Beim **Oligopol** handelt es sich um **einige wenige**, aber dennoch in der Menge überschaubare **Marktteilnehmer**. Auch bei dieser Marktform kann es sich sowohl um ein **Angebots**- als auch **Nachfrageoligopol** handeln. In Industriegesellschaften kommt das Angebotsoligopol relativ häufig vor. Hier stehen sich wenige Anbieter und viele Nachfrager gegenüber, wie z. B. auf dem Auto- oder Benzinmarkt. Auch hier sind Preisabsprachen unter den Anbietern in der Bundesrepublik Deutschland nach dem Gesetz der Wettbewerbsbeschränkung strengstens untersagt. Dennoch erfolgt häufig eine Absprache unter den Anbietern, um einen möglichst hohen Preis zu erzielen. Allerdings können Anbieter die Preise nicht beliebig in die Höhe treiben, da die Nachfrager ansonsten auf Ersatzprodukte (z. B. Tee statt Kaffee) ausweichen. Eine weitere Strategie eines Angebotsoligopolisten ist die sogenannte **„ruinöse Konkurrenz"**. Der Anbieter versucht, durch niedrige Preise die Nachfrage dazu zu bewegen, Produkte bei ihm und nicht bei der Konkurrenz zu kaufen. Das lassen die Mitanbieter nicht zu und senken ebenfalls die Preise, teilweise sogar unter die Selbstkosten. Dies kann dazu führen, dass ein Anbieter aus dem Markt ausscheiden muss.

Vielfach verlagern die Konkurrenten den Wettbewerb auch auf die Werbung, die Qualität oder die Aufmachung der Erzeugnisse. Dadurch soll der Wettbewerb über den Preis verhindert werden.

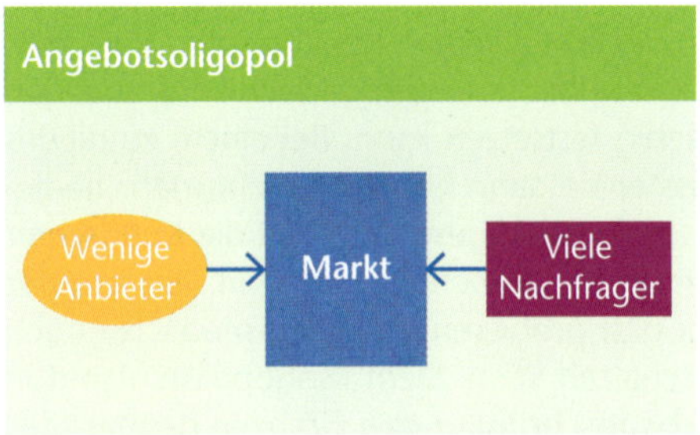

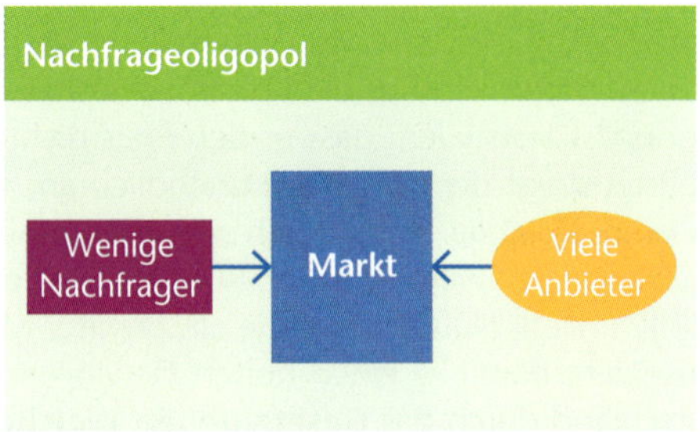

Stehen vielen Anbietern wenige Nachfrager gegenüber, so wird von einem Nachfrageoligopol gesprochen. Es stehen zum Beispiel vielen Landwirten nur wenige Molkereien gegenüber.

Aufgaben

1. *Erarbeiten Sie in Vierergruppen die Bestimmungsgrößen sowohl des Angebots als auch der Nachfrage der MINO GmbH. Nutzen Sie dazu den nachfolgenden Internetauszug und die Firmenbeschreibung der MINO GmbH (vgl. S. 96).*

Die wirtschaftliche Lage der Möbelindustrie

Elmar Duffner, Präsident des Verbandes der Deutschen Möbelindustrie e. V.:

Möbelindustrie mit Umsatzrückgang von 4 Prozent
Deutsche Möbel gewinnen Marktanteile im Ausland
Forderung nach Herkunftskennzeichnung in Europa
Konsumfreude groß – Handel nutzt seine Chancen nicht

Nach einem Umsatzwachstum von 1,3 Prozent im Jahr 2012 musste die deutsche Möbelindustrie im 1. Halbjahr 2013 deutliche Umsatzeinbußen hinnehmen. Die Erlöse der Herstellerbetriebe lagen mit einem Minus von 4 Prozent auf 8 Mrd. € spürbar unter dem Vorjahresniveau und den Erwartungen unserer Industrie.

Obwohl die Stimmungslage in Deutschland momentan geprägt ist von einer positiven Einkommens- und Konjunkturerwartung und die Menschen ihr Geld lieber in den Konsum stecken als zu sparen, kann unsere Branche davon derzeit nicht profitieren. Die GfK[1] hat ermittelt, dass in den letzten Monaten mehr für Urlaub, Freizeit und Unterhaltungselektronik ausgegeben wurde. Auch in den Kauf und die Renovierung von Wohnungen fließt derzeit viel Geld. […]

Die einzelnen Segmente der deutschen Möbelindustrie entwickelten sich im 1. Halbjahr 2013 durchaus unterschiedlich. Die deutsche Büromöbelindustrie wies mit einem Umsatz von rund 950 Mio. € ein negatives Ergebnis aus (– 2,9 Prozent). […]

Besondere Probleme bereitete unseren Herstellern im 1. Halbjahr das Auslandsgeschäft. Der Export sank insgesamt um 4,8 Prozent auf 4,5 Mrd. €. Schmerzliche Rückgänge von 10,2 Prozent verzeichnete insbesondere der Absatz in die EU-Länder. […] Mehr Möbel konnten wir hingegen nach China (+ 20 Prozent) und in die USA (+ 25,8 Prozent) liefern. Dies ist ein deutliches positives Signal, welches uns für die Zukunft zuversichtlich stimmt, denn hieran kann man deutlich abmessen, dass die Exportbemühungen unserer Hersteller in fernere Regionen Früchte tragen und sich die Abhängigkeit vom europäischen Ausland tendenziell verringert.

Beim Blick nach Europa fällt auf, dass wir […] vielfach Verkaufsanteile hinzugewinnen konnten.

---

[1] *GfK: Gesellschaft für Konsumforschung, deutsches Marktforschungsinstitut mit Sitz in Nürnberg*

Ganz besonders beliebt sind die deutschen Möbel in unseren Nachbarländern Luxemburg und Österreich, [...] Tendenz steigend. In Frankreich – dem größten Exportmarkt für unsere Möbel – stieg unser Marktanteil [...].

In Belgien und in den Niederlanden ist der Marktanteil mit 22 Prozent bzw. 20 Prozent zwar nach wie vor hoch, jedoch geht dieser aufgrund der schwierigen Marktlage und der Zunahme der Möbelimporte aus Asien langsam zurück.
Auch im Vergleich zur zweiten großen Möbelnation Italien stehen wir gut da. Denn im gleichen Zeitraum ging in vielen EU-Ländern der Marktanteil von Möbeln mit dem Label „Made in Italy" zurück.

Nur auf den ersten Blick positiv bewerten wir auch den Rückgang der Möbelimporte um 5,8 Prozent auf 4,95 Mrd. €. Hier fällt besonders auf, dass die Einfuhren aus China im 1. Halbjahr 2013 um 9,2 Prozent nachgaben. Dies kann auf eine Verschiebung beim Einkaufsverhalten des Möbelhandels hindeuten. Denn die Herstellung in China ist in den letzten Monaten deutlich teurer geworden und kann ganz offensichtlich das unterste Preissegment nicht mehr komplett bedienen. [...]

Dass der Import uns nach wie vor Probleme bereitet, zeigt alleine die Tatsache, dass nach wie vor mehr als jedes 2. in Deutschland verkaufte Möbel aus dem Ausland stammt. Die Quote der Importpenetrierung verharrt auf hohem Niveau und beträgt derzeit besorgniserregende 58 Prozent. Der Handel setzt weiter auf Importware statt auf heimische Qualität und findet nicht den dringend notwendigen Ausstieg aus der Verramschungsschiene. Dabei ist die Konsumlaune der Bundesbürger derzeit hoch wie selten und mit intelligenten Verkaufskonzepten müsste es einfach sein, diese Bereitschaft in den Kauf von langlebigen, qualitativ hochwertigen und nachhaltigen Möbeln „Made in Germany" umzulenken. Der Möbelhandel ist auf dem besten Wege, die mittelständische Möbelindustrie immer weiter an den Rand zu drängen. Wir fordern endlich eine ernsthafte Abkehr von der ausschließlichen Preisfixierung und eine Hinwendung zu echten Werten bei der Vermarktung von Möbeln.

So sollte der Verbraucher zukünftig auch mehr Informationen erhalten. Wir treten deshalb für eine europaweit gültige und klare Herkunftskennzeichnung von Möbeln ein. Der Verbraucher hat insbesondere bei markenloser Ware ein Recht darauf, zu erfahren, woher die Produkte stammen und welches Fertigungs- und Qualitätsniveau sie erfüllen. Er liest dann neben dem Preis beispielsweise den Hinweis „Made in Germany" oder „Made in China". [...]

HDH/VDM Verbände der Holz- und Möbelindustrie (Hg.): Die VDM Jahres-Wirtschaftspressekonferenz im Überblick, Pressemitteilung vom 09.09.2013, abgerufen unter www.hdh-ev.de/german/presse/pressemitteilungen.html?NID=955 [20.11.2014]

2. *Erläutern Sie aufgrund der Ihnen vorliegenden Informationen den möglichen Verlauf der Angebotskurve der MINO GmbH und der Nachfragekurve des Büromöbelmarktes, auf dem die MINO GmbH tätig ist.*

3. *Welche Marktformen ergeben sich aus der unterschiedlichen Anzahl von Anbietern und Nachfragern?*

4. *Angenommen, die MINO GmbH hätte eine Monopolstellung. Welche Konsequenzen hätte dies für die MINO GmbH und für deren Kunden? Diskutieren Sie in einer Kleingruppe.*

5. *Die MINO GmbH befindet sich in der unvollständigen Konkurrenz. Beschreiben Sie zwei Merkmale.*

6. *Interpretieren Sie die Karikatur „Über Preise spricht man nicht"(S. 103). Welche Kernaussage möchte der Zeichner zum Ausdruck bringen?*

Vertiefungsaufgabe

A. *Interpretieren Sie die unten stehende Grafik. Um welche Marktform wird es sich voraussichtlich handeln?*

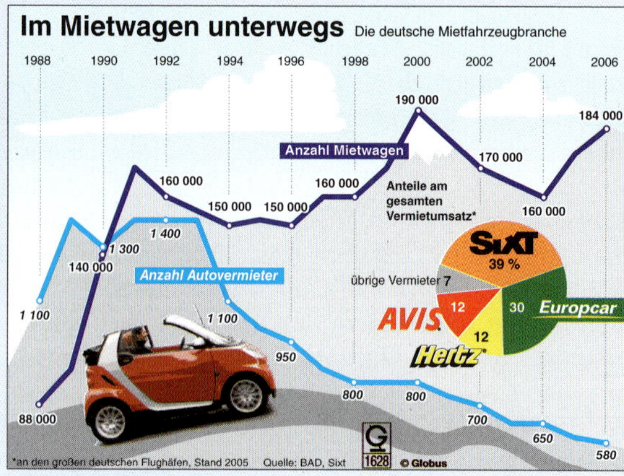

4.4 Absatzpolitische Instrumente untersuchen

Das oberste Ziel von Unternehmen ist die Vermarktung der eigenen Leistungsangebote. Denn daraus können erst Gewinne resultieren. In diesem Zusammenhang sind Absatzprozesse bedeutende Kernprozesse, denn sie orientieren sich an der wichtigsten Interessengruppe, den Kunden. Um möglichst viele Kunden zu erreichen, werden die Wünsche und Anforderungen der Kunden auf dem Markt untersucht. Häufig wird der Begriff „**Marketing**" als Synonym der Absatzwirtschaft verwendet. Ziel des Marketings ist die Zufriedenstellung der Kunden. Unternehmen versuchen, die Kundenbedürfnisse auf dem Markt zu erforschen (Marktforschung) und dann entsprechend ihre angebotenen Leistungen anzupassen. Neben der Kundenzufriedenheit streben Unternehmen einen hohen Marktanteil an und versuchen den Umsatz entsprechend zu steigern. Hierzu werden vom Unternehmen spezielle **absatzpolitische Instrumente** eingesetzt, welche sich auf das ganze Unternehmen auswirken. Hierbei handelt es sich um die **Produkt- und Sortimentspolitik**, die **Distributionspolitik**, die **Preis- und Konditionenpolitik** sowie die Kommunikationspolitik. Diese Marketing-Instrumente stehen in einer engen Beziehung zueinander und dürfen nicht isoliert betrachtet werden. Zusammen ergeben sie den Marketing-Mix.

4.4.1 Marktforschung

Um die Kundenbedürfnisse auf dem Markt zu kennen, ist es die Aufgabe der Marktforschung Marktinformationen zu beschaffen und aufzubereiten. Hier wird von Absatz- und Konkurrenzmarketing gesprochen. Die Datenbeschaffungen sollen aktuell, zuverlässig, kostengünstig und präzise sein. Die Marktforschung lässt sich folgendermaßen einteilen:

- **Marktbeobachtungen**

Um Trends festzustellen, werden Märkte und deren Veränderungen laufend beobachtet.

Beispiel:
Die MINO GmbH befragt in regelmäßigen Abständen das Verkaufspersonal und die Groß- und Einzelhändler über eine veränderte Nachfrage oder Wünsche der Kunden.

- **Marktanalyse**

Zu einem bestimmten Zeitpunkt werden die unterschiedlichen Einflussfaktoren auf dem Markt ermittelt.

Beispiel:
Die MINO GmbH ermittelt am Ende des letzten Quartals die Bestellung an Ohrensesseln, ob es in dieser Hinsicht Neukunden gibt und welche Bestellgewohnheiten sich herausgestellt haben.

- **Marktprognose**

Die Ergebnisse der Marktbeobachtungen und der Marktanalyse werden zu einer Marktprognose genutzt.

Beispiel:
Durch die Marktbeobachtungen wurde festgestellt, dass immer mehr Kunden Ohrensessel mit einem Lederbezug bestellt haben. Es kann prognostiziert werden, dass dies in der Zukunft auch der Fall sein wird. Aus diesem Grund sollte eine Produktion von Leder-Ohrensesseln fokussiert werden.

Informationsquellen der Marktforschung

Im Rahmen der Marktforschung wird sich die Frage gestellt, wie die Informationen beschafft werden können. Hier wird zwischen **Primär-** und **Sekundärforschung** unterschieden.

	Sekundärforschung	Primärforschung
Daten	Die Daten sind bereits im Unternehmen vorhanden.	Die Daten müssen neu erhoben werden.
Informationsquellen	Veröffentlichungen, Buchhaltung, Vertreterberichte, Statistiken	Befragungen (per E-Mail, auf der Straße, am Telefon)
Vorteile	kostengünstig, kurzfristige Ergebnisse	aktuell, genau
Nachteile	wenig aktuell und inhaltsreich	kosten- und arbeitsintensiv

4.4.2 Produktpolitik

Die MINO GmbH hat ebenso wie alle anderen Unternehmen das Ziel, dass durch die angebotenen Leistungen (hier: Möbel) ein hoher Beitrag zum Erfolg des Unternehmens erreicht wird. Das betrifft nicht nur Anbieter materieller Produkte, sondern auch Dienstleistungsunternehmen (z. B. Kapitalanlagegesellschaften, Versicherungen usw.). Das gesamte Angebot eines Industriebetriebs wird **Produktprogramm** genannt, der entsprechende Begriff für Handelsbetriebe ist **Sortiment**. Mittels der Produkt- und Sortimentspolitik versuchen Unternehmen, ein optimales Angebot für potenzielle Kunden festzulegen. Je besser die Anbieter die Bedürfnisse der Nachfrager bedienen können, desto größer ist der ökonomische Erfolg.

Beispiel:
Sandra Swavink, Produktmanagerin in der Marketing-Abteilung der MINO GmbH, bekommt am Freitagmorgen von ihrer Abteilungsleiterin Charlotte Brill einen Anruf. Frau Brill ist sehr besorgt, da laut ihrer Aussage die allgemeine Absatzentwicklung der Produkte auf dem Markt rückläufig ist. Frau Swavink erwidert, dass dies sicherlich auch auf die aktuellen Wirtschafts- und Finanzkrise zurückzuführen sei. „Es ist jedoch auffällig, dass die Umsatzzahlen von unserem weißen Schaukelstuhl ‚Stylo' im letzten Quartal enorm zurückgegangen sind", erklärt Frau Brill. Nach diesem Gespräch beschließen Frau Swavink und Frau Brill, den Produktlebenszyklus der betreffenden Produkte zu analysieren und zu überprüfen, ob die Produkte noch den Bedürfnissen der Verbraucher entsprechen.

Produktnutzen

Der Kunde erwartet von einem Produkt einen bestimmten Nutzen, welcher seine Bedürfnisse befriedigen soll. Ob das Produkt diese Bedürfnisse tatsächlich befriedigt, ist immer eine subjektive Einschätzung. Deshalb wird bei Produkten zwischen **Grund- und Zusatznutzen** unterschieden, auch wenn der Übergang manchmal sehr fließend ist.

- Der **Grundnutzen** eines Produkts ist meistens selbsterklärend und objektiv messbar. Kunden erwarten diesen Grundnutzen wie selbstverständlich und beurteilen ihn auch gleich (z. B. wird beim Kauf eines Stuhls erwartet, dass man sich auf ihn setzen kann).
- Der **Zusatznutzen** ist hingegen lediglich subjektiv messbar. Ein Zusatznutzen liegt in der persönlichen Einstellung des Kunden begründet, da er im Kopf des Kunden entsteht (z. B. empfindet der Kunde den Stuhl aus Plastik mit großen weißen Armlehnen als ein besonders stylisches Modell. Oder der Sitzkomfort des Schaukelstuhls „Stylo" der MINO GmbH wird als besonders hoch eingestuft). Unternehmen bemühen sich, durch das Schaffen von Zusatznutzen Kunden zu gewinnen.

Produktlebenszyklus

Jedes Produkt durchlebt auf dem Markt fünf unterschiedliche **Lebensphasen**. Bevor ein Unternehmen ein Produkt auf den Markt bringt, überlegt es sich für jede Lebensphase entsprechende Marketingmaßnahmen. Es gibt unterschiedliche Produktlebenszyklusmodelle, wobei hier lediglich der idealtypische Produktlebenszyklus mit den **Parametern Umsatz, Gewinn und Zeit** betrachtet werden soll.

Idealtypischer Produktlebenszyklus

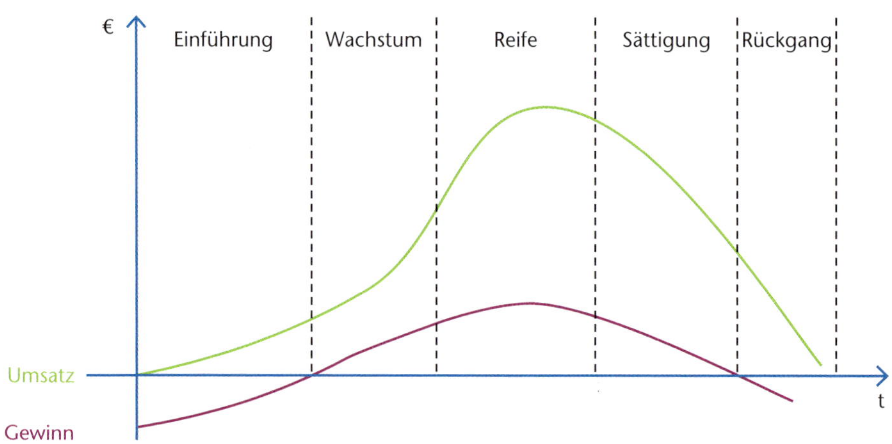

Phase	Merkmale
Markteinführung	Bereits vor der Einführung des Produkts beginnt das Unternehmen, über PR-Maßnahmen[1] und Werbung auf das Produkt aufmerksam zu machen (Marketingziel). In dieser Phase entstehen dem Unternehmen für die Werbemaßnahmen, Produktion, Lohn usw. hohe Kosten, die durch den noch geringen Absatz nicht gedeckt werden können. Entsprechend muss das Unternehmen zu dieser Zeit mit Verlusten rechnen.
Marktwachstum	Wenn die Absatzmenge rasch ansteigt und die Mehrheit der infrage kommenden Kunden das Produkt kauft, wird von der Wachstumsphase gesprochen. Während dieses Abschnitts kann das Unternehmen erstmals Gewinne verzeichnen. Es ist nun damit zu rechnen, dass die Konkurrenz durch die vielen Werbe- und PR-Maßnahmen ebenfalls auf das Produkt aufmerksam wird und Konkurrenzprodukte auf den Markt bringt (Trittbrettfahrer). Hier ist das Marketingziel, mit dem Produkt einen möglichst hohen Marktanteil zu erreichen.
Reifephase	Dies ist die profitabelste Phase, da die Gewinnkurve hier ein Maximum verzeichnen kann. Es besteht zunächst noch ein Marktwachstum, jedoch hat dieses am Ende der Phase den Nullpunkt erreicht. Die Gewinne gehen zudem am Ende der Phase aufgrund der Preisrückgänge infolge des Konkurrenzdrucks ständig zurück.
Marktsättigung	Jetzt besteht kein Marktwachstum mehr und aufgrund des Umsatzrückgangs muss das Produkt am Ende dieser Phase die ersten Verluste verzeichnen. Unternehmen müssen Marktforschung betreiben, um mit Alternativen weiterhin auf dem Markt bestehen zu können.
Rückgang, Degeneration	Da die Verlustzone erreicht wurde, wird das Produkt vom Markt genommen. Die Anzahl der Wettbewerber sinkt und die übrig gebliebenen Anbieter verändern das Produktprogramm. Technischer Fortschritt, eine Änderung in der Einkommensverteilung oder ein veränderter Verbrauchergeschmack können die Ursache sein.

Damit Produkte möglichst erfolgreich am Markt bestehen bleiben, setzen Unternehmen je nach Lebensphase unterschiedliche produktpolitische Maßnahmen ein. Erst wenn alle Möglichkeiten ausgeschöpft wurden, wird ein Produkt eliminiert und vom Markt genommen. Mögliche produktpolitische Maßnahmen sind die folgenden:[1]

Produktinnovation

Im Rahmen der Produktinnovation wird zwischen **Produktdifferenzierung** und **Produktdiversifikation** des bestehenden Produktprogramms unterschieden.

[1] *PR-Maßnahme: Public-Relations-Maßnahme. Als PR-Maßnahmen bezeichnet man die Öffentlichkeitsarbeit und sämtliche Kommunikationsaktivitäten, die sich auf den Ausbau von Gewinn konzentrieren und mit denen die Anspruchsgruppen (Kunden, Mitarbeiter usw.) angesprochen werden sollen.*

Produktinnovation			
Produktdifferenzierung	Produktdiversifikation		
	Horizontal	Vertikal	Lateral[1]
Bei der Produktdifferenzierung stammt das neue Produkt aus demselben Bereich wie die vorherigen Produkte. Somit kann die Differenzierung als eine Erweiterung des bisherigen Produktprogramms gesehen werden (z. B. bringt die MINO GmbH einen neuen Schaukelstuhl mit integrierter Fußstütze auf den Markt).	Das Unternehmen bringt ein neues Produkt heraus, welches zwar aus der gleichen Branche stammt, sich jedoch deutlich von den bisherigen Produkten abhebt (z. B. stellt die MINO GmbH neuerdings auch Wickeltische für Kinder her).	Das neue Produkt stellt eine vor- oder nachgelagerte Wirtschaftsstufe dar (z. B. betreibt die MINO GmbH zusätzlich einen Holzgroßhandel).	Bei der Herstellung des neuen Produkts gibt es keinen sachlichen Zusammenhang zu den bisherigen Produkten (z. B. gründet die MINO GmbH eine Bio-Fast-Food-Kette).

Besonders die Produktdiversifikation wird zur Risikostreuung genutzt.[1]

Produktvariation

Bei der Produktvariation wird ein bestehendes Produkt hinsichtlich seiner Eigenschaften überarbeitet, abgeändert oder lediglich neu gestaltet. Man spricht in diesem Fall von einem Relaunch bei bisher erfolgreichen Produkten am Markt (z. B. hat Volkswagen den Golf VI einem Relaunch unterzogen und den Golf VII auf den Markt gebracht).

Produkteliminierung

Wenn ein Produkt keine Erfolge mehr zeigt, wird es vom Markt genommen. Durch diese Maßnahme verringert sich das Produktprogramm, sie wird meistens erst dann in Betracht gezogen, wenn ein neues Produkt entwickelt wurde. Produktinnovation und Produkteliminierung stehen oft in einem engen Zusammenhang.

4.4.3 Sortimentspolitik

Sortimentstiefe und Sortimentsbreite

Damit der Umfang des Sortiments vor allem bei mittelständischen und großen Unternehmen übersichtlich bleibt, ist es sinnvoll, das Sortiment zu gliedern.

- Die **Sortimentstiefe** spiegelt die Anzahl an Artikeln oder Varianten innerhalb einer Warengruppe. Wenn ein Sortiment aus vielen Varianten einer Warengruppen besteht, wird es als ein **tiefes Sortiment** bezeichnet. Bei einer geringen Auswahl wird von einem **flachen Sortiment** gesprochen.

[1] *lateral: lat. seitlich, seitwärts; hier: neben dem eigentlichen Kernmarkt*

- Die **Sortimentsbreite** gibt Aufschluss über die Anzahl der Warengruppen, die ein Unternehmen anbietet. Es ist von einem **breiten Sortiment** die Rede, wenn ein Unternehmen viele verschiedene Warengruppen anbietet. Werden nur wenige Warengruppen angeboten, spricht man von einem **schmalen Sortiment**.

Beispiel:
Die MINO GmbH bietet folgendes Sortiment (Ausschnitt):

	Produktions- und Sortimentsbreite: Anzahl der verschiedenen Produktgruppen		
Produktions- oder Sortimentstiefe: Anzahl an Varianten innerhalb einer Warengruppe	**Schaukelstuhl „Stylo"** – mit Armlehnen – ohne Armlehnen	**Küchenstuhl** – mit Armlehnen – ohne Armlehnen – Kindermodell mit Sitzerhöhung	**Ohrensessel** – mit Armlehnen – ohne Armlehnen – Kindermodell – mit passendem Hocker

Bei der Planung des Sortiments müssen Handelsunternehmen den tatsächlichen Bedarf der Kunden berücksichtigen. Ein sehr breites und tiefes Warenangebot verursacht hohe Kosten, denn die Ware muss in einem Lager untergebracht und schließlich auch vorfinanziert werden (**Übersortiment**). Lassen sich Waren aus dem Sortiment nur schwer verkaufen, so werden diese unrentablen Artikel aus dem Sortiment genommen, um Platz für neue Artikel zu schaffen (**Sortimentsbereinigung**).

4.4.4 Preispolitik

Preisgestaltung

Heutzutage weisen viele Produkte des täglichen Lebens eine vergleichbare Produktqualität auf. Qualitätsstandards, gleiche Bezugsquellen und auch vereinfachte Produktionsverfahren sind die Ursache hierfür. Aus diesem Grund sind der Preis und die Konditionen für den Käufer häufig das entscheidende Merkmal beim Kauf eines Produkts. Entsprechend entscheidet die Preisgestaltung erheblich über den Absatz eines Produkts. Unternehmen müssen bei der Preisfestsetzung folgende Faktoren besonders berücksichtigen: **Kosten, Nachfrage und Konkurrenz**.

Beispiel:
Nach langen Diskussionen und vielen Meetings haben sich die Abteilungsleiter der MINO GmbH darauf geeinigt, dass als Nächstes ein Schaukelstuhl aus massivem Holz mit dem Namen „Chillo" produziert werden soll. Nun geht es um die Festsetzung des Preises, welche bei jeder Produkteinführung eine enorme Rolle spielt. Frau Burmann, Abteilungsleiterin Bereich Finanzen, meldet sich als Erste zu Wort: „Das Wichtigste ist, dass wir die Produktionskosten decken und zusätzlich einen ordentlichen Gewinn oben draufschlagen." Karina Sommer, Vertriebsleiterin, entgegnet sofort: „Wir müssen bei unseren Überlegungen jedoch berücksichtigen, welchen Preis unsere Konkurrenten fordern.

Wenn wir deutlich darunterliegen, wird unser Schaukelstuhl ‚Chillo' einen riesigen Absatz einfahren." „Zunächst einmal sollten wir in Erfahrung bringen, wie viel unsere Kunden bereit sind, für einen gemütlichen Schaukelstuhl zu bezahlen. Das sollten wir als Erstes recherchieren und im Anschluss ermitteln, ob wir zu diesem Preis produzieren können. Gegebenenfalls sollten wir die Kosten der Produktion einmal überdenken", merkt die Marketingchefin Charlotte Brill an.

Zur Diskussion stehen alle nachfolgend aufgeführten Preisgestaltungsstrategien.

Preisgestaltung		
Kostenorientierte Preisgestaltung	**Nachfrageorientierte Preisgestaltung**	**Konkurrenzorientierte Preisgestaltung**
Bei der kostenorientierten Preisgestaltung wird der Preis unabhängig vom Markt ermittelt. Die Preisbildung geht alleine vom Unternehmen aus und basiert auf den anfallenden Kosten. Im Rahmen der Produktion fallen für das Unternehmen monatlich **fixe Kosten** an (z. B. Gehälter der Angestellten, Mieten für die Lagerräume usw.). Die Höhe der **variablen Kosten** hängt mit der produzierten Menge zusammen (z. B. Holz, Stoff für die Bezüge, Schrauben usw.). Wie hoch die tatsächlich produzierte Menge und damit die entstehenden variablen Kosten sein werden, lässt sich nur schätzen. Entsprechend muss das Unternehmen von einer erwarteten produzierten Menge zur Ermittlung des Preises ausgehen.	Bei der nachfrageorientierten Preisbildung orientiert man sich überwiegend an den Kunden. Unternehmen betreiben Marktforschung, um herauszufinden, welchen Preis die Kunden für ein bestimmtes Produkt zu bezahlen bereit sind. In der Regel zahlen Kunden eher einen niedrigen als einen hohen Preis. Ist ein Zusatznutzen bei dem Produkt zu erkennen, sind Kunden allerdings durchaus willens, einen höheren Preis zu zahlen (z. B. bei besserer Qualität, gutem Image des Produkts). Immer mehr Menschen geben bereitwillig für umweltverträgliche und gesunde Produkte mehr Geld aus. Diese Zahlungsbereitschaft wird bei der Preisbildung berücksichtigt.	Die Preisbildung orientiert sich außerdem an der Konkurrenz: ▪ *Orientierung am Preisführer* Meistens ist der Preisführer der Anbieter mit dem größten Marktanteil. Die übrigen Anbieter versuchen sich an seinem Preis zu orientieren, wenn dieser seine Preise variiert. ▪ *Orientierung am Branchenpreis* Hierbei wird die Preisbildung anhand des durchschnittlichen Marktpreises zugrunde gelegt. Bei dieser Preisbildung wird vorausgesetzt, dass es sich um gleichartige (homogene) Produkte handelt und es viele Konkurrenten auf dem Markt gibt.

Preisdifferenzierung

Wenn die gleiche Leistung zu unterschiedlichen Preisen angeboten wird, spricht man von einer Preisdifferenzierung. Dies ist möglich, wenn **Teilmärkte** voneinander isoliert werden können. Ansonsten würden Höchstpreiskäufer auf Niedrigpreismärkte ausweichen. Auch wenn sich dieses Vorhaben in der Praxis nicht immer umsetzen lässt, ist die Preisdifferenzierung für viele Unternehmen ein wirksames Instrument der Preispolitik. Unternehmen erhoffen sich durch eine Preisdifferenzierung, neue Kunden für ihr Produkt zu gewinnen. Eine Preisdifferenzierung hängt von der Branche und dem Sortiment ab und kann somit auf verschiedene Art und Weise realisiert werden.

Arten der Preisdifferenzierung	
Mengenmäßige Preisdifferenzierung	Dem Kunden wird eine Mengen-Rabatt-Staffel angeboten. Der Schaukelstuhl „Chillo" kostet 500,00 €, ab 10 Stück 480,00 €, ab 20 Stück 450,00 € und ab 50 Stück nur noch 410,00 €.
Räumliche Preisdifferenzierung	Ein Produkt oder eine Leistung wird an unterschiedlichen Orten zu unterschiedlichen Preisen angeboten. So unterscheiden sich z. B. die Preise für einen VW Golf im In- und Ausland.
Zeitliche Preisdifferenzierung	Ein Produkt wird bei der Einführung zu einem anderen Preis angeboten (z. B. Schaukelstuhl „Chillo" für 420,00 €) als ein Jahr nach der Einführung (z. B. 470,00 €).
Sachliche Preisdifferenzierung	Gleiche Produkte werden in unterschiedlichen Aufmachungen zu unterschiedlichen Preisen veräußert (z. B. No-Name-Waren, die ein Markenhersteller unter unterschiedlichen Namen produziert und verkauft).
Personelle Preisdifferenzierung	Unterschiedliche Abnehmergruppen bekommen die gleichen Produkte/Leistungen zu unterschiedlichen Preisen angeboten (z. B. gibt es Schüler- oder Studentenangebote bei Fast-Food-Anbietern).

Preisstrategie

Unter der Preisstrategie versteht man die langfristige Planung der Preisgestaltung. Die festgelegten Preisstrategien sind vom Tagesgeschäft (z. B. Sonderangebote) unabhängig.

Entscheidet sich ein Unternehmen dafür, Produkte zu einem besonders hohen Preis auf dem Markt anzubieten, so spricht man von einer **Höchstpreisstrategie**. Oftmals erhoffen Anbieter mit dieser Strategie, dass ihr Produkt auf dem Markt als exklusives Produkt gehandelt wird. Teilweise werden Produkte in diesem Zusammenhang mit besonderen Prämien ausgestattet oder erhalten eine besonders gute Qualität (z. B. Porsche, Champagner, Apple). Das Ziel der Höchstpreisstrategie kann eine Preisführerschaft mit damit verbundenen hohen Gewinnspannen sein. Dies ermöglicht anschließend die Entwicklung neuer, innovativer Produkte.

Unternehmen können jedoch auch genau die umgekehrte Strategie für ihr Produkt/Sortiment wählen: die **Niedrigpreisstrategie**. Wenn Unternehmen eine Kostenführerschaft anstreben, wählen sie diese Strategie. Produkte und Leistungen werden auf dem Markt möglichst günstig angeboten, damit sie viele Abnehmer finden. Durch einen hohen Absatz erhofft sich das Unternehmen einen großen Gewinn. Allerdings besteht bei dieser Strategie ein ständiger Preiskampf mit der Konkurrenz.

Konditionenpolitik

Um für die Kunden Kaufanreize zu schaffen, sollte ein Unternehmen günstige Konditionen, d. h. Kaufbedingungen bilden. Hiermit kann sich ein Unternehmen deutlich von der Konkurrenz abgrenzen.

Im Rahmen des Marketings sind die **Lieferbedingungen** ein wichtiges Instrument. Die Produkte sind für die Kunden hinsichtlich der Qualität, des Preises und der Ausstattung austauschbar. Durch die Übernahme der **Beförderungs- oder Versandkosten** (z. B. wird das Handy innerhalb von 24 Stunden frei Haus geliefert) können Kunden für das Unternehmen gewonnen werden. Zudem spielt die **Lieferzeit** ebenfalls eine entscheidende Rolle. Je früher der Kunde an sein Produkt gelangt, desto schneller lässt er sich vom Anbieter überzeugen.

Zudem schafft die Konditionenpolitik mit guten **Zahlungsbedingungen** Anreize für den Abnehmer. Wird im Kaufvertrag keine besondere Regelung getroffen, so muss der Käufer bei Übergabe der Ware sofort bezahlen. Anbieter locken mit der Gewährung eines **Zahlungsziels** (z. B. Zahlung innerhalb von 30 Tagen) Kunden an. Immer häufiger bieten Unternehmen für ihre Kunden **Finanzierungen** an, welche schon bei kleinen Beträgen (z. B. beim Handykauf) in Anspruch genommen werden können. Zudem werden häufig **Rabatte** (Preisnachlässe) gewährt, um die Preise möglichst flexibel auf die Abnehmer abstimmen zu können.

- **Treuerabatt:** Langjährige Stammkunden erhalten einen Rabatt, um sie weiterhin halten zu können.
- **Mengenrabatt:** Die Abnehmer sollen einen Anreiz erhalten, große Mengen käuflich zu erwerben.
- **Sonderrabatt:** Das Unternehmen räumt den Kunden aus besonderen Anlässen einen Rabatt ein (z. B. Schlussverkauf, Jubiläumsverkauf usw.).

Geiz-Rabattz zum Winterschluss

Manche Unternehmen bieten ihren Kunden zusätzliche Leistungen im Rahmen der **Servicepolitik** an. Nach gesetzlicher Vorlage beträgt die **Sachmängelleistung** für die Lieferung von Waren zwei Jahre. Um den Kunden entgegenzukommen, verlängern einige Lieferer diese Frist und wollen sich somit von der Konkurrenz abgrenzen (Garantie). Außerdem bieten manche Unternehmen einen speziellen Kundendienst an (z. B. nimmt die MINO GmbH bei der Lieferung des Schaukelstuhls „Chillo“ den alten Sessel des Kunden kostenfrei mit und entsorgt diesen).

4.4.5 Kommunikationspolitik

Jedes Unternehmen muss zur Vermarktung seiner Leistungen Maßnahmen treffen. Die Kommunikationspolitik umfasst folgende Instrumente: **Werbung**, **Verkaufsförderung** (**Salespromotion**) und **Öffentlichkeitsarbeit** (**Public Relations**).

Werbung

Damit Personen auf ein Produkt oder auf Leistungen aufmerksam werden, machen Unternehmen Werbung. Sie möchten damit Kundenwünsche wecken.

Beispiel:
Der Prototyp des Schaukelstuhls „Chillo“ wurde von der Produktionschefin Sandra Swavink stolz den anderen Abteilungsleitern vorgestellt. „Es handelt sich hierbei um den ökologischsten und bequemsten Schaukelstuhl, der je produziert wurde“, schwärmt Frau Swavink. „Ja prima, dann wird sich unser Prachtstück bei der Qualität und dem Spitzenpreis inklusive gigantischer Konditionen schnell auf dem Markt etablieren“, fügt die Finanzchefin Frau Burmann hinzu. Die Marketingchefin und die Leiterin der Vertriebsabteilung rollen mit den Augen. „Das ist zwar alles schön und gut. Aber sollen die Kunden es ahnen, dass wir ein neues Produkt geschaffen haben? Wir müssen erst einmal ordentlich Werbung machen“, bringt sich Frau Sommer ein. „Zudem sollten wir weitere Wege einschlagen, damit Kunden auf uns aufmerksam werden. Unser Image sollten wir nicht aus den Augen verlieren und die Öffentlichkeit auf uns aufmerksam machen“, fügt Frau Brill hinzu. „Solange das Budget nicht aus den Augen gelassen wird, freue ich mich über sämtliche Werbemaßnahmen der MINO GmbH. Es ist doch immer schön, unseren Namen zu lesen oder zu hören“, brummelt die Finanzchefin.

Wie Werbung funktioniert

Das oberste Ziel der absatzpolitischen Kommunikation ist es, bei Kunden Aufmerksamkeit zu erregen und idealerweise eine Kaufhandlung auszulösen. Aus diesem Grund wird in der modernen Kommunikationspsychologie ein Grundprinzip zur Umsetzung der Ziele genutzt: die

AIDA-Formel

A	Attention	Die Aufmerksamkeit des Kunden soll erregt werden.
I	Interest	Das Interesse wird auf das Produkt/die Leistung gelenkt.
D	Desire	Das Verlangen nach dem Besitz soll geweckt werden.
A	Action	Der Kauf des Produkts soll durchgeführt werden.

Die AIDA-Formel lässt sich jedoch nur optimal umsetzen, wenn im kommunikationspolitischen Konzept die Zielgruppe festgelegt wurde und eine genaue Werbeplanung folgt. Hierbei müssen technische, finanzielle und personelle Vorgaben beachtet werden.

Verkaufsförderung

Besonders Markenhersteller, aber auch Händler und der Einzelhandel nutzen die Möglichkeit der Verkaufsförderung, um den Absatz ihres Produkts anzukurbeln. Dabei wird der direkte Kontakt zum Kunden gesucht. Im Gegensatz zur Werbung ist die Verkaufsförderung eher auf eine kurze Dauer ausgerichtet. Die Ausgaben für die Verkaufsförderung nahmen in den letzten Jahren erheblich zu. So verschlingen die Kosten für die Verkaufsförderung z. B. im Lebensmittelsektor fast 50 % des Werbebudgets.

Die unterschiedlichen Maßnahmen der Verkaufsförderung lassen sich in **Verkaufs-, Händler- und Kundenpromotion** einteilen.

Verkaufs-promotion	Eigene Mitarbeiter werden zur Verkaufsförderung geschult.	■ Prospekte ■ Prämien ■ Schulungen
Händler-promotion	Händler erhalten vom Hersteller spezielle Schulungen, um die Ware den Kunden empfehlen zu können.	■ Prämiensystem ■ Händlerzeitschriften ■ Hilfen bei der Wareneinteilung ■ Verkaufsaktionen mit Sonderrabatten
Kunden-promotion	Kunden werden direkt angesprochen.	■ Gewinnspiele ■ Gutscheine ■ Verkostungen (z. B. auch Genießerabende) ■ Tag der offenen Tür

Die Verkaufsförderung hat sowohl Vor- als auch Nachteile:

Vorteile:	Nachteile:
■ Kunden werden direkt angesprochen ■ Auswahl der Kunden findet am Point of Sale statt ■ Kunden können direkt vom Produkt überzeugt werden ■ Ausführliche Präsentation des Produkts	■ Es wird nur eine geringe Anzahl Kunden informiert ■ Hohe Kosten für das Personal ■ Nicht jede Ware lässt sich gut präsentieren ■ Einige Kunden möchten nicht direkt angesprochen werden

Öffentlichkeitsarbeit

Unternehmen versuchen, ihr Bild in der Öffentlichkeit in ein besonders gutes Licht zu rücken. Wenn die Gesellschaft eine positive Meinung von dem Unternehmen hat, kann das einen belebenden Einfluss auf das Kaufverhalten der Kunden haben. Besonders wenn sich Unternehmen als sozial, fortschrittlich oder als gute Steuerzahler zeigen, sorgt dies nachhaltig für positive Umsatzzahlen. Ein schlechtes Image kann sich umgekehrt negativ auf den Absatz auswirken.

Folgende Maßnahmen können Unternehmen im Rahmen der Öffentlichkeitsarbeit durchführen:

- Sponsoring (Unterstützung kultureller, sportlicher oder sozialer Zwecke)
- Spenden an soziale Einrichtungen (z. B. Kindergärten)
- Tag der offenen Tür
- Betriebspraktika usw.

4.4.6 Distributionspolitik

Die **Distributionspolitik** beschäftigt sich damit,

- wie (Absatzwege, Absatzorganisation) die Ware
- durch wen (Absatzmittler)
- und womit (Lkw, Post usw.) an den Kunden (Händler, Endverbraucher) gelangt.

Eine gut organisierte Distribution hat einen positiven Einfluss auf das Käuferverhalten. Denn wenn der Kunde durch eine schnelle Lieferung der Waren oder Dienstleistungen überzeugt wird, kauft er vermutlich wieder bei dem Unternehmen und/oder empfiehlt es weiter.

Beispiel:
Die MINO GmbH setzt ihre Ware überwiegend über eigene Filialen ab. Eine geringe Menge wird auch über Kaufhäuser angeboten. Verkauft werden die Möbel hauptsächlich in Bayern, Hamburg, Nordrhein-Westfalen und Baden-Württemberg. Bei der Abteilungsleitersitzung wird ausführlich über den Absatz des neuen „Chillo" diskutiert. „Lass uns den vielversprechenden Weg des E-Commerce nicht außer Acht lassen", meint die Abteilungsleiterin „Absatz". Die Abteilungsleiter beschließen einstimmig, den neuen Distributionsweg per E-Commerce ebenfalls zu nutzen.

Absatzwege

Beim **direkten Absatzweg** gelangen die Produkte direkt vom Unternehmen an den Endverbraucher. Hierfür werden Absatzorgane, wie z. B. Filialen oder Reisende, als Bindeglied eingesetzt.

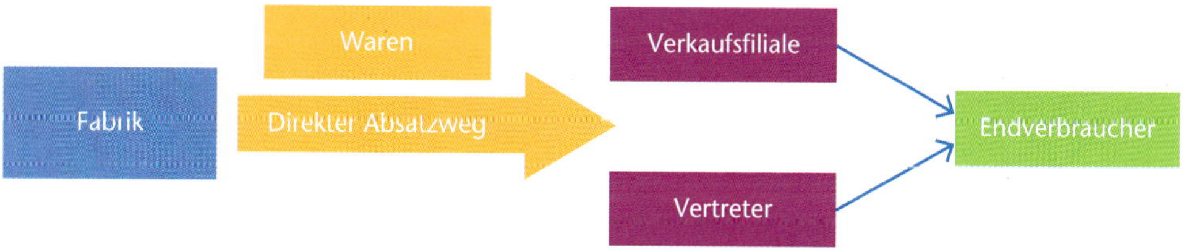

Damit Unternehmen die Nähe zu den Kunden nicht verlieren, richten sie häufig **Verkaufsniederlassungen** (Filialen) ein. Somit können Kunden das Produkt beim Hersteller betrachten und genaue Informationen einholen. Einige Unternehmen beschäftigen auch Mitarbeiter (Reisende), die im Außendienst Kontakt zu den Kunden aufnehmen, um diese zu beraten.

Beim **indirekten Absatzweg** liefern die Unternehmen nicht direkt an den Endverbraucher. Es werden Handelsunternehmen (Einzel- und Großhandel) dazwischengeschaltet. Die Hersteller schließen mit sogenannten **Vertragshändlern** einen Vertrag ab, in dem sich der Händler verpflichtet, die Produkte nach dem Marketingkonzept des Herstellers zu präsentieren. Der Händler bleibt jedoch rechtlich unabhängig und vertreibt die Produkte unter seinem Namen.

Beispiel: Ein Fahrradhändler verkauft Hollandräder in seinem Geschäft.

E-Commerce

Im Zuge des Internetzeitalters wurden den Unternehmen neue Vertriebswege eröffnet. Hierdurch wurden einige Bereiche der Kundenkommunikation deutlich verbessert und erleichtert. So können Kundenanfragen, Beschwerden, Hilfestellungen usw. einfach per E-Mail bearbeitet werden. E-Commerce ist eine Art des Warenvertriebs, bei der Kunde und Unternehmen übers Internet eine Geschäftsbeziehung eingehen. Kunden können über einen Webshop des Verkäufers Waren ansehen, Wareninformationen anfordern, Geschäftsbedingungen prüfen und schließlich Ware bestellen.

Güterbeförderung

Der Transport der Ware zum Kunden kann mittels unterschiedlicher Verkehrsmittel erfolgen. So können Güter und Waren über den Schienenverkehr, über den Wasser- oder Luftweg oder auf Straßen transportiert werden.

4.4.7 Marketing-Mix

Um erfolgreiches Marketing durchführen zu können, müssen Unternehmen zunächst die Marketing-Ziele klar formulieren. Passend dazu werden dann die oben beschriebenen Marketing-Instrumente gestaltet.

Die einzelnen Marketing-Instrumente (Produkt- und Sortimentspolitik, Distributionspolitik, Kommunikationspolitik und Preispolitik) müssen optimal aufeinander abgestimmt werden. Diese sich gegenseitig unterstützenden Maßnahmenbündel werden als Marketing-Mix bezeichnet.

Der Marketing-Mix wird von unterschiedlichen Faktoren beeinflusst:

- allgemeine Rahmenbedingungen (z. B. technische Entwicklung, Konjunktur),
- Marktverhältnisse (z. B. Monopolstellung, Konkurrenz, Liquidität der Kunden),
- Unternehmenssituation (z. B. Gewinnsituation, Mitarbeiterzahl, Liquidität),
- Unternehmensziele (z. B. ökologische Ziele, soziale Ziele, Qualitätsführerschaft).

Aufgaben

1. *Die MINO GmbH produziert seit 2013 den Holzstuhl „Elch". Der Stuhl wird überwiegend in großen Möbelhäusern verkauft. Besonders junge Familien lassen sich von dem Produkt überzeugen. Beschreiben Sie anhand des Holzstuhls „Elch", welcher Grund- und Zusatznutzen sich dahinter verbergen kann.*

Umsatz/Zeitraum / Modell	2. Quartal 2013	3. Quartal 2013	4. Quartal 2013	1. Quartal 2014	2. Quartal 2014
weißer Schaukelstuhl „Stylo"	40 500,00 €	34 600,00 €	20 400,00 €	11 200,00 €	5 400,00 €
Holzstuhl „Elch"	28 100,00 €	35 000,00 €	37 200,00 €	37 500,00 €	38 700,00 €

2. *a) Zeichnen Sie den Produktlebenszyklus des Schaukelstuhls „Stylo" und des Holzstuhls „Elch".*
   b) Beschreiben Sie in Gruppenarbeit die Phasen der beiden Stühle.
   c) Welche produktpolitischen Maßnahmen kann die MINO GmbH ergreifen?

3. *Die MINO GmbH hat im Jahr 2013 den Ohrensessel „Bequema" aus dem Sortiment eliminiert. Welche Gründe können zu dieser Entscheidung geführt haben?*

4. *Erstellen Sie einen Vorschlag für eine Preisstrateqie des neuen Schaukelstuhls „CHILLO" und halten Sie diese auf einem Plakat fest. Präsentieren Sie die Ergebnisse anschließend im Plenum.*

5. *Die Abteilungsleiter der MINO GmbH sitzen bei einer Besprechung zusammen und diskutieren über die Preisgestaltung. Wägen Sie in Gruppenarbeit die einzelnen Strategien gegeneinander ab und entscheiden Sie sich für eine Preisstrategie für den Schaukelstuhl „CHILLO".*

6. *Nehmen Sie Stellung zu der Frage: „Benötigt die MINO GmbH überhaupt Werbung?"*

7. *Warum könnte für die MINO GmbH Öffentlichkeitsarbeit wichtig sein?*

8. *Wie könnte eine Verkaufsförderung der MINO GmbH aussehen?*

9. *Wie könnte die MINO GmbH im Rahmen der Öffentlichkeitsarbeit auf sich aufmerksam machen? Begründen Sie Ihre Antwort!*

10. *Erstellen Sie ein Empfehlungsschreiben für die MINO GmbH. Formulieren Sie den Ihrer Meinung nach besten Absatzweg für den Vertrieb des Schaukelstuhls „Chillo".*

11. *Erläutern Sie, warum es sich anbietet, mehrere Absatzwege auszuwählen und diese zu kombinieren.*

12. *Erläutern Sie die Vor- und Nachteile von E-Commerce.*

13. *Erstellen Sie in Gruppenarbeit einen Marketing-Mix für die MINO GmbH.*

Vertiefungsaufgaben

A. *Recherchieren Sie in Partnerarbeit im Internet nach der Produktlebensdauer von drei Produkten Ihrer Wahl. Halten Sie das Ergebnis schriftlich fest.*

B. *Untersuchen Sie in Vierergruppen ein Handelsunternehmen aus Ihrer Region. Dabei ist es unerheblich, ob es sich dabei um ein Einzel- oder Groß- oder Außenhandelsunternehmen handelt. Nennen Sie anhand dessen Beispiele für flache und tiefe sowie breite und schmale Sortimente.*

C. *Frau Burmann, die Abteilungsleiterin im Bereich Finanzen, möchte für den Schaukelstuhl „Chillo" die Höchstpreisstrategie anwenden. Welche Argumente sprechen Ihrer Meinung nach dafür? Welche sprechen für die Niedrigpreisstrategie?*

D. *Bei der Einführung des Schaukelstuhls möchte die MINO GmbH den Kunden eine besondere Konditionenpolitik anbieten. Erstellen Sie hierfür ein Konzept.*

E. *Welche Möglichkeiten würden sich für die MINO GmbH hinsichtlich des E-Commerce bieten? Begründen Sie Ihre Antwort.*

Anforderungssituation 5 Personalwirtschaftliche Entscheidungen

Nachvollziehen von personalwirtschaftlichen Entscheidungen aus Sicht des Unternehmens und der Mitarbeiter

5

Kompetenzen

In dieser Anforderungssituation ermitteln Sie selbstständig auf der Grundlage einer exemplarischen Personalstatistik den quantitativen Personalbedarf und vollziehen einen typischen Personalbeschaffungsprozess nach.

Am Beispiel von Arbeits- oder Ausbildungsverträgen erarbeiten Sie sich selbstständig die arbeitsrechtlichen und tarifvertraglichen Rechte und Pflichten von Arbeitnehmern und Arbeitgebern und vertreten auf dieser Grundlage eigenverantwortlich Ihre Rechte.

Abschließend analysieren Sie in Gruppen Entgeltabrechnungen.

Einstiegssituation

Der Zeitungsverlag Comenius gibt mit dem Suddendorfer Anzeiger seit über 160 Jahren die auflagenstärkste Tageszeitung in der Region Münsterland heraus. Weitere Geschäftsfelder sind die Wochenmagazine DiensTalk und Sonntagskurier sowie der Druck von verlagsfremden Tageszeitungen und Anzeigenblättern.
Anfang Juni bittet Herr Sommerfeld, der kaufmännische Leiter des Comenius Zeitungsverlags, seine Personalleiterin Frau Schütte zu sich, um die wirtschaftliche Situation des Unternehmens und deren Auswirkung auf den Personalbereich zu besprechen. Anwesend ist auch Herr Kunze, der für die technische Leitung im Hause zuständig ist.

Herr Sommerfeld: „Guten Morgen! Laut der von uns in Auftrag gegebenen Auflagenprognose werden wir unsere Auflagenzahlen für das kommende Jahr deutlich steigern können. Zuwachsraten im zweistelligen Bereich scheinen in den Bereich des Möglichen zu gelangen."

Herr Kunze: „Das ist ja sehr erfreulich! Kapazitäten sind im ausreichenden Maße vorhanden. Aber die Zahl der Mitarbeiter, die im Moment in der Produktionsabteilung beschäftigt sind, wird definitiv nicht ausreichen. Wir sind an unsere Grenzen gestoßen!"

Frau Schütte: „Da haben Sie recht. Schließlich gehen noch einige Mitarbeiter in den Ruhestand und andere kehren aus der Elternzeit zurück. Von den Auszubildenden gehen auch einige, um ein Studium zu beginnen. Was muss ich noch berücksichtigen?"

Herr Sommerfeld: „Gut, dass Sie fragen. Wir beabsichtigen, noch stärker im Grenzgebiet zu den Niederlanden auf beiden Seiten aktiv zu werden. Hierfür benötigen wir noch Fachkräfte im Produktionsbereich, aber auch im kaufmännischen Bereich, die über Niederländisch-Sprachkenntnisse verfügen."

Frau Schütte: „Gut, meine Herren, ich stelle die notwendigen Informationen zusammen, damit Entscheidungen hinsichtlich der Personalbeschaffung getroffen werden können."

Arbeitsaufträge

Die Mitarbeiter eines Unternehmens sind dessen Kapital. Vielfach spricht man auch von der Besetzung eines „Personalkarussells", welches sich manchmal zu schnell oder zu langsam dreht.

1. *Erstellen Sie eine Mindmap zum Begriff „Personalkarussell" sowohl aus Unternehmer- als auch Arbeitnehmersicht.*
2. *Interpretieren Sie in diesem Zusammenhang den Begriff „Kapital".*

5.1 Quantitativer Personalbedarf

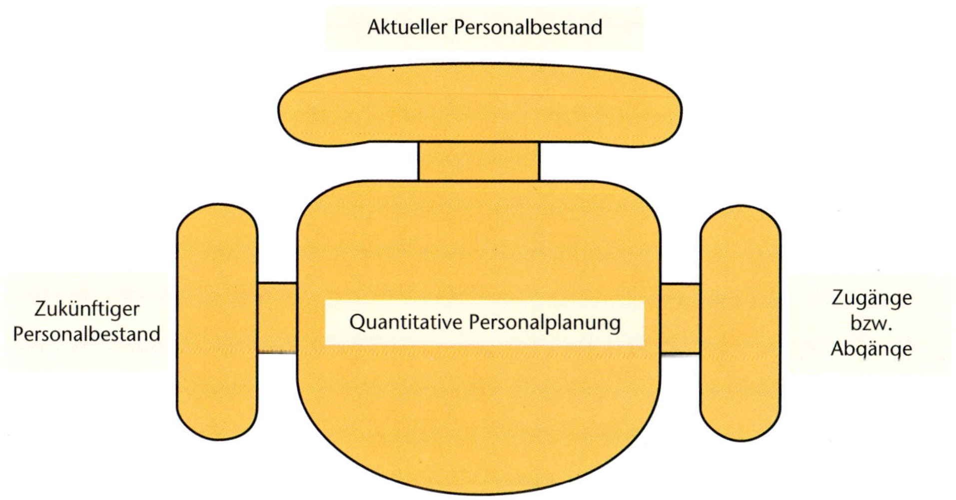

Nettobedarfsermittlung

Den **Nettopersonalbedarf** erhält man unter Berücksichtigung möglicher Personalbewegungen, über die ein Unternehmen bereits Informationen vorliegen hat.

Beispiel:

Nettopersonalbedarf (Mechatroniker)

Geplanter Stellenbestand	25
– aktueller Stellenbestand	22
= Bruttobedarf (Planstellen)	3
+ Ersatzbedarf (derzeit unbesetzte Stelle aufgrund von Langzeiterkrankung mit eventuellem Ausscheiden aus dem Unternehmen)	+1
+ erfolgte Kündigung	+1
+ Ruhestandsabgänge	+2
– zu erwartende Zugänge	
Übernahme von zwei Auszubildenden	–2
Rückkehr aus dem freiwilligen sozialen Jahr	–1
Rückkehr aus der Elternzeit	–3
= **Nettopersonalbedarf**	+1

Arten des Personalbedarfs

Neubedarf

Bei Schaffung zusätzlicher Stellen (Betriebsgründung, Betriebserweiterung oder Umorganisation)

Ersatzbedarf

Bei Personalabgängen (Besetzung freier Stellen)

Zusatzbedarf

Bei Extrembelastungen oder bei absehbaren Personalausfällen, die für einen befristeten Zeitraum überbrückt werden (z. B. Krankheit, Mutterschutzfrist, „Sabbatjahr", Fortbildungen usw.)

Die Mitarbeiterzahl in einem Unternehmen orientiert sich am anfallenden Arbeitsvolumen. Hier sind neben der quantitativen Personalplanung auch Fragen hinsichtlich der Qualität bzw. Qualifikation der potenziellen Mitarbeiter von Bedeutung. Zudem müssen sich Unternehmen die Frage stellen, ab wann ein neuer Mitarbeiter in das Unternehmen eingeführt werden soll und an welchem Arbeitsplatz er arbeiten soll.

Diese Überlegungen fließen in den **Stellenplan** ein, der von der Personalleitung geplant werden muss.

Bei der Planung wird auf verschiedene Daten zurückgegriffen:

Innerbetriebliche Daten wie z. B:

- Altersstruktur
- Krankenstatistik
- Kündigungsquote
- Absatzzahlen
- Fertigungsverfahren

Außerbetriebliche Daten wie z. B.:

- Arbeitsmarktstatistik
- Facharbeitermangel
- Konjunkturdaten
- Tarifverträge
- Arbeitszeitverordnungen

Ein Hilfsmittel im Rahmen einer Personalplanung ist die **Stellenbeschreibung**:

Was versteht man unter einer Stellenbeschreibung?	Eine Stellenbeschreibung enthält alle wesentlichen Inhalte über eine Stelle: – Stellenbezeichnung – Aufgaben der Stelle (Arbeitsbild) mit den nötigen Kompetenzbereichen des Stelleninhabers – Stellenanforderungen (Qualifikationen, Fertigkeiten und Kenntnisse) an den Stelleninhaber – Stelleneingliederung (hierarchische Einordnung in die Hierarchiestruktur des Unternehmens)
Welche Aufgaben erfüllt die Stellenbeschreibung?	Die Stellenbeschreibung – informiert Stelleninhaber, Mitarbeiter und Vorgesetzte über besondere Kriterien der Stelle. – vereinfacht die mediale Stellenausschreibung. – fördert die schnellere und genauere Einarbeitung für den neuen Mitarbeiter. – gibt Anhaltspunkte für die Bewertung des Stelleninhabers durch die Unternehmensleitung. – dient der genaueren Eingruppierung des Stelleninhabers bei Tariflöhnen und -gehältern.

Achtung: Die Stellenbeschreibung ist nicht zu Verwechseln mit einer Stellenanzeige!

Folgende Elemente sollte dagegen eine Stellenanzeige beinhalten:

- Vorstellung des Unternehmens
- Aufgaben an den neuen Mitarbeiter
- Anforderungsprofil des Bewerbers
- Arbeitsbedingungen und Entwicklungsmöglichkeiten
- Leistungen (Gehalt, Urlaub, u. U. Sozialleistungen wie z. B. Altersversorgung, Kinderbetreuung)
- Organisatorisches (Empfängeradresse, Eintrittsdatum, Bewerbungsunterlagen usw.)

5.2 Personalbeschaffung

Die Personalbeschaffung im Unternehmen wird immer mehr zu einer Personalbewerbung, d.h., der potenzielle neue Mitarbeiter wird als „Kunde" beworben, an den eine freie Stelle „verkauft" werden soll. Somit orientiert sich das Unternehmen an Bedürfnissen von Mitarbeitern, gleichsam fordern Unternehmen aber auch Qualifikationen und Kenntnisse ein, die ihren Bedürfnissen entgegenkommen. Hierbei sollte zwischen Arbeitnehmer und Arbeitgeber eine „Win-win-Situation" entstehen. Das Prinzip von „Angebot und Nachfrage" regelt das Zustandekommen eines Arbeits- oder Ausbildungsvertrags.

Als Schulabgänger kann man sich bei der Bundesagentur für Arbeit über verschiedene Berufe informieren (www.arbeitsagentur.de).

Einstellungsgrundsätze bei der Auswahl von Mitarbeitern

Aus der Stellenbeschreibung oder dem Anforderungsprofil der Stelle heraus lassen sich Qualifikationsanforderungen an einen neuen Mitarbeiter ableiten. Dadurch sollen Fehlbesetzungen vermieden werden oder erhöhte Personalkosten durch einen ständigen Personalwechsel eingespart werden. Häufige Personalwechsel können das Betriebsklima beeinträchtigen und zu unbefriedigenden Leistungsergebnissen innerhalb der Belegschaft führen, aber auch Kunden können aufgrund von häufigen Personalwechseln Geschäftsbeziehungen abbrechen, da das aufgebaute, geschäftliche Vertrauensverhältnis durch wechselnde Ansprechpartner in Mitleidenschaft gezogen wird.

Qualifikationsunterscheidungen bei Mitarbeitern

Ungelernte Mitarbeiter	Von ihnen werden einfache Arbeiten erwartet, da sie meistens über keinerlei Ausbildung verfügen, wie z. B. das Einräumen von Regalen, das Reinigen von Betriebs- und Geschäftsausstattung oder einfache Transportaufträge.
Angelernte Mitarbeiter	Sie erledigen kleinere Aufgabenbereiche, z. B. Telefonannahmen im Callcenter, Kassiervorgänge in Supermärkten oder Aushilfsfahrer bei Paketdienstleistern, für die sie speziell durch geschultes Personal angelernt worden sind. Sie verfügen mitunter über keine abgeschlossene Berufsausbildung oder kommen aus völlig anderen Berufssparten, die keinerlei Ähnlichkeit zum jetzt ausgeübten Beruf oder zur ausgeübten Tätigkeit haben.
Gelernte Mitarbeiter	Hier liegt eine abgeschlossene Berufsausbildung vor, die einen Mitarbeiter dazu befähigt, komplexe und qualifizierte Tätigkeiten auszuüben.
Hochqualifizierte Mitarbeiter	Über einen Ausbildungsberuf hinaus haben Mitarbeiter Zusatzqualifikationen wie z. B. eine interne Fortbildung oder ein berufsbegleitendes Studium absolviert. Diese Qualifikationen ermöglichen ihnen, sich auf Stellen im mittleren bis oberen Management zu bewerben.

Anhand des errechneten Personalbedarfs muss sich die Unternehmensleitung entscheiden, ob sie einem Bewerber aus dem eigenen Unternehmen oder einem Bewerber außerhalb des Unternehmens, also vom freien Arbeitsmarkt, die freie Stelle anbieten will.

Verschiedene Argumente sprechen sowohl für eine **interne** als auch für eine **externe Personalbeschaffung**.

Intern oder doch lieber extern Personal beschaffen?

Für die Auswahl eines externen Mitarbeiters/einer externen Mitarbeiterin spricht:	Für die Auswahl eines internen Mitarbeiters/einer internen Mitarbeiterin spricht:
– Es können Mitarbeiter mit den passenden Qualifikationen ausgewählt werden, somit fallen Fort- und Weiterbildungskosten für das Unternehmen weg. – Der neue Mitarbeiter bringt „frischen Wind“ in das Unternehmen (keine Betriebsblindheit). – Es gibt keine Konkurrenzsituation zwischen Kollegen, die sich auf die gleiche Stelle bewerben. – Dem neuen Kollegen wird ein gewisser Respekt gezollt, da ihn die Kollegen nicht kennen. – Das Unternehmen kann über den neuen Kollegen wiederum Geschäftskontakte knüpfen oder bestehende Kontakte vertiefen.	– Der Mitarbeiter kennt die Unternehmensabläufe. – Der Mitarbeiter ist schon seit Jahren im Unternehmen und seine Arbeitsweise ist bekannt. – Anderen Mitarbeitern werden durch die Wahl eines internen Mitarbeiters Karrieremöglichkeiten aufgezeigt, die motivierend sein können. – Das Gehaltsniveau innerhalb des Unternehmens kann beibehalten werden. – Die Einarbeitungszeiten für den/die Neue(n) sind kürzer. – Es entfallen unter Umständen teure Bewerberauswahlverfahren und Anzeigenkosten. – Die Stelle dient dem Bewerber nicht nur als mögliches Karrieresprungbrett für ein anderes Unternehmen.

Informationswege für eine externe oder interne Personalbeschaffung:

Extern:	Intern:
Bundesagentur für Arbeit, Zeitungsanzeigen, Internet, Mundpropaganda	interne Stellenausschreibung am Schwarzen Brett oder im Intranet, persönliche Ansprache

Comenius Zeitungsverlag

Zur Verstärkung unseres Teams suchen wir zum nächstmöglichen Zeitpunkt einen/eine

Mechatroniker/-in (im Spät- und Nachtschichtbetrieb)

Ihre Aufgaben:
- Einrichtung und Produktionsüberwachung in der Weiterverarbeitung
- Bedienung der CTP-Belichter
- Personalplanung der Aushilfen
- Durchführung von Wartungsarbeiten

Ihre Qualifikation:
- Abgeschlossene Ausbildung zum bzw. zur Mechatroniker/-in
- Sehr gutes Verständnis für mechanische Zusammenhänge
- Gute PC-Kenntnisse
- Hohes Maß an Flexibilität
- Niederländisch-Kenntnisse wünschenswert
- Teamfähigkeit

Wenn Sie eine gut bezahlte neue Herausforderung in einem motivierten Team suchen, schicken Sie Ihre aussagekräftige Bewerbung in digitaler Form unter Angabe Ihrer Gehaltsvorstellungen bis zum 01.04.20.. an:

verlag@suddendorferanzeiger.de

Der Zeitungsverlag Comenius hat sich in diesem Fall für eine Stellenanzeige im Suddendorfer Anzeiger entschieden, um mögliche Bewerber aus der Region zu bekommen. Gründe hierfür liegen u.a. in der Hoffnung, dass mögliche Bewerber die Mentalität der Menschen in der Region kennen und aufgrund ihres Freundeskreises und familiärer Bindungen die Region nicht verlassen werden. Somit stünden sie dem Unternehmen langfristig mit ihrem Wissen und ihren Qualifikationen zur Verfügung.

Ablauf eines Bewerbungs- und Einstellungsverfahrens

1.	Personalanforderung:	Die Anforderung eines bzw. mehrerer Mitarbeiter durch die entsprechende Abteilung löst das Bewerbungsverfahren aus.
2.	Stellenbeschreibung:	Diese enthält entsprechende Qualifikationen und Anforderungen für die ausgeschriebene Stelle.
3.	Interne/externe Personalanwerbung:	Das Bewerbungsverfahren wird über die verschiedenen Wege publik gemacht, d.h. über Anzeigen, das Internet bzw. Intranet oder die Vermittlung durch die Bundesagentur für Arbeit.
4.	Vorauswahl des Unternehmens:	Bewerbungsunterlagen werden gesichtet und nach den Stellenkriterien beurteilt. Die Bewerber, die nicht auf die Stelle passen, erhalten eine Absage.
5.	Einladung zum Vorstellungsgespräch:	Die geeignet erscheinenden Bewerber werden eingeladen, um sich ein genaueres Bild von ihnen zu verschaffen.
6.	Vorstellungsgespräch/Tests:	Interviews oder auch Auswahltests sollen den Personalabteilungen Hilfestellung geben bei der Auswahl des am besten geeigneten Bewerbers.
7.	Einstellung:	Das Unternehmen hat die Entscheidung getroffen und bietet dem Kandidaten für die freie Stelle einen Ausbildungs- oder Arbeitsvertrag an. Der Bewerber kann den Vertrag annehmen oder ablehnen. Über die geplante Einstellung muss der **Betriebsrat** informiert werden (vgl. § 99 (1) Betriebsverfassungsgesetz).

5.3 Rechte und Pflichten von Arbeitnehmern und Arbeitgebern

Privates ist verboten!

Mal eben schnell ein paar private Mails checken, die Schnappschüsse vom Wochenende auf Facebook rausposten, nach dem Meeting zur Entspannung einen kleinen Plausch mit Freunden am Telefon halten oder die Zigarette zwischendurch – alles während der Arbeitszeit. Das finden viele Arbeitnehmer vollkommen normal. Doch spätestens wenn es mit dem Chef nicht mehr so gut klappt, kann zu viel Privates im Büro schnell die Steilvorlage für den Rausschmiss sein.

Im Arbeitsrecht gibt es einen ernüchternden Grundsatz: „Alles Private, was nicht zum Beispiel per Betriebsvereinbarung oder Tarifvertrag explizit erlaubt ist, ist meistens verboten", sagt der Kölner Arbeitsrechtler Michael Felser. Das gilt nicht nur für private Telefonate oder Mails, sondern auch fürs Chatten während der Arbeitszeit. Immerhin bezahlt der Chef den Mitarbeiter fürs Arbeiten und nicht für dessen Privatkorrespondenz.

Vorsicht Falle: Betriebsmittel nicht privat nutzen

Wer jetzt auf die Idee kommt, er könne dann eben in den Pausen nach Belieben mit seinen Freunden telefonieren oder chatten, liegt ebenfalls falsch, sagt Felser. Zumindest, wenn man dafür den Firmencomputer oder das Firmentelefon nutzt. Etwas anderes ist es, wenn die private Nutzung von Telefon oder PC per Betriebsvereinbarung oder Tarifvertrag dem

Mitarbeiter ausdrücklich erlaubt oder betriebliche Praxis ist. Ähnlich vorsichtig sollte man auch bei der Verwendung von anderen „Betriebsmitteln" sein. Wer zum Beispiel den Firmenkopierer privat nutzen möchte, muss vorher fragen. Und so absurd es klingen mag: Selbst das private Handy darf man strenggenommen nicht im Büro aufladen. Das verbraucht Strom, den der Arbeitgeber bezahlt hat. [...]

Ute Schyns: Privates ist verboten!, WDR 2 Quintessenz, 27.01.2014, abgerufen unter www.wdr2.de/service/quintessenz/privatesimjob100.html [18.02.2014]

Rechte und Pflichten während der Ausbildung

Wenn Unternehmen junge Menschen unter 18 Jahren ausbilden, so trifft auf diese Jugendlichen neben dem Berufsbildungsgesetz (BBIG) auch das Jugendarbeitsschutzgesetz (JarbschG) zu.

Jugendarbeitsschutzgesetz (in Auszügen)

Vom 12. April 1976 (BGBL I S. 965), zuletzt geändert durch Gesetz vom 20. April 2013 (BGBL I S. 868)

§ 2 Kind, Jugendlicher

(1) Kind im Sinne dieses Gesetzes ist, wer noch nicht 15 Jahre alt ist.

(2) Jugendlicher im Sinne dieses Gesetzes ist, wer 15, aber noch nicht 18 Jahre alt ist.

§ 3 Arbeitgeber

Arbeitgeber im Sinne dieses Gesetzes ist, wer ein Kind oder einen Jugendlichen gemäß § 1 beschäftigt.

§ 4 Arbeitszeit

(1) Tägliche Arbeitszeit ist die Zeit vom Beginn bis zum Ende der täglichen Beschäftigung ohne die Ruhepausen (§ 11).

(4) Für die Berechnung der wöchentlichen Arbeitszeit ist als Woche die Zeit von Montag bis einschließlich Sonntag zugrunde zu legen. Die Arbeitszeit, die an einem Werktag infolge eines gesetzlichen Feiertages ausfällt, wird auf die wöchentliche Arbeitszeit angerechnet.

§ 8 Dauer der Arbeitszeit

(1) Jugendliche dürfen nicht mehr als acht Stunden täglich und nicht mehr als 40 Stunden wöchentlich beschäftigt werden.

(2) Wenn in Verbindung mit Feiertagen an Werktagen nicht gearbeitet wird, damit die Beschäftigten eine längere zusammenhängende Freizeit haben, so darf die ausgefallene Arbeitszeit auf die Werktage von fünf zusammenhängenden, die Ausfalltage einschließenden Wochen nur dergestalt verteilt werden, dass die Wochenarbeitszeit im Durchschnitt dieser fünf Wochen 40 Stunden nicht überschreitet. Die tägliche Arbeitszeit darf hierbei achteinhalb Stunden nicht überschreiten.

(2a) Wenn an einzelnen Werktagen die Arbeitszeit auf weniger als acht Stunden verkürzt ist, können Jugendliche an den übrigen Werktagen derselben Woche achteinhalb Stunden beschäftigt werden.

§ 9 Berufsschule

(1) Der Arbeitgeber hat den Jugendlichen für die Teilnahme am Berufsschulunterricht freizustellen. Er darf den Jugendlichen nicht beschäftigen

1. vor einem vor 9 Uhr beginnenden Unterricht; dies gilt auch für Personen, die über 18 Jahre alt sind und noch berufsschulpflichtig sind.
2. an einem Berufsschultag mit mehr als fünf Unterrichtsstunden von mindestens je 45 Minuten, einmal in der Woche,
3. in Berufsschulwochen mit einem planmäßigen Blockunterricht von mindestens 25 Stunden an mindestens fünf Tagen; zusätzliche betriebliche Ausbildungsveranstaltungen bis zu zwei Stunden wöchentlich sind zulässig.

(2) Auf die Arbeitszeit werden angerechnet

1. Berufsschultage nach Absatz 1 Nr. 2 mit acht Stunden,
2. Berufsschulwochen nach Absatz 1 Nr. 3 mit 40 Stunden,
3. im Übrigen die Unterrichtszeit einschließlich der Pausen.

(3) Ein Entgeltausfall darf durch den Besuch der Berufsschule nicht eintreten.

§ 10 Prüfungen und außerbetriebliche Ausbildungsmaßnahmen

(1) Der Arbeitgeber hat den Jugendlichen

1. für die Teilnahme an Prüfungen und Ausbildungsmaßnahmen, die auf Grund öffentlich-rechtlicher oder vertraglicher Bestimmungen außerhalb der Ausbildungsstätte durchzuführen sind,
2. an dem Arbeitstag, der der schriftlichen Abschlussprüfung unmittelbar vorangeht, freizustellen.

[...]

Ein Entgeltausfall darf nicht eintreten.

§ 11 Ruhepausen, Aufenthaltsräume

(1) Jugendliche müssen im Voraus feststehende Ruhepausen von angemessener Dauer gewährt werden. Die Ruhepausen müssen mindestens betragen

1. 30 Minuten bei einer Arbeitszeit von mehr als viereinhalb bis zu sechs Stunden,
2. 60 Minuten bei einer Arbeitszeit von mehr als sechs Stunden.

Als Ruhepause gilt nur eine Arbeitsunterbrechung von mindestens 15 Minuten.

(2) Die Ruhepausen müssen in angemessener zeitlicher Lage gewährt werden, frühestens eine Stunde nach Beginn und spätestens eine Stunde vor Ende der Arbeitszeit. Länger als viereinhalb Stunden hintereinander dürfen Jugendliche nicht ohne Ruhepause beschäftigt werden.

§ 13 Tägliche Freizeit

Nach Beendigung der täglichen Arbeitszeit dürfen Jugendliche nicht vor Ablauf einer ununterbrochenen Freizeit von mindestens 12 Stunden beschäftigt werden.

§ 14 Nachtruhe

(1) Jugendliche dürfen nur in der Zeit von 6 bis 20 Uhr beschäftigt werden.

(2) Jugendliche über 16 Jahre dürfen [...]

2. in mehrschichtigen Betrieben bis 23 Uhr,
3. in der Landwirtschaft ab 5 Uhr oder bis 21 Uhr,
4. in Bäckereien und Konditoreien ab 5 Uhr beschäftigt werden.

(3) Jugendliche über 17 Jahre dürfen in Bäckereien ab 4 Uhr beschäftigt werden.

(4) An dem einem Berufsschultag unmittelbar vorangehenden Tag dürfen Jugendliche auch nach Absatz 2 Nr. 1 bis 3 nicht nach 20 Uhr beschäftigt werden, wenn der Berufsschulunterricht am Berufsschultag vor 9 Uhr beginnt.

§ 15 Fünf-Tage-Woche

Jugendliche dürfen nur an fünf Tagen in der Woche beschäftigt werden. Die beiden wöchentlichen Ruhetage sollen nach Möglichkeit aufeinander folgen.

§ 16 Samstagsruhe

(1) An Samstagen dürfen Jugendliche nicht beschäftigt werden.

§ 17 Sonntagsruhe

(1) An Sonntagen dürfen Jugendliche nicht beschäftigt werden.

§ 19 Urlaub

(1) Der Arbeitgeber hat Jugendlichen für jedes Kalenderjahr einen bezahlten Erholungsurlaub zu gewähren.

(2) Der Urlaub beträgt jährlich

1. mindestens 30 Werktage, wenn der Jugendliche zu Beginn des Kalenderjahres noch nicht 16 Jahre alt ist,
2. mindestens 27 Werktage, wenn der Jugendliche zu Beginn des Kalenderjahres noch nicht 17 Jahre alt ist,
3. mindestens 25 Werktage, wenn der Jugendliche zu Beginn des Kalenderjahres noch nicht 18 Jahre alt ist. [...]

(3) Der Urlaub soll Berufsschülern in der Zeit der Berufsschulferien gegeben werden. Soweit er nicht in den Berufsschulferien gegeben wird, ist für jeden Berufsschultag, an dem die Berufsschule während des Urlaubs besucht wird, ein weiterer Urlaubstag zu gewähren.

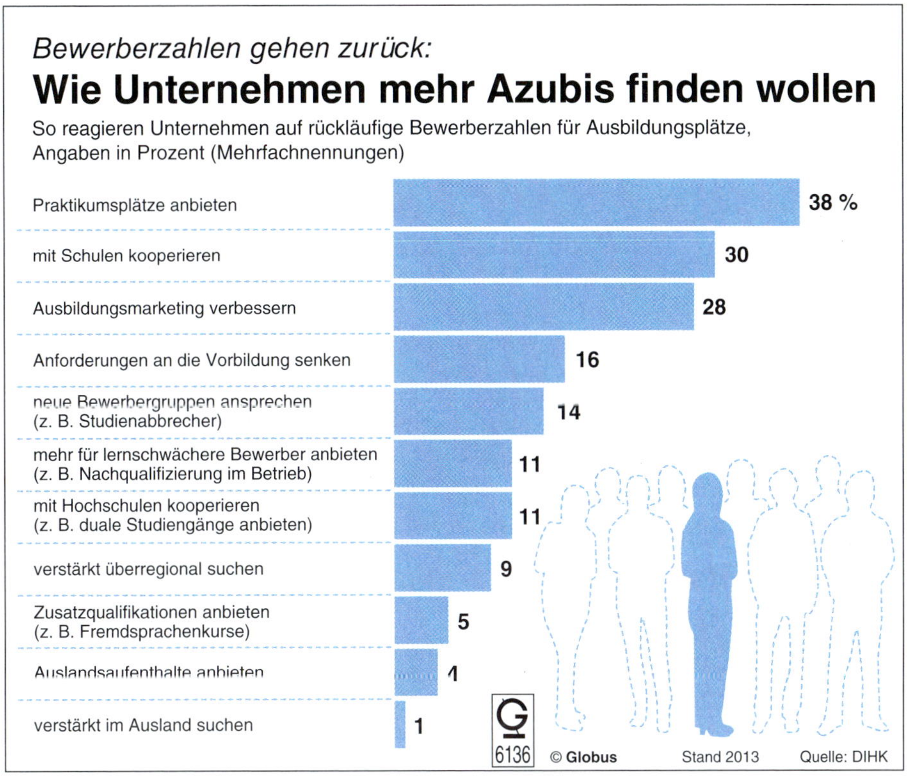

Bewerberzahlen gehen zurück:
Wie Unternehmen mehr Azubis finden wollen
So reagieren Unternehmen auf rückläufige Bewerberzahlen für Ausbildungsplätze, Angaben in Prozent (Mehrfachnennungen)
Praktikumsplätze anbieten 38 %
mit Schulen kooperieren 30
Ausbildungsmarketing verbessern 28
Anforderungen an die Vorbildung senken 16
neue Bewerbergruppen ansprechen (z. B. Studienabbrecher) 14
mehr für lernschwächere Bewerber anbieten (z. B. Nachqualifizierung im Betrieb) 11
mit Hochschulen kooperieren (z. B. duale Studiengänge anbieten) 11
verstärkt überregional suchen 9
Zusatzqualifikationen anbieten (z. B. Fremdsprachenkurse) 5
Auslandsaufenthalte anbieten 1
verstärkt im Ausland suchen 1
6136
© Globus
Stand 2013
Quelle: DIHK

Was für einen Beruf kann ich bei Ihnen denn lernen?!
Arbeitsloser Kfz-Mechaniker...!
WIR BILDEN AUS!
Wer eine Lehrstelle sucht, kriegt auch eine!

Berufsbildungsgesetz (BBiG) vom 14. August 1969, letzte Änderung vom 23. März 2005

Das Gesetz ist am 1. April 2005 in Kraft getreten (Auszüge).

§ 1 Ziele und Begriffe der Berufsbildung

(3) Die Berufsausbildung hat die für die Ausübung einer qualifizierten beruflichen Tätigkeit in einer sich wandelnden Arbeitswelt notwendigen beruflichen Fertigkeiten, Kenntnisse und Fähigkeiten (berufliche Handlungsfähigkeit) in einem geordneten Ausbildungsgang zu vermitteln. Sie hat ferner den Erwerb der erforderlichen Berufserfahrung zu ermöglichen.

§ 13 Verhalten während der Berufsausbildung

Auszubildende haben sich zu bemühen, die berufliche Handlungsfähigkeit zu erwerben, die zum Erreichen des Ausbildungsziels erforderlich ist. Sie sind insbesondere verpflichtet,

1. die ihnen im Rahmen ihrer Berufsausbildung aufgetragenen Aufgaben sorgfältig auszuführen,
2. an Ausbildungsmaßnahmen teilzunehmen, für die sie nach § 15 freigestellt werden,
3. den Weisungen zu folgen, die ihnen im Rahmen der Berufsausbildung von Ausbildenden, von Ausbildern oder Ausbilderinnen oder von anderen weisungsberechtigten Personen erteilt werden,
4. die für die Ausbildungsstätte geltende Ordnung zu beachten,
5. Werkzeug, Maschinen und sonstige Einrichtungen pfleglich zu behandeln,
6. über Betriebs- und Geschäftsgeheimnisse Stillschweigen zu wahren.

§ 14 Berufsausbildung

(1) Ausbildende haben

1. dafür zu sorgen, dass den Auszubildenden die berufliche Handlungsfähigkeit vermittelt wird, die zum Erreichen des Ausbildungsziels erforderlich ist, und die Berufsausbildung in einer durch ihren Zweck gebotenen Form planmäßig, zeitlich und sachlich gegliedert so durchzuführen, dass das Ausbildungsziel in der vorgesehenen Ausbildungszeit erreicht werden kann,
2. selbst auszubilden oder einen Ausbilder oder eine Ausbilderin ausdrücklich damit zu beauftragen,
3. Auszubildenden kostenlos die Ausbildungsmittel, insbesondere Werkzeuge und Werkstoffe zur Verfügung zu stellen, die zur Berufsausbildung und zum Ablegen von Zwischen- und Abschlussprüfungen, auch soweit solche nach Beendigung des Berufsausbildungsverhältnisses stattfinden, erforderlich sind,
4. Auszubildende zum Besuch der Berufsschule sowie zum Führen von schriftlichen Ausbildungsnachweisen anzuhalten, soweit solche im Rahmen der Berufsausbildung verlangt werden, und diese durchzusehen,
5. dafür zu sorgen, dass Auszubildende charakterlich gefördert sowie sittlich und körperlich nicht gefährdet werden.

(2) Auszubildenden dürfen nur Aufgaben übertragen werden, die dem Ausbildungszeck dienen und ihren körperlichen Kräften angemessen sind.

§ 15 Freistellung

Ausbildende haben Auszubildende für die Teilnahme am Berufsschulunterricht und an Prüfungen freizustellen. Das Gleiche gilt, wenn Ausbildungsmaßnahmen außerhalb der Ausbildungsstätte durchzuführen sind.

§ 17 Vergütungsanspruch

(1) Ausbildende haben Auszubildenden eine angemessene Vergütung zu gewähren. Sie ist nach dem Lebensalter der Auszubildenden so zu bemessen, dass sie mit fortschreitender Berufsausbildung, mindestens jährlich, ansteigt.

(2) Sachleistungen können in Höhe der nach § 17 Abs. 1 Satz 1 Nr. 4 des Vierten Buches Sozialgesetzbuch festgesetzten Sachbezugswerte angerechnet werden, jedoch nicht über 75 Prozent der Bruttovergütung hinaus.

(3) Eine über die vereinbarte regelmäßige tägliche Ausbildungszeit hinausgehende Beschäftigung ist besonders zu vergüten oder durch entsprechende Freizeit auszugleichen.

§ 18 Bemessung und Fälligkeit der Vergütung

(1) Die Vergütung bemisst sich nach Monaten. Bei Berechnung der Vergütung für einzelne Tage wird der Monat zu 30 Tagen gerechnet.

(2) Die Vergütung für den laufenden Kalendermonat ist spätestens am letzten Arbeitstag des Monats zu zahlen.

§ 20 Probezeit

Das Berufsausbildungsverhältnis beginnt mit der Probezeit. Sie muss mindestens einen Monat und darf höchstens vier Monate betragen.

§ 22 Kündigung

(1) Während der Probezeit kann das Berufsausbildungsverhältnis jederzeit ohne Einhalten einer Kündigungsfrist gekündigt werden.

(2) Nach der Probezeit kann das Berufsausbildungsverhältnis nur gekündigt werden

1. aus einem wichtigen Grund ohne Einhalten einer Kündigungsfrist,
2. von Auszubildenden mit einer Kündigungsfrist von vier Wochen, wenn sie die Berufsausbildung aufgeben oder sich für eine andere Berufstätigkeit ausbilden lassen wollen.

(3) Die Kündigung muss schriftlich und in den Fällen des Absatzes 2 unter Angabe der Kündigungsgründe erfolgen.

(4) Eine Kündigung aus einem wichtigen Grund ist unwirksam, wenn die ihr zugrunde liegenden Tatsachen dem zur Kündigung Berechtigten länger als zwei Wochen bekannt sind. Ist ein vorgesehenes Güteverfahren vor einer außergerichtlichen Stelle eingeleitet, so wird bis zu dessen Beendigung der Lauf dieser Frist gehemmt.

Ausbildungsvertrag

Berufsausbildungsvertrag
(§§ 10, 11 Berufsbildungsgesetz - BBIG)

IHK Industrie- und Handelskammer zu Düsseldorf

Zwischen dem Ausbildenden (Ausbildungsbetrieb)

KNR	Firmenident-Nr.	Tel.-Nr.
119	1155635	0211/1234567

Anschrift des Ausbildenden
Schlosserei
Anton Müller

Straße, Haus-Nr.
Herzogstr. 432

PLZ	Ort
40215	Düsseldorf

E-Mail-Adresse des Ausbildenden

Verantwortlicher Ausbilder Herr / Frau	geb. am
Müller, Anton	03.01.60

und der / dem Auszubildenden männlich ☑ weiblich ☐

Name	Vorname
Baumann	Gerhard

Straße, Haus-Nr.
Kupferweg 7a

PLZ	Ort
41468	Neuss

Geburtsdatum	Geburtsort
08.03.95	Neuss

Staatsangehörigkeit	Gesetzl. Vertreter[1]
deutsch	Eltern

Namen, Vornamen der gesetzl. Vertreter
Klaus und Petra Baumann

Straße, Hausnummer
Kupferweg 7a

PLZ	Ort
41468	Neuss

Wird nachstehender Vertrag zur Ausbildung im Ausbildungsberuf mit der Fachrichtung/dem Schwerpunkt: Fräser
nach Maßgabe der Ausbildungsordnung[2] geschlossen.

Änderungen des wesentlichen Vertragsinhaltes sind vom Ausbildenden unverzüglich zur Eintragung in das Verzeichnis der Berufsausbildungsverhältnisse bei der Industrie- und Handelskammer anzuzeigen.

Die beigefügten Angaben zur sachlichen und zeitlichen Gliederung des Ausbildungsablaufs (Ausbildungsplan) sind Bestandteil dieses Vertrages.

A Die Ausbildungszeit beträgt nach der Ausbildungsordnung 36 Monate.
Die vorausgegangene Berufsausbildung/Vorbildung:
entfällt
wird mit ____ Monaten angerechnet, bzw. es wird eine entsprechende Verkürzung beantragt.

Das Berufsausbildungsverhältnis
beginnt am 01.08.14 endet am 31.07.17

B Die Probezeit (§ 1 Nr. 2) beträgt 4 Monate.[3])

C Die Ausbildung findet vorbehaltlich der Regelungen nach D (§ 3 Nr. 12) in

und den mit dem Betriebssitz für die Ausbildung üblicherweise zusammenhängenden Bau-, Montage- und sonstigen Arbeitsstellen statt.

D Ausbildungsmaßnahmen außerhalb der Ausbildungsstätte (§ 3 Nr. 12) (mit Zeitraumangabe)

E Der Ausbildende zahlt dem Auszubildenden eine angemessene Vergütung (§ 5); diese beträgt zur Zeit monatlich brutto

EUR	625,00	680,00	720,00	
im	ersten	zweiten	dritten	vierten

Ausbildungsjahr.

F Die regelm. tgl. Ausbildungszeit (§ 6 Nr. 1) beträgt 8,00 Std.[4])

G Der Ausbildende gewährt dem Auszubildenden Urlaub nach den geltenden Bestimmungen. Es besteht ein Urlaubsanspruch

Im Jahr	2014	2015	2016	2017	
Werktage	12	30	30	18	
Arbeitstage					

H Sonstige Hinweise auf anzuwendende Tarifverträge und Betriebsvereinbarungen

J Die beigefügten Vereinbarungen sind Gegenstand dieses Vertrages und werden anerkannt

Düsseldorf, den 30.03.2014

Der Ausbildende:
A. Müller
Stempel und Unterschrift

Der Auszubildende:
Gerhard Baumann
Vor- und Familienname

Die gesetzl. Vertreter des Auszubildenden:
Klaus Baumann Petra Baumann
Vater und Mutter/Vormund

[1]) Vertretungsberechtigt sind beide Eltern gemeinsam, soweit nicht die Vertretungsberechtigung nur einem Elternteil zusteht. Ist ein Vormund bestellt, so bedarf dieser zum Abschluss des Ausbildungsvertrages der Genehmigung des Vormundschaftsgerichtes.
[2]) Solange die Ausbildungsordnung nicht erlassen ist, sind gem. § 104 Abs. 1 BBiG die bisherigen Ordnungsmittel anzuwenden.
[3]) Die Probezeit muss mindestens einen Monat und darf höchstens vier Monate betragen.
[4]) Das Jugendarbeitsschutzgesetz sowie für das Ausbildungsverhältnis geltende tarifvertragliche Regelungen und Betriebsvereinbarungen sind zu beachten.

Mindestinhalte von Ausbildungsverträgen

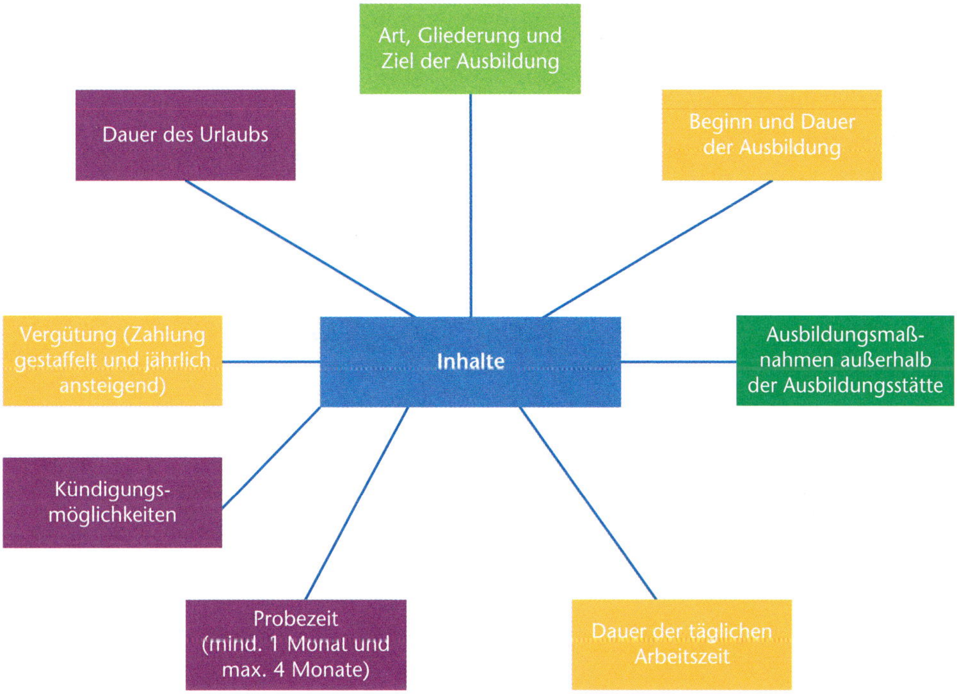

Während der Ausbildung kann der Auszubildende oder der Ausbildende innerhalb der Probezeit **fristlos ohne Angabe von Gründen** das Ausbildungsverhältnis kündigen. Nach der Probezeit kann vom Auszubildenden mit einer Kündigungsfrist von vier Wochen gekündigt werden, wenn die Ausbildung aufgegeben wird oder eine Ausbildung in einem nicht artverwandten Beruf angestrebt wird. Aus „wichtigem Grund" (z.B. Tätlichkeit, Diebstahl usw.) kann fristlos von beiden Seiten gekündigt werden.

Das Ausbildungsverhältnis ist mit bestandener Abschlussprüfung beendet, d.h., hier ist der Tag der Abschlussprüfung entscheidend und nicht das Datum laut Ausbildungsvertrag. Bei Nichtbestehen der Abschlussprüfung verlängert sich das Ausbildungsverhältnis bis zum nächsten Prüfungstermin, maximal um ein Jahr.

Möchten das Unternehmen und auch der Auszubildende nach dem Bestehen der Abschlussprüfung weiterhin das Arbeitsverhältnis fortführen, so wird zwischen beiden Parteien ein Arbeitsvertrag geschlossen.

Arbeitsvertrag

Der **Arbeitsvertrag** ist ein **Dienstvertrag**. Mit ihm schuldet der Arbeitnehmer die Leistung gegen Entgelt. Spätestens einen Monat vor dem Beginn des Arbeitsverhältnisses hat der Arbeitgeber die wesentlichen Vertragsbedingungen schriftlich gegenüber dem Arbeitnehmer niederzulegen.

Das **Günstigkeitsprinzip** regelt für den Arbeitnehmer in diesem Fall, dass einzelvertragliche Regelungen innerhalb des individuellen Arbeitsvertrags immer zugunsten des Arbeitnehmers ausfallen müssen, das heißt u. a. für die Praxis, dass der Arbeitnehmer nicht schlechter gestellt werden darf als nach

- im Betrieb geschlossenen Betriebsvereinbarungen,
- in der Branche geltenden Tarifverträgen (Voraussetzung ist, dass der Arbeitgeber im zuständigen Arbeitgeberverband ist),
- in der Bundesrepublik Deutschland geltenden Gesetzen festgelegt.

Rechte und Pflichten aus dem Arbeitsvertrag

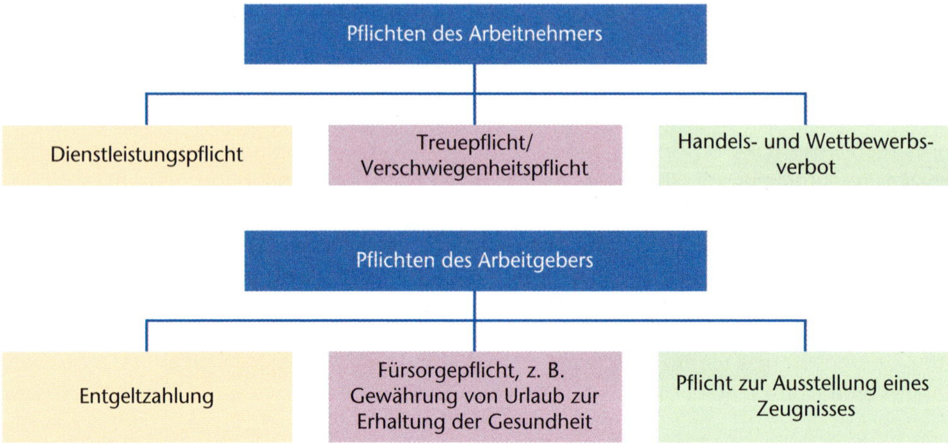

Der Arbeitnehmer hat ein Recht auf ein **Zeugnis**, das heißt aber nicht, dass der Arbeitgeber ihm unaufgefordert ein Zeugnis geben muss. Erst auf Anfrage des Arbeitnehmers muss der Arbeitgeber ein Zeugnis ausstellen. Hierbei unterscheidet man zwischen einem **einfachen Zeugnis** und einem **qualifizierten Zeugnis**.

Das **einfache Zeugnis** beinhaltet nur die reinen Fakten wie Name, Anschrift des Arbeitnehmers, die Betriebszugehörigkeit und die Art und Dauer der Beschäftigung. Dagegen enthält das **qualifizierte Zeugnis** eine Beurteilung des Arbeitgebers, wie die Führung und Leistung des Arbeitnehmers innerhalb des Beschäftigungsverhältnisses ausgefallen sind. Dabei muss der Arbeitgeber darauf achten, dass er keine negative Formulierung im Zeugnis verwendet.

Inhalte des Arbeitsvertrags können sein:

- Art der geschuldeten Arbeitsleistung
- Ort und Beginn der Tätigkeit
- Tarifvertragliche Bestimmungen
- Probezeit
- Kündigungsfristen (sofern abweichend von gesetzlichen Bestimmungen)
- Befristungen, sofern kein unbefristetes Arbeitsverhältnis
- Urlaubsdauer

- Vergütungen (evtl. Veränderungen der Vergütung nach zeitlichen Bestimmungen)
- Vertragsstrafen
- Wettbewerbs- und Handelsverbot
- Fahrt- bzw. Reisekosten
- Betriebliche Altersvorsorge bei Bedarf
- Behandlung von Nebentätigkeiten

(Ein Beispiel für die Gestaltung eines Arbeitsvertrags finden Sie auf der nachfolgenden Seite.)

5.4 Betriebsrat und tarifliche Maßnahmen

Betriebsrat

Auszug aus dem Betriebsverfassungsgesetz

§ 99 Mitbestimmung bei personellen Einzelmaßnahmen

(1) In Unternehmen mit in der Regel mehr als 20 wahlberechtigten Arbeitnehmern hat der Arbeitgeber den Betriebsrat vor jeder Einstellung, Eingruppierung, Umgruppierung und Versetzung zu unterrichten, ihm die erforderlichen Bewerbungsunterlagen vorzulegen und Auskunft über die Personen der Beteiligten zu geben; er hat dem Betriebsrat unter Vorlage der erforderlichen Unterlagen Auskunft über die Auswirkungen der geplanten Maßnahme zu geben und die Zustimmung des Betriebsrats zu der geplanten Maßnahme einzuholen. [...]

Beispiel: für einen Arbeitsvertrag

Comenius Zeitungsverlag

Arbeitsvertrag

zwischen dem **Comenius Zeitungsverlag** und Herrn **Mustafa Aziz**,
Schillerstr. 15, 48155 Münster,
geb. 12.03.1990 in Ankara.

§ 1 Inhalt und Beginn des Arbeitsverhältnisses

I. Der Arbeitnehmer tritt ab 01.07.20.. als Mechatroniker auf unbestimmte Zeit in die Dienste des Arbeitgebers.

II. Die Tätigkeit bezieht sich auf die Tätigkeit im Stammhaus des Verlages.

§2 Probezeit
Der Arbeitnehmer hat eine Probezeit von maximal drei Monaten, in denen eine Urlaubssperre herrscht.

§ 3 Arbeitszeit
Die Arbeitszeit richtet sich nach den für den Betrieb geltenden betrieblichen Bestimmungen. Der Arbeitnehmer ist verpflichtet, im Rahmen des Arbeitszeitgesetzes Mehrarbeit zu leisten.

§ 4 Arbeitsvergütung
Die Vergütung beträgt monatlich 2100,00 € brutto und wird jeweils am Monatsanfang ausgezahlt.

§ 5 Urlaubsanspruch
Der Urlaubsanspruch beträgt 30 Tage pro Kalenderjahr.
Jeweils ein halber Tag Urlaub wird für Heiligabend und Silvester als Feiertage einbehalten.

§ 6 Arbeitsfähigkeit
Der Arbeitnehmer ist verpflichtet, im Falle der Dienstverhinderung den Grund und die voraussichtliche Dauer seiner Verhinderung vorher bzw. unverzüglich mitzuteilen und im Falle einer Erkrankung diese bis zum Ablauf des dritten Werktages nach Eintritt der Dienstverhinderung nachzuweisen.

§ 7 Verschwiegenheitspflicht
Der Arbeitnehmer ist verpflichtet, über alle Geschäftsangelegenheiten Stillschweigen zu wahren.

§ 8 Beendigung des Arbeitsverhältnisses
Das Arbeitsverhältnis kann mit der Frist von einem Monat zum Monatsende gekündigt werden.

Münster, 25.05.20..

Michael Spiegelburg	Mustafa Aziz
(Arbeitgeber)	(Arbeitnehmer)

Als neuer Arbeitnehmer in einem Unternehmen kann man neben den Kollegen und Kolleginnen ebenfalls über den Betriebsrat wichtige Informationen über den Betrieb erhalten.

Nicht nur bei der Frage nach der richtigen Personalauswahl hat der Betriebsrat „ein Wörtchen mitzureden". Auch in anderen Dingen der Arbeitswelt in einem Unternehmen hat der Betriebsrat verschiedene Einflussmöglichkeiten.

Der **Betriebsrat** ist die gewählte Vertretung der Arbeitnehmer eines Betriebes. Er nimmt die Interessen der Arbeitnehmer gegenüber dem Arbeitgeber wahr. Das Interesse, einen Betriebsrat zu wählen, geht von den Arbeitnehmern aus, da die Arbeitgeber kein großes Interesse daran hegen, Belange ihres Unternehmens vielfach mit Arbeitnehmern zu besprechen, sie darüber zu informieren oder ihre Entscheidungen im Einvernehmen mit ihren Belegschaften zu treffen.

Ein Betriebsrat kann in einem Unternehmen geheim und unmittelbar gewählt werden, wenn mindestens fünf ständige wahlberechtigte Arbeitnehmer (über 18 Jahre) in dem Unternehmen beschäftigt sind, wovon wiederum drei Arbeitnehmer, die über 18 Jahre alt sind und mindestens sechs Monate im Betrieb arbeiten, gewählt werden können.

Die Betriebsratsmitglieder werden für vier Jahre gewählt und können während ihrer Amtszeit nicht gekündigt werden.

Die Zahl der Betriebsratsmitglieder hängt von der Zahl der wahlberechtigten Arbeitnehmer ab.

Betriebsverfassungsgesetz (Auszug)

§ 9 Zahl der Betriebsratsmitglieder

Der Betriebsrat besteht in Betrieben mit in der Regel

5	bis	20	wahlberechtigten Arbeitnehmern aus einer Person,
21	bis	50	wahlberechtigten Arbeitnehmern aus 3 Mitgliedern,
51	bis	100	wahlberechtigten Arbeitnehmern aus 5 Mitgliedern,
101	bis	200	wahlberechtigten Arbeitnehmern aus 7 Mitgliedern [...]

[Bei höheren Arbeitnehmerzahlen in Unternehmen schauen Sie bitte unter § 9 im Betriebsverfassungsgesetz nach.]

§ 13 Zeitpunkt der Betriebsratswahlen

(1) Die regelmäßigen Betriebsratswahlen finden alle vier Jahre in der Zeit vom 1. März bis 31. Mai statt. [...]

Grundlage für die Rechte und Pflichten des Betriebsrats ist das **Betriebsverfassungsgesetz.** Es regelt die Beziehungen zwischen dem Arbeitgeber und den Arbeitnehmern. Inhalt des Betriebsverfassungsgesetzes sind die Bestimmungen für den Betriebsrat, die Betriebsversammlung sowie die Jugend- und Auszubildendenvertretung. Es gibt Auskunft über die Mitbestimmung der Arbeitnehmer.

§ 74 Grundsätze für die Zusammenarbeit

(1) Arbeitgeber und Betriebsrat sollen mindestens einmal im Monat zu einer Besprechung zusammentreten. Sie haben über strittige Fragen mit dem ernsten Willen zur Einigung zu verhandeln und Vorschläge für die Beilegung von Meinungsverschiedenheiten zu machen.

(2) Maßnahmen des Arbeitskampfes zwischen Arbeitgeber und Betriebsrat sind unzulässig. Arbeitskämpfe tariffähiger Parteien werden hierdurch nicht berührt. [...]

Eine Einigungsstelle, die aus der gleichen Anzahl von Vertretern des Arbeitgebers wie des Betriebsrats besteht, kann bei Meinungsverschiedenheiten zwischen beiden Lagern installiert werden. Beide Seiten müssen sich auf einen unparteiischen Vorsitzenden verständigen. Beschlüsse sind durchgesetzt bei Stimmenmehrheit. Handelt es sich bei Streitigkeiten um Mitbestimmungsrechte, so ist die Entscheidung der Einigungsstelle verbindlich. Bei anderen Streitigkeiten ist eine beiderseitige Annahme der gefallenen Entscheidung maßgebend.

Mitbestimmungs-, Mitwirkungs- und Beratungsrechte des Betriebsrats laut Betriebsverfassungsgesetz

Mitbestimmungsrechte

Bei sozialen Angelegenheiten ist die Zustimmung des Betriebsrats unbedingt erforderlich. Auch vonseiten des Betriebsrats können Maßnahmen gegenüber der Unternehmensleitung anberaumt werden. Dies ist das sogenannte „Initiativrecht" des Betriebsrats. Kommt keine Einigung zustande, unterbleibt die Maßnahme oder die Einigungsstelle ist hinzuzuziehen.

→

Mitbestimmung bei:
- Arbeitszeit und Pausen
- Betriebsordnung
- Überstunden
- Urlaubsplänen
- Arbeits- und betrieblichem Unfallschutz
- Betrieblicher Berufsbildung
- Sozialplan bei betrieblichen Veränderungen bzw. Insolvenz
- Betrieblichen Sozialeinrichtungen

Mitwirkungsrechte

Die Zustimmung kann der Betriebsrat nur verweigern, wenn gegen gesetzliche Bestimmungen verstoßen wurde, z. B. bei Kündigungen.

Der Arbeitgeber kann aber durch die Inanspruchnahme des Arbeitsgerichts die Zustimmung des Betriebsrats hier außer Kraft setzen zugunsten des Urteilsspruchs.

→

Bei personellen Einzelmaßnahmen setzt das Mitwirkungsrecht erst bei Betrieben mit mehr als 20 wahlberechtigten Arbeitnehmern ein. Personelle Einzelmaßnahmen sind z. B. Einstellungen, Versetzungen, Kündigungen.

Mitwirkungsrechte hat der Betriebsrat bei Personalplanung, Ausschreibung von Arbeitsplätzen, Personalfragebögen und Beurteilungsgrundsätzen sowie bei der Beschäftigungssicherung.

Beratungsrechte

Der Arbeitgeber muss den Betriebsrat bei wirtschaftlichen Angelegenheiten rechtzeitig und umfassend informieren und sich mit ihm beraten.

Dennoch kann der Arbeitgeber allein entscheiden.

Ein Widerspruch des Betriebsrats ist somit unwirksam.

Es bleibt dem Betriebsrat allein das Recht auf Information und Beratung ohne Möglichkeiten der direkten Einflussnahme.

→

Beratende Funktion nimmt der Betriebsrat ein bei:
- Wirtschaftlichen Angelegenheiten, z. B. Frage zur Produktion oder zum Absatz, Fragen rund um die finanzielle Situation des Unternehmens oder zu geplanten Investitionen;
- Gestaltung hinsichtlich des Arbeitsplatzes, z. B. von Arbeitsverfahren, zu technischen Anlagen oder zu Neu-, Um- oder Erweiterungsbauten

Betriebsvereinbarungen

Einzelne Angelegenheiten und die Betriebsordnung in einem Unternehmen werden über die Betriebsvereinbarung geregelt. Sie wird zwischen dem Arbeitgeber und dem Betriebsrat geschlossen, schriftlich niedergelegt und im Betrieb an geeigneter Stelle öffentlich zugänglich gemacht.

Blackberry-Pause

VW-Betriebsrat setzt E-Mail-Stopp nach Feierabend durch

Volkswagen setzt ein Zeichen gegen die totale Erreichbarkeit: Bei dem Autobauer werden künftig nach Feierabend keine E-Mails mehr an die Blackberrys von Mitarbeitern verschickt. So will der Betriebsrat die Belegschaft vor übermäßigem Stress schützen.

Hamburg – E-Mails, SMS und immer schlauere Handys: Die Errungenschaften des Technologiezeitalters sind für viele Menschen Segen und Fluch zugleich. Einerseits sind Einkäufe oder Verwaltungsangelegenheiten nicht länger an Öffnungszeiten gebunden, andererseits ist man auch selbst rund um die Uhr erreichbar.

Anstrengend wird es, wenn Unternehmen das ausnutzen und von Angestellten erwarten, dass sie auch spät abends und am Wochenende noch E-Mails beantworten. Oder wenn Mitarbeiter das aus freien Stücken tun und nie mehr wirklich abschalten.

Beim Automobilkonzern Volkswagen ist jetzt Schluss mit der totalen Erreichbarkeit. Dort hat der Betriebsrat eine Betriebsvereinbarung durchgesetzt, laut der bei Firmen-Blackberrys künftig nach Feierabend die E-Mail-Funktion abgeschaltet wird. 30 Minuten nach Ende der Gleitzeit wird der Server-Betrieb eingestellt, 30 Minuten vor Beginn des nächsten Arbeitstages sind die Verbindungen wieder offen. So berichten es unter anderem die „Wolfsburger Allgemeine Zeitung" und die „Financial Times Deutschland".

Telefonate sind mit den Geräten allerdings weiterhin möglich. Die Betriebsvereinbarung betrifft mehr als 1 100 VW-Mitarbeiter, die ein Firmen-Blackberry besitzen und für die ein Tarifvertrag gilt. „Die neuen Möglichkeiten der Kommunikation bergen auch Gefahren", zitieren die Zeitungen Heinz-Joachim Thust vom VW-Betriebsrat. Dem wolle man vorbeugen. „Die Vereinbarung wurde schon sehr positiv aufgenommen."

Stefan Schultz: Blackberry-Pause: VW-Betriebsrat setzt E-Mail-Stopp nach Feierabend durch, abgerufen unter www.spiegel.de/wirtschaft/service/blackberry-pause-vw-betriebsrat-setzt-e-mail-stopp-nach-feierabend-durch-a-805524.html [28.05.2014]

Jugend- und Auszubildendenvertretung

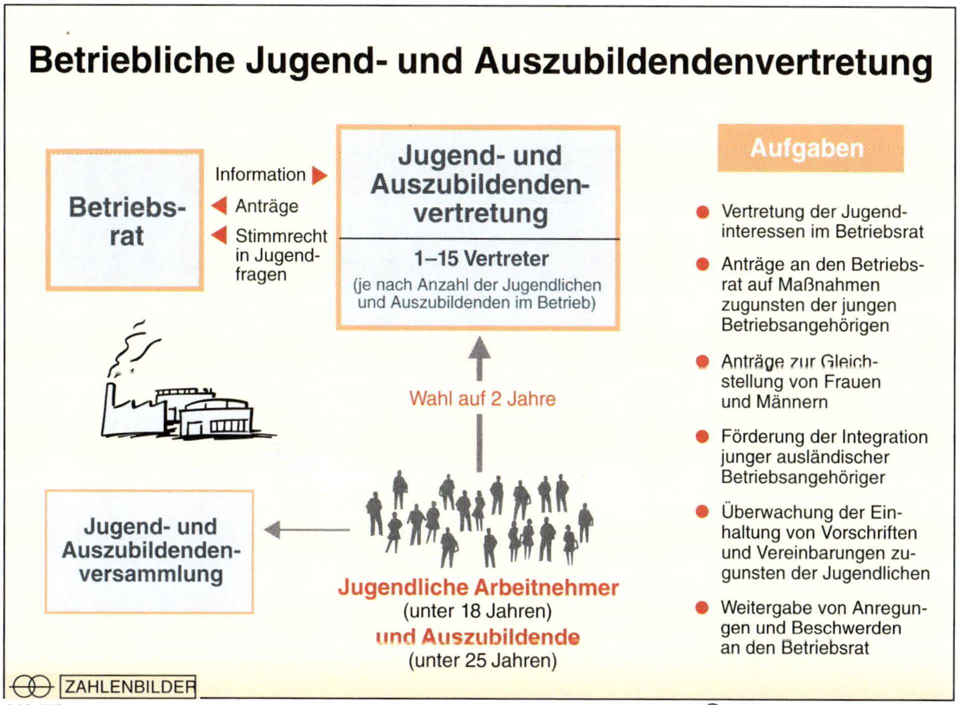

243 513 © Bergmoser + Höller Verlag AG

Stress in der Lehre

Erste Hilfe für Azubis

Der Chef brüllt, die Kollegen nerven und der Berufsschullehrer erzählt unverständliches Zeug: Jeder vierte Azubi schmeißt seine Ausbildung hin. Dabei gibt es viele Hilfsangebote, von der Gratis-Nachhilfe bis zum persönlichen Mentor.

Es gibt Tage, an denen sie ihre Ausbildung am liebsten abbrechen würde. Das sind Tage, an denen ihr Chef sie anbrüllt, sie als nutzlos beschimpft oder ihr vorwirft, sie könne gar nichts. „Er ist ein Choleriker“, klagt die 22-Jährige. [...] Oft macht ihr die Arbeit Spaß. Doch die Beleidigungen durch ihren Chef zerren an ihren Nerven.

Solche Schilderungen überraschen Florian Haggenmiller nicht. „Es gibt immer wieder Fälle, in denen Azubis ihren Lohn zu spät oder gar nicht bekommen, Überstunden machen müssen, ausbildungsfremde Tätigkeiten verrichten oder sogar gemobbt werden“, sagt der Bundesjugendsekretär beim Deutschen Gewerkschaftsbund. Fast ein Viertel der Auszubildenden lösten 2011 ihren Vertrag vorzeitig auf, ergab eine Auswertung des Bundesinstituts für Berufsbildung.
Damit es nicht so weit kommt, ist es wichtig, dass die Auszubildenden ihre Rechte kennen. Diese sind im Berufsbildungsgesetz festgelegt. Auch den Ausbildungsvertrag und die Ausbildungsordnung sollten sie sich genau durchlesen.

„Es gibt Konflikte, wo ganz klar gegen geltendes Recht verstoßen wird", sagt Katharina Schumann, Leiterin des Referates Bildungsberatung der Handwerkskammer Berlin. [...] Dann sollte man sich am besten an einen Ausbildungsberater der Handwerkskammer oder der Industrie- und Handelskammer (IHK) wenden. Dieser prüfe, ob eine Rechtsverletzung vorliegt, und suche das Gespräch mit dem Chef.

Bei ausstehenden Geldbeträgen unterstützen die Ausbildungsberater die Azubis darin, eine Mahnung zu schreiben. Bringt das nichts, gehen die IHK und die Handwerkskammern selbst noch einmal schriftlich vor. In seltenen Fällen beantragen sie einen Entzug der Ausbildungsberechtigung.

In größeren Unternehmen seien bei Problemen auch der Betriebsrat oder die Jugend- und Auszubildendenvertretung gute Ansprechpartner, sagt Haggenmiller.

[...]

Wer sich anonym Ratschläge zu Problemen rund um die Ausbildung holen möchte, ist auf dem Onlineportal Dr. Azubi richtig. Auf der vom DGB eingerichteten Seite können Azubis ihre Probleme schildern und bekommen innerhalb von 48 Stunden eine Antwort [...].

Maria Fiedler/dpa/vet: Stress in der Lehre: Erste Hilfe für Azubis, Spiegel online vom 15.04.2013, abgerufen unter www.spiegel.de/karriere/berufsstart/hier-finden-azubis-bei-problemen-hilfe-anlaufstellen-fuer-lehrlinge-a-894112.html [28.05.2014]

Tarifverträge und Gewerkschaften

Grundgesetz

Art. 9 (Vereinsfreiheit)

(3) Das Recht, zur Wahrung und Förderung der Arbeits- und Wirtschaftsbedingungen Vereinigungen zu bilden, ist für jedermann und für alle Berufe gewährleistet. Abreden, die dieses Recht einschränken oder zu behindern suchen, sind nichtig, hierauf gerichtete Maßnahmen sind rechtswidrig. [...]

Tarifverträge sind die Basis für einheitliche Arbeitsbedingungen. Ganze Wirtschaftszweige in bestimmten Regionen oder auch bezogen auf das gesamte Bundesgebiet sowie für einzelne Unternehmen nutzen dieses Instrument als Regelwerk des alltäglichen Arbeitslebens. Die Tarifparteien (Gewerkschaften und Arbeitgeber bzw. Arbeitgeberverbände) handeln ohne staatlichen Zwang die Bedingungen aus. Dieses Recht nennt man **Tarifautonomie**; es beruht auf dem Artikel 9 des Grundgesetzes.

Um die Lebensbedingungen der Arbeitnehmer zu verbessern, haben **Gewerkschaften** die Aufgabe, die Interessen ihrer Mitglieder gegenüber den Arbeitgebern zu vertreten.

Diese Interessen können Maßnahmen betreffen, die

- sich mit Lohnforderungen beschäftigen,
- der Bekämpfung von Arbeitslosigkeit dienen,
- der Sicherung der Arbeitsplätze Priorität einräumen,
- der Verbesserung von Arbeitsbedingungen dienen,
- die Vertretung der Arbeitnehmer vor Arbeitsgerichten beinhalten,
- Tarifverhandlungen mit Arbeitgebern unumgänglich machen
- oder die Vermögensbildung der Arbeitnehmern voranbringen.

Haben die Tarifparteien sich auf einen Tarifvertrag geeinigt, so gilt die Friedenspflicht. **Friedenspflicht** bedeutet, dass die Tarifparteien sich während des Zeitraums der Gültigkeit des abgeschlossenen Tarifvertrags an die ausgehandelten Bedingungen halten.

Erst nach Ablauf des Vertrags können neue Bedingungen ausgehandelt werden und mit Kampfmaßnahmen kann beiderseitig Druck auf die Parteien ausgeübt werden.

Tarifverträge gelten zunächst nur für die Mitglieder der Tarifparteien. Durch den jeweiligen Bundesminister für Arbeit kann aber auf Antrag ein Tarifvertrag auch für allgemein verbindlich erklärt werden, wenn

- die Allgemeinverbindlichkeit im öffentlichen Interesse liegt,
- die beteiligten Arbeitgeber mindestens 50 % der Arbeitnehmer beschäftigen, die in den Geltungsbereich des Tarifvertrags fallen.

Funktionen von Tarifverträgen

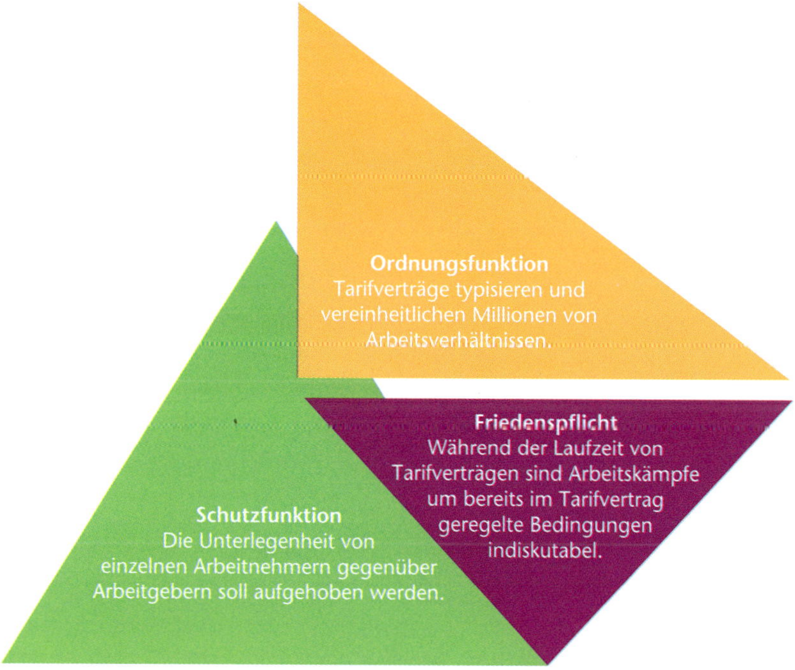

Arten von Tarifverträgen (Unterscheidung nach dem Inhalt)

Lohn- und Gehaltstarifverträge

Regelungen von vorzugsweise monetären Arbeitsbedingungen:

z. B. Arbeitsentgelte pro Stunde oder pro Monat

z. B. Ausbildungsvergütungen orientiert an Ausbildungsjahren

Diese Verträge haben kurze Laufzeiten.

Rahmentarifverträge

Regelungen bezüglich von Entgeltgruppen:

Orientierungskriterien sind:

- Alter
- Ausbildung
- Schwierigkeitsgrad der zu leistenden Arbeit

Diese Verträge laufen meistens über mehrere Jahre.

Manteltarifverträge

Regelungen für allgemeine Arbeitsbedingungen:

z. B. wöchentliche Arbeitsstunden, Urlaubstage im Kalenderjahr, Sonderzahlungen (Urlaubsgeld, Weihnachtsgeld, 13. Monatsgehalt, vermögenswirksame Leistungen), Zuschläge für Akkordarbeit usw.

Diese Verträge laufen über mehrere Jahre.

Arten von Tarifverträgen (Unterscheidung nach Vertragspartnern)

Verbandstarifverträge

Vertragspartner sind Gewerkschaften und Arbeitgeberverbände.

Haus-, Firmen- oder Werkstarifverträge

Vertragspartner sind die für den Betrieb zuständige Gewerkschaft und der einzelne Arbeitgeber.

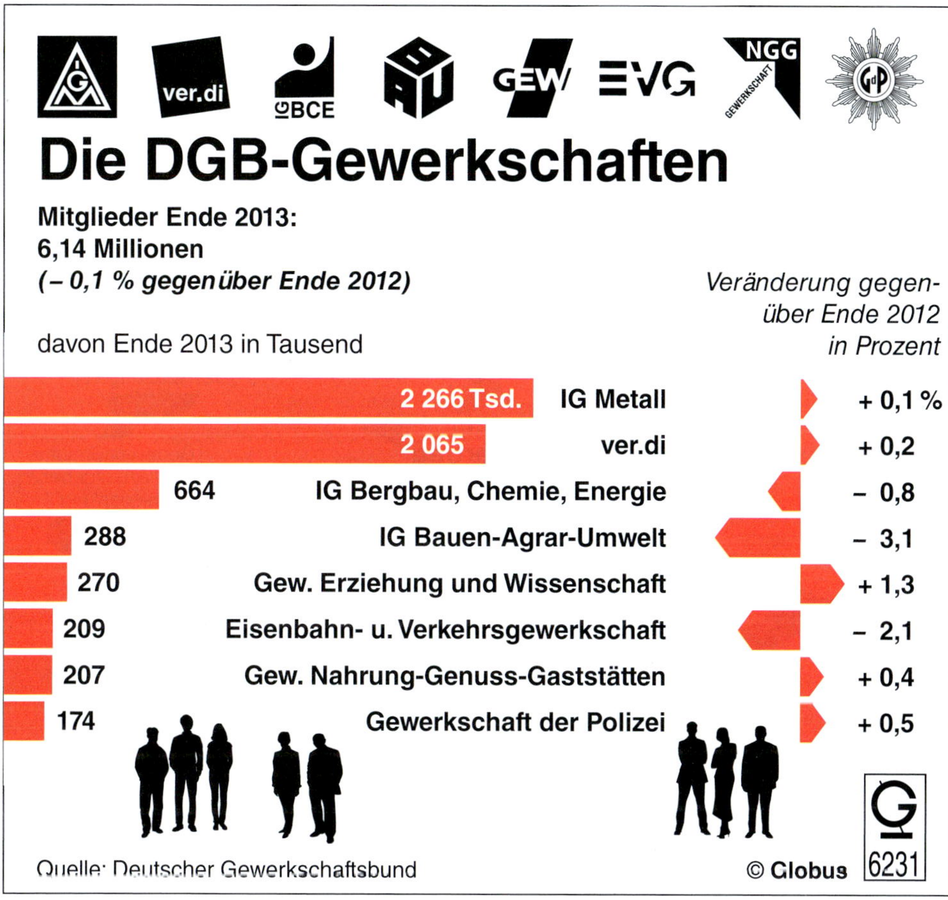

Tarifbindung

Gewerkschaften und Arbeitgeber haben sich an die festgelegten Punkte in den abgeschlossenen Tarifverträgen während der Vertragsdauer zu halten. Die getroffenen Vereinbarungen in den Tarifverträgen stellen **Mindestbedingungen** dar (Mindestlöhne, Mindesturlaubstage usw.), die nur zugunsten der Arbeitnehmer abgeändert werden dürfen (**Günstigkeitsprinzip**).

Sind Arbeitnehmer *nicht* gewerkschaftlich organisiert, d.h., sie sind kein Mitglied, oder gibt es für ihre Branche keine Tarifverträge bzw. die bestehenden Tarifverträge sind nicht als allgemein verbindlich anerkannt, so kann es hier zu unterschiedlichen Bedingungen in Arbeitsverträgen kommen. Arbeitnehmer können unter gleichen Bedingungen ihre Arbeit verrichten für z.B. unterschiedliche Löhne/Gehälter.

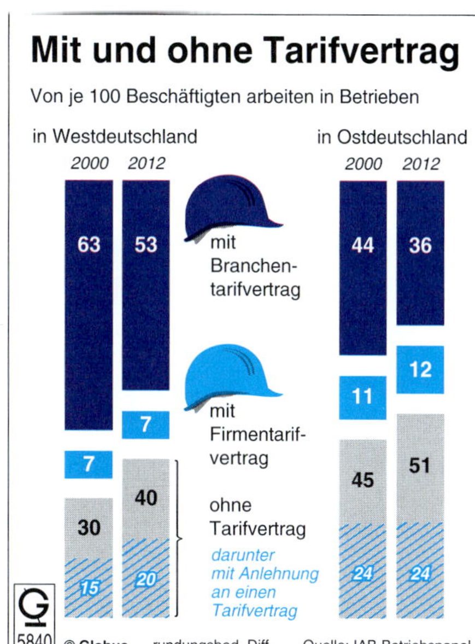

Arbeitskampfmaßnahmen

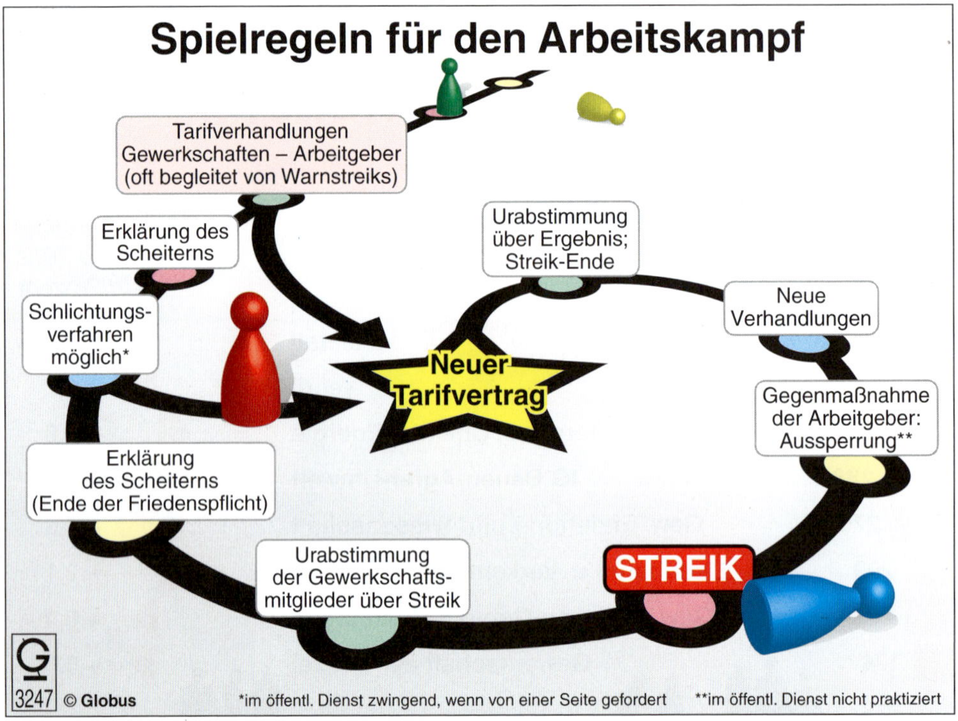

Arbeitskampfmaßnahmen werden in Betracht gezogen, wenn die Tarifparteien trotz eines eingesetzten neutralen Schlichters nicht bereit sind, einen Kompromiss zu finden. Grundsätzlich gilt: **Schlichtung geht vor Streik**.

Ist der Schlichtungsversuch gescheitert, kommt es zur **1. Urabstimmung** der Gewerkschaftsmitglieder über den Einsatz von Arbeitskampfmaßnahmen. Dabei müssen **mindestens 75 %** der abstimmungsberechtigten Gewerkschaftsmitglieder einem Streik zustimmen. Gegenmaßnahmen von Arbeitgebern und neue Verhandlungen, die zu neuen Vorschlägen führen, leiten die **2. Urabstimmung** ein, in der nur eine **25%ige Zustimmung** nötig ist.

Streikarten

Wilder Streik	Vollstreik	Schwerpunkt- oder Teilstreik	Warnstreik	Solidaritätsstreik
Diese Streiks sind von der Gewerkschaft nicht genehmigt worden.	Diese Streiks sind legitim. Arbeitnehmer eines Tarifgebiets oder eines ganzen Unternehmens legen die Arbeit nieder.	Diese Streiks sind legitim. Arbeitnehmer von bestimmten Schlüsselunternehmen legen die Arbeit nieder.	Sie sind nicht legitim. Hier handelt es sich um Streiks, die während laufender Tarifverhandlungen stattfinden und zeitlich befristet sind.	Sie sind unzulässig. Gewerkschaften, die nicht als Tarifpartei zu laufenden Tarifverhandlungen gehören, sympathisieren mit der betroffenen Gewerkschaft.

Erwähnenswert ist die **Aussperrung** als Mittel der Unternehmen, die bestreikt werden. Hierbei werden vom Arbeitgeber die Arbeitsverhältnisse einer größeren Zahl von Arbeitnehmern aufgehoben. Eine Vergütungspflicht entfällt für diese Zeit.

5.5 Entgeltabrechnungen

Mustafa Aziz hat sich auf die ausgeschriebene Stelle beim Comenius Verlag beworben und den Arbeitsvertrag (vgl. S. 140) unterschrieben. Am 01.07.20.. hat er seine neue Stelle angetreten. Während der Probezeit arbeitet Mustafa Aziz nur tagsüber. Mit der Geschäftsleitung ist vereinbart worden, dass er nach Ablauf der Probezeit auch für die Nachtschicht eingeteilt wird. Somit ergeben sich für die ersten drei Monate keine Nachtarbeitszuschläge, die in der Gehaltsabrechnung berücksichtigt werden müssen.
Für den Monat Juli bekommt Mustafa Aziz seine erste Gehaltsabrechnung vom Comenius Verlag.

Folgende Daten zu Mustafa Aziz liegen der Lohnbuchhaltung vor:

Personalstammdatenblatt | Personalnummer: 0256
Aziz, Mustafa | Wohnort: Schillerstraße 15, 41855 Münster

Tel: 05971 / 123654

Geburtsdatum: 12.03.1990
Geburtsort: Ankara, Türkei

Krankenkasse: AOK | Konfession: /

Lohnsteuerklasse: I (keine Kinder)

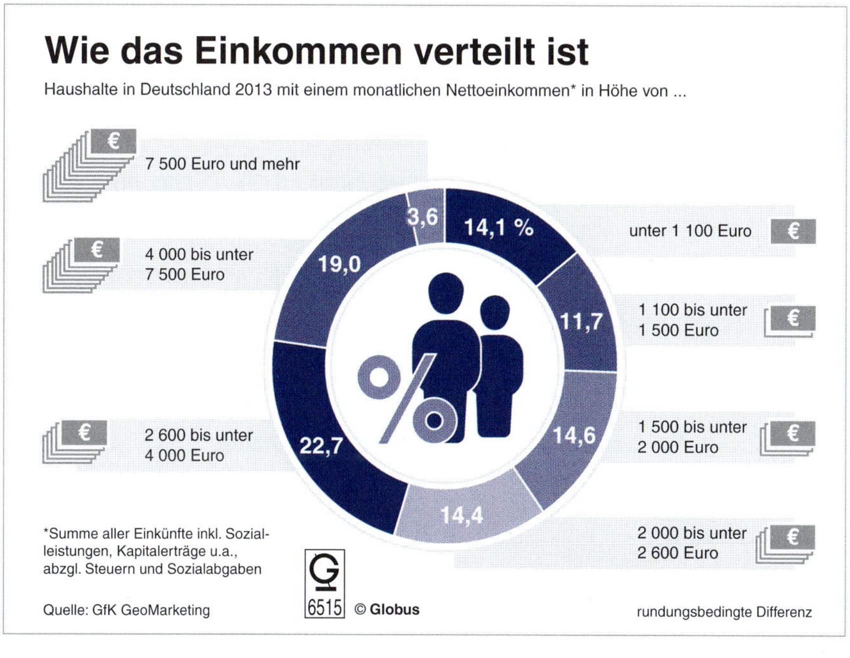

Mustafa Aziz schaut sich seine Gehaltsabrechnung an:

Comenius Zeitungsverlag

Gehaltsabrechnung für den Monat Juni 20..

Mustafa Aziz
Schillerstr. 15
41855 Münster

Personalnummer: 0256

Persönliche Daten

Steuerklasse:	eins
Kinderzahl:	0
Kinderfreibeträge:	0
Konfession:	keine

Brutto in Euro

Entgelt:	2100,00
VL-Zulage:	
Urlaubsgeld:	0
Weihnachtsgeld:	0

VL-Zulage = vermögenswirksame Leistungen

KV = Krankenversicherung
PV = Pflegeversicherung
RV = Rentenversicherung
AV = Arbeitslosenversicherung

Abzüge in Euro

Gesetzliche Abzüge:

Lohnsteuer (LSt):	230,58
Kirchensteuer	0
Solidaritätszugschlag:	12,68
KV Arbeitnehmer	153,30
PV Arbeitnehmer	24,68
RV Arbeitnehmer	196,35
AV Arbeitnehmer	31,50

Persönliche Abzüge:

VL:	0
Gehaltsvorschuss:	0

Gesamt (brutto): 2100,00

Gesamt (Abzüge): 650,85

Auszahlungsbetrag	Sozialversicherungspflichtiges Entgelt	Steuerpflichtiges Entgelt	Sozialversicherungsbeiträge (AN)	Sozialversicherungsbeiträge (AG)
1450,91	2100,00	2100,00	405,83	405,83

Der Auszahlungsbetrag wird überwiesen auf das Konto:

Mustafa Aziz Sparkasse Westmünsterland IBAN: DE29 4015 4530 00590599 23
BIC: WELADE3WXXX

Mustafa Aziz hat Probleme, seine gesetzlichen Abzüge nachzuvollziehen. Daher geht er zu Sabine Zimmermann in der Lohnabrechnungsabteilung und fragt konkret nach, wie seine gesetzlichen Abzüge zustande kommen.

Sabine Zimmermann erklärt ihm anhand von einer Lohnsteuertabelle seine steuerlichen Abzüge und mittels einer tabellarischen Übersicht die Beiträge zur Sozialversicherung.

Steuerliche Abzüge

Die Lohnsteuer ergibt sich für jeden Arbeitnehmer entsprechend seiner Lohnsteuerklasse.

Steuerklasse I (eins)	Steuerklasse II	Steuerklasse III	Steuerklasse IV	Steuerklasse V	Steuerklasse VI
Ledige, Geschiedene, Verwitwete und dauernd getrennt lebende Ehegatten	Alle aus Steuerklasse I genannten Arbeitnehmer, wenn sie mindestens ein Kind haben	Verheiratete, wenn nur ein Ehegatte ein Arbeitsverhältnis hat oder der andere Ehegatte wg. großen Gehaltsunterschieds in der Klasse V ist	Verheiratete, die beide in einem Arbeitsverhältnis stehen und deren Gehälter sich nicht sehr unterscheiden	Verheiratete, von denen ein Ehegatte in der Steuerklasse III ist	Arbeitnehmer, die mindestens zwei Arbeitsverhältnisse gleichzeitig haben, und zwar für das zweite Arbeitsverhältnis und jedes weitere

Die **Kirchensteuer** für die Zugehörigkeit zur katholischen oder evangelischen Kirche beträgt für **Nordrhein-Westfalen** aktuell 9 % von der Lohnsteuer. Der **Solidaritätszuschlag**, generell **5,5 %**, wird ebenfalls von der Lohnsteuer berechnet.

Abzüge an Lohnsteuer, Solidaritätszuschlag (SolZ) und Kirchensteuer (8%, 9%) in den Steuerklassen

Lohn/Gehalt bis €*	I – VI	ohne Kinderfreibeträge: LSt	SolZ	8%	9%	I, II, III, IV	LSt	0,5 SolZ	0,5 8%	0,5 9%	1 SolZ	1 8%	1 9%	1,5 SolZ	1,5 8%	1,5 9%	2 SolZ	2 8%	2 9%	2,5 SolZ	2,5 8%	2,5 9%	3** SolZ	3** 8%	3** 9%
2 093,99	I,IV	228,50	12,56	18,28	20,56	I	228,50	8,33	12,12	13,64	—	6,34	7,13	—	1,58	1,77	—	—	—	—	—				
	II	199,25	10,95	15,94	17,93	II	199,25	6,82	9,92	11,16	—	4,38	4,92	—	0,21	0,23	—	—	—	—	—	—	—	—	—
	III	38,16	—	3,05	3,43	III	38,16	—	—	—	—	—	—	—	—	—	—	—	—	—	—	—	—	—	—
	V	461,33	25,37	36,90	41,51	IV	228,50	10,41	15,15	17,04	8,33	12,12	13,64	6,31	9,18	10,33	—	6,34	7,13	—	3,76	4,23	—	1,58	1,77
	VI	493,33	27,13	39,46	44,39																				
2 096,99	I,IV	229,16	12,60	18,33	20,62	I	229,16	8,37	12,18	13,70	—	6,40	7,20	—	1,61	1,81	—	—	—	—	—	—	—	—	—
	II	199,91	10,99	15,99	17,99	II	199,91	6,85	9,97	11,21	—	4,42	4,97	—	0,24	0,27	—	—	—	—	—	—	—	—	—
	III	38,66	—	3,09	3,47	III	38,66	—	—	—	—	—	—	—	—	—	—	—	—	—	—	—	—	—	—
	V	462,33	25,42	36,98	41,60	IV	229,16	10,45	15,20	17,10	8,37	12,18	13,70	6,35	9,24	10,39	—	6,40	7,20	—	3,80	4,28	—	1,61	1,81
	VI	494,33	27,18	39,54	44,48																				
2 099,99	I,IV	229,91	12,64	18,39	20,69	I	229,91	8,41	12,23	13,76	—	6,44	7,25	—	1,65	1,85	—	—	—	—	—	—	—	—	—
	II	200,58	11,03	16,04	18,05	II	200,58	6,89	10,02	11,27	—	4,47	5,03	—	0,27	0,30	—	—	—	—	—	—	—	—	—
	III	39,16	—	3,13	3,52	III	39,16	—	—	—	—	—	—	—	—	—	—	—	—	—	—	—	—	—	—
	V	463,16	25,47	37,05	41,68	IV	229,91	10,49	15,26	17,17	8,41	12,23	13,76	6,38	9,29	10,45	—	6,44	7,25	—	3,84	4,32	—	1,65	1,85
	VI	495,16	27,23	39,61	44,56																				
2 102,99	I,IV	230,58	12,68	18,44	20,75	I	230,58	8,44	12,28	13,82	0,03	6,49	7,30	—	1,68	1,89	—	—	—	—	—	—	—	—	—
	II	201,25	11,06	16,10	18,11	II	201,25	6,93	10,08	11,34	—	4,51	5,07	—	0,30	0,33	—	—	—	—	—	—	—	—	—
	III	39,66	—	3,17	3,56	III	39,66	—	—	—	—	—	—	—	—	—	—	—	—	—	—	—	—	—	—
	V	464,33	25,53	37,14	41,78	IV	230,58	10,53	15,32	17,23	8,44	12,28	13,82	6,42	9,34	10,50	0,03	6,49	7,30	—	3,89	4,37	—	1,68	1,89
	VI	496,16	27,28	39,69	44,65																				
2 105,99	I,IV	231,25	12,71	18,50	20,81	I	231,25	8,47	12,33	13,87	0,16	6,54	7,36	—	1,72	1,93	—	—	—	—	—	—	—	—	—
	II	201,91	11,10	16,15	18,17	II	201,91	6,96	10,12	11,39	—	4,56	5,13	—	0,33	0,37	—	—	—	—	—	—	—	—	—
	III	40,16	—	3,21	3,61	III	40,16	—	—	—	—	—	—	—	—	—	—	—	—	—	—	—	—	—	—
	V	465,16	25,58	37,21	41,86	IV	231,25	10,56	15,37	17,29	8,47	12,33	13,87	6,45	9,39	10,56	0,16	6,54	7,36	—	3,93	4,42	—	1,72	1,93
	VI	497,16	27,34	39,77	44,74																				

(mit Zahl der Kinderfreibeträge …)

Stollfuß Tabellen, Gesamtabzug 2015, Monat, Allgemeine Tabelle, 99. Auflage, Stollfuß Medien, Bonn 2015, S. T 32.

Generell gilt, dass Arbeitnehmer und Arbeitgeber sich je zur Hälfte an den Sozialversicherungsbeiträgen (KV; PV; RV; AV) beteiligen.

Ist ein Arbeitnehmer über 23 Jahre alt und hat (noch) keine Kinder, so zahlt er zusätzlich zu seinem Pflegeversicherungsprozentsatz noch 0,25 % Zuschlag extra im Vergleich zu Arbeitnehmern, die Kinder haben und über 23 Jahre alt sind.

Überblick zur Sozialversicherung (2015)

	Krankenversicherung	Pflegeversicherung	Rentenversicherung	Arbeitslosenversicherung
Träger	AOK, Innungs-, Betriebs-, Ersatzkassen	Pflegekassen der jeweiligen Krankenkassen	Deutsche Rentenversicherung	Bundesagentur für Arbeit
Beiträge	AN: 7,3 % + evtl. Zusatzbeitrag AG: 7,3 %	AN: 1,175 % (wenn kinderlos und über 23 Jahre + 0,25 %) AG: 1,175 %	AN: 9,35 % AG: 9,35 %	AN: 1,5 % AG: 1,5 %
Beitragssatz	14,6 %	2,35 %	18,7 %	3,0 %

Im Rahmen der Sozialversicherung gibt es zwei Begriffe, die für die Versicherten von Bedeutung sind:

Versicherungspflichtgrenze
Die Versicherungspflichtgrenze besagt, dass sich alle Arbeitnehmer (auch Auszubildende), die jährlich bis zu 54 900,00 € verdienen (für Ost und West 2015), pflichtversichern müssen. Wird diese Grenze überschritten, besteht für den Arbeitnehmer die Möglichkeit, sich entweder gesetzlich oder privat für eine Krankenversicherung zu entscheiden. (Der Pflegeversicherungspflicht unterliegen alle Arbeitnehmer, egal, ob privat oder gesetzlich versichert und unabhängig vom Einkommen!)

Die Menschen leben länger eben, drum müssen sie halt enger leben.
Thomas Berg

Beitragsbemessungsgrenze
Die Beitragsbemessungsgrenze von monatlich aktuell 4 125,00 € (West und Ost) gibt an, dass Arbeitnehmer, die diese Grenze mit ihrem monatlichen Gehalt überschreiten, nur Kranken- und Pflegeversicherungsbeträge für maximal 4 125,00 € bezahlen müssen, obwohl ihr Gehalt darüber liegt.

Unterhalb dieser Grenze sind vom Arbeitnehmer individuell vom monatlichen Gehalt die Beitragssätze für die gesetzliche Kranken- und Pflegeversicherung zu leisten.

Die Beitragsbemessungsgrenze für die Renten- und Arbeitslosenversicherung liegt 2015 bei 6 050,00 € (West) und 5 200,00 € (Ost).

Die **Unfallversicherung** als fünfte Säule der Sozialversicherung in Deutschland ist ausschließlich von den Arbeitgebern zu bezahlen. Träger der Unfallversicherung sind die jeweiligen Berufsgenossenschaften. Die Beiträge bemessen sich je nach Unfallgefahren in den Betrieben der jeweiligen Branchen.

Aufgaben

1. *Erklären Sie, warum Personalplanung in einem Unternehmen wie dem Comenius Zeitungsverlag einem permanenten Veränderungsprozess unterliegt und Einfluss hat auf Bereiche wie Produktion und Absatz.*

2. *Frau Schütte erfährt während der aktuellen Sitzung der Geschäftsleitung, dass im Rahmen der Personalplanung folgende neue Informationen vorliegen: Herr Mitschke geht zum Juli 2014 kurzfristig und früher als angekündigt in den Ruhestand, Jakob Holzapfel, der aus dem freiwilligen sozialen Jahr zurückkommen sollte, hat sich für ein Studium entschieden und wird nicht zurückkehren und Frau Fischer ist schwanger und wird ab dem 25. Juni in Mutterschutz gehen. Voraussichtlich wird sie für drei Jahre ausfallen.*
Frau Schütte soll die aktuelle Nettopersonalplanung neu aufstellen.

		Alt	Neu
	Geplanter Stellenbestand	25	?
–	aktueller Stellenbestand	22	?
=	Bruttobedarf (Planstellen)	3	?
+	Ersatzbedarf (derzeit unbesetzte Stelle aufgrund von Langzeiterkrankung mit eventuellem Ausscheiden aus dem Unternehmen)	+1	?
+	erfolgte Kündigung	+1	?
+	Ruhestandsabgänge	+2	?
–	zu erwartende Zugänge		
	Übernahme von zwei Auszubildenden	–2	?
	Rückkehr aus dem freiwilligen sozialen Jahr	–1	?
	Rückkehr aus der Elternzeit	–3	?
=	Nettopersonalbedarf	+1	?

3. *Erläutern Sie, warum quantitative Personalplanung auch immer in Abhängigkeit von qualitativer Personalplanung zu betrachten ist.*

4. *Welche Daten kann ein Unternehmen heranziehen, um einen Stellenplan zu entwickeln? Versuchen Sie eine Rangfolge dabei zu bilden. Warum haben Sie sich für diese Rangfolge entschieden? Begründen Sie Ihre Antwort.*

5. *Bei Mitarbeitern gibt es eine Fülle von Qualifikationsunterschieden. Wo würden Sie den Beruf des Mechatronikers einstufen?*

6. *Die Geschäftsleitung des Comenius Zeitungsverlags scheut vor einer externen Personalbeschaffung zurück, da diese mit erheblichen Kosten verbunden ist. Finden Sie anstelle von Herrn Antonov, dem Personalleiter des Comenius Zeitungsverlags, Argumente, die bei der Stellenbesetzung eines Mechatronikers für einen externen neuen Mitarbeiter sprechen.*

7. *Die Geschäftsleitung möchte gerne die Stelle mit einem im Haus ausgebildeten Auszubildenden besetzen. Welche Argumente kann die Geschäftsleitung Herrn Antonov entgegenhalten? Begründen Sie stichhaltig Ihre Argumentation.*

8. *In der Samstagsausgabe der Münsterland Zeitung hat Mustafa Aziz die Anzeige der Polizei Münster gesehen. Sein Bruder Sahit findet den Beruf des Mechatronikers auch interessant und wird zum Sommer den Realschulabschluss erreichen. Mustafa geht davon aus, dass sein Bruder vielleicht bei der Polizei Münster nach der Ausbildung einen zuverlässigen Arbeitgeber findet, und gibt ihm die Anzeige, damit er sich darauf bewerben kann.*
   a) *Erläutern Sie anhand der Stellenanzeige der Polizei Münster und der dazugehörigen Stellenbeschreibung aus dem Internet den Unterschied zwischen einer Stellenbeschreibung und einer Stellenanzeige.*
   b) *Versetzen Sie sich in die Situation von Aziz' Bruder Sahit. Formulieren Sie in Gruppen ein Anschreiben an die Polizei Münster und schreiben Sie einen an Ihrem Leben orientierten passenden Lebenslauf.*
   c) *Präsentieren Sie das Anschreiben und den fiktiven Lebenslauf den anderen Gruppen (Hinweis: Hier könnte man eine Vernissage im Klassenraum veranstalten). Welches Anschreiben bzw. welcher Lebenslauf gefällt Ihnen als Gruppe oder persönlich am besten? Begründen Sie Ihre Antwort.*

Ausbildungsplatz

Kraftfahrzeugmechatroniker/-in.

Das Polizeipräsidium Münster sucht zum 01.08.2014 eine/-n Auszubildende/-n zur/zum Kraftfahrzeugmechatroniker/-in.

Während Ihrer Ausbildung lernen Sie, wie man Fahrzeuge und Systeme bedient, wie sie gewartet, geprüft und eingestellt werden und wie man Messungen durchführt. Sie montieren, demontieren und setzen Bauteile, Baugruppen und Systeme instand. Sie lernen, wie man Fehler, Störungen und deren Ursachen diagnostiziert und die Ergebnisse beurteilt. Sie untersuchen Kraftfahrzeuge nach straßenverkehrsrechtlichen Vorschriften. Die Ausbildung dauert 3,5 Jahre.

persönliche Anforderungen:

- Sie streben mindestens einen guten Hauptschulabschluss an.
- Sie besitzen Kenntnisse in Mathematik, Physik und Deutsch, die mindestens mit der Note „befriedigend" bewertet sind. Sollte das Halbjahreszeugnis 2013/2014 in einem Fach nicht die geforderte Note ausweisen, ist diese Anforderung dennoch erfüllt, wenn im Abschlusszeugnis 2012/2013 in diesem Fach mindestens die Note „befriedigend" erreicht wurde.

- Sie verfügen über technisches Verständnis, auf das Sie in Ihrem Bewerbungsanschreiben eingehen.
- Sie haben Interesse an Automobiltechnik, das Sie idealerweise mit einem entsprechenden Praktikumsnachweis unterstreichen können.
- Sie verfügen über handwerkliches Geschick.

zusätzliche Informationen:

- Frauen werden nach Maßgabe des Landesgleichstellungsgesetzes NRW bei gleicher Qualifikation bevorzugt berücksichtigt.
- Die Bewerbung schwerbehinderter oder ihnen gleichgestellter Personen ist erwünscht.
- Bei Fragen zu den Inhalten der Ausbildung wenden Sie sich bitte an Herrn Mustermann.
- Ihre Fragen zur Abwicklung des Auswahlverfahrens richten Sie bitte an Frau Musterfrau.
- **Bitte bewerben Sie sich mit vollständigen Bewerbungsunterlagen** (Anschreiben, Lebenslauf, aktuelles Halbjahreszeugnis 2013/2014, ggf. Abschlusszeugnis 2012/2013 und ggf. Praktikumsnachweise).
- Ihre Bewerbung richten Sie bitte bis spätestens zum 03.03.2014 an das Polizeipräsidium Münster, Friesenring 43, 48147 Münster.

Anzeige der Polizei Münster; abgerufen unter: www.polizei.nrw.de/muenster/artikel__7912; [16.07.2014].

9. *Legen Sie den Ablauf eines Bewerbungs- bzw. Einstellungsverfahrens schriftlich dar und versuchen Sie vor Ihren Mitschülern einen mündlichen Kurzvortrag darüber zu halten und fügen Sie ggf. konkrete Beispiele an.*

10. ***Fälle zum Berufsbildungsgesetz:***
Entscheiden Sie, in welchen Fällen gegen das Berufsbildungsgesetz verstoßen wird. Nehmen Sie im Bedarfsfall das BBiG hinzu oder recherchieren Sie zum BBiG im Internet.
    a) Tina weigert sich, gemäß der Anweisung ihres Chefs eine Tabelle mit Excel zu erstellen.
    b) Johannes hat neulich bei der Sachbearbeiterin für Lohn- und Gehaltsabrechnungen zufällig gesehen, wie viel sein Chef verdient. Am nächsten Tag erzählt er es seinem Freund.
    c) Elisabeth hat heute keine Lust auf die Berufsschule. Sie beschließt, zu Hause zu bleiben.
    d) Aus Wut über eine misslungene Klassenarbeit wirft Jutta den PC an ihrem Arbeitsplatz vom Tisch.
    e) Judith lernt gerade für ihre Zwischenprüfung und schaut sich dazu die Ausbildungsordnung an. Sie stellt fest, dass der Ausbilder ihr bisher viele Kenntnisse nicht vermittelt hat.
    f) Zu Beginn der Ausbildung wird Lisa mitgeteilt, sie müsse Stifte und Papier selbst ins Büro mitbringen.
    g) Julian erfährt, dass er aufgrund eines großen Arbeitsunfalls in seinem Ausbildungsbetrieb nicht zum Berufsschulunterricht gehen darf.
    h) Bei Beendigung der Ausbildung weigert sich der Betrieb, für Lisa ein Zeugnis auszustellen.

11. *Versuchen Sie eine Antwort auf die Frage „Warum sind Mindestinhalte bei Ausbildungsverträgen vonnöten?“ zu finden.*

12.

Bundesweite Wahl
Betriebsräte – ein Auslaufmodell?

Ausweitung der Leiharbeit, weniger Gewerkschaftsmitglieder – in den letzten Jahren hatten es die Betriebsräte in deutschen Unternehmen schwerer, die Belegschaften hinter sich zu versammeln. Seit Montag wählen die Arbeitnehmer in Deutschland wieder ihre Betriebsräte.

„Eine Zeitlang war es mit der Verankerung nicht zum Besten bestellt", sagt Jörn Diers, der bei der Arbeitnehmerkammer in Bremen den Bereich Mitbestimmung leitet. Doch mit Beginn der Finanzkrise habe sich die Lage gedreht. „Die Beratungserfahrung zeigt mir, dass die Bedeutung der Betriebsräte seitdem zugenommen hat", sagt Diers. „Da kamen ganz neue Themen auf die Betriebe zu, wie Kurzarbeit, Umstrukturierungen und Kündigungen. Da hat sich gezeigt: Wo Betriebsräte sich eingemischt haben, gab es vernünftige Lösungen. Das hat zu einer stärkeren Verankerung geführt."
Diers und seine Kollegen in der Arbeitnehmerkammer, einer öffentlich-rechtlichen Interessensvertretung, die es in dieser Form sonst nur noch im Saarland gibt, registrieren auch verstärkte Anfragen aus Betrieben, wo sich ein Betriebsrat neu gründen will. Diesen Trend können die Zahlen des Instituts der deutschen Wirtschaft Köln (IW) statistisch allerdings nicht bestätigen.

Betriebsrat in 10 Prozent aller Betriebe

Denen zufolge liegt der Anteil der Betriebe, in denen es einen Betriebsrat gibt, relativ konstant bei 10 Prozent. Da der Organisationsgrad mit der Betriebsgröße steigt, liegt der Anteil der durch einen Betriebsrat vertretenden Beschäftigten zwar wesentlich höher – aber auch nach Zahlen der gewerkschaftsnahen Hans-Böckler-Stiftung immer noch weit unter 50 Prozent.

Dort, wo es Betriebsräte gibt, kann auch Oliver Stettes, der für das IW seit Jahren die Entwicklung der Mitbestimmung verfolgt, keinen Bedeutungsverlust erkennen. „Die Wahlbeteiligung der letzten Betriebsratswahlen lag bei 80 Prozent. Das signalisiert, dass existierende Betriebsräte einen großen Rückhalt in der Belegschaft haben."
Dort, wo es keinen Betriebsrat gibt, heißt es nicht, dass es gar keine Mitarbeitervertretungen gibt. „Dort sehen wir andere Formen, entweder betriebsratsähnliche Interessenvertretungen oder runde Tische, an denen Arbeitgeber zusammen mit den Mitarbeitern sitzen", so Stettes. „Das sind keine Schönwettervertretungsformen, sondern sie haben sich etabliert." Insgesamt beobachtet Stettes, dass die einzelnen Mitarbeiter immer mehr Verantwortung übernehmen oder übertragen bekommen.

Runde Tische für besondere Projekte

Laut einer Studie der Hans-Böckler-Stiftung waren vor zehn Jahren immerhin acht Prozent der Beschäftigten an runden Tischen vertreten. Deren aktuelle Rolle sieht Jörn Diers differenziert. „Betriebliche Bündnisse spielen im harten Mitbestimmungsbereich, wo ja auch nur ein Betriebsrat tatsächlich handlungsfähig ist, kaum eine Rolle. Natürlich gibt es bestimmte Projekte, wie beim Arbeits- und Gesundheitsschutz, wo zum Beispiel runde Tische praktikable Lösungen finden."
Der Bereich der psychischen Belastungen wird nach Erfahrung von Diers auch für die Arbeit der Betriebsräte immer wichtiger. Daneben boomt ein Bereich, den die Mitarbeiter nach den Erfahrungen der Finanzkrise immer weniger den Geschäftsführern überlassen wollen: die wirtschaftlichen Entscheidungen der Unternehmen. „Deswegen haben wir auch Diplombetriebswirte im Beratungsteam, die Bilanzen lesen können", so Diers.

Ralf Lorenzen: Bundesweite Wahl: Betriebsräte – ein Auslaufmodell?, 05.03.2014, abgerufen unter: www.heute.de/bundesweite-wahl-beschaeftigte-waehlen-ihre-betriebsräte-32191038.htms?view=print [28.05.2014].

a) Lesen Sie den Text aufmerksam durch und markieren Sie wichtige Informationen.
b) Geben Sie den Inhalt des Textes wieder und beurteilen Sie die Sichtweise des Autors.
c) Versuchen Sie auf einer DIN-A4-Seite ein Schaubild zu entwerfen, welches auf einfache Art die wichtigsten Informationen zum Betriebsrat beinhaltet.

13. *Mitarbeiter treten nach neun Monaten an Mustafa Aziz heran und wollen ihn davon überzeugen, sich für die bevorstehenden Betriebsratswahlen beim Comenius Zeitungsverlag aufstellen zu lassen.*
   a) Prüfen Sie die Voraussetzungen, ob Mustafa Aziz sich zur Wahl aufstellen lassen kann.
   b) Würden Sie anstelle von Mustafa Aziz die Chance nutzen, sich zu den Betriebsratswahlen aufstellen zu lassen? Begründen Sie Ihre Antwort.

14. *Erläutern Sie das Schaubild „Betriebliche Jugend- und Auszubildendenvertretung" auf S. 145.*

15. *Erläutern Sie den Betriff „Betriebsvereinbarung".*

16. *Können Sie die Betriebsvereinbarung von VW bezüglich der Blackberrys nachvollziehen? Initiieren Sie ggf. innerhalb Ihrer Klasse eine Pro-Contra-Diskussion.*

17. *Versuchen Sie als Mitglied der JAV bei der Geschäftsleitung eine Betriebsvereinbarung zu erwirken, in der ein Aufenthaltsraum für Auszubildende geschaffen wird, in dem sich 15 verschiedene Auszubildende des Unternehmens während der Pausen aufhalten können und der nach dem Berufsschulunterricht noch als Raum für private oder betriebliche Nachhilfe genutzt werden kann.*
   Achten Sie bei Ihren Formulierungen auf eine stichhaltige Argumentationskette.

18. *Mustafa Aziz ist ein begeisterter Internet-User und kauft regelmäßig Dinge über Portale wie z. B. EBay, Amazon oder Bol. Eines morgens ließt er den nachfolgenden Artikel im Netz:*

Amazon-Mitarbeiter streiken gemeinsam mit Kollegen aus Einzelhandel

Ver.di lässt nicht locker: Erneut streiken Amazon-Beschäftigte in Leipzig für bessere Bezahlung. Zwei Tage lang wollen sie die Arbeit niederlegen – gemeinsam mit Kollegen aus dem Einzelhandel.

Leipzig – Die Dienstleistungsgewerkschaft Ver.di bündelt die Arbeitskampfmaßnahmen bei Amazon und im stationären Einzelhandel. Mitarbeiter des Internet-Versandhändlers in Leipzig und örtlicher Supermärkte sind seit dem Montagmorgen in einem zweitägigen Streik. Für die Amazon-Beschäftigten geht es um die Forderung nach einem Tarifvertrag im Rahmen des Versand- und Einzelhandels.

Am Vormittag kamen Einzelhandelsbeschäftigte zu ihren Kollegen vor die Werkstore von Amazon. „Die Kollegen wissen, dass sie für die gleiche Sache stehen", sagte Streikleiter Thomas Schneider. Zusammen mit der Spätschicht rechne er mit rund 500 Streikteilnehmern, davon 400 bei Amazon, sagte Schneider. Vom Streik des Einzelhandels sind die beiden Real-Märkte in Leipzig, Kaufland-Filialen in Großpösna und Gohlis sowie Aldi und Netto betroffen – die Branche befindet sich derzeit in einer Tarifrunde.

„Die Kollegen sind einfach wütend"

Amazon orientiert sich bei der Bezahlung seiner Beschäftigten bislang an der Logistikbranche. Ver.di verlangt für sie jedoch einen Tarifvertrag nach den höheren Konditionen des Versand- und Einzelhandels. Bisher hat das Unternehmen die Aufnahme von Tarifverhandlungen verweigert.

„Die Situation ist sehr angespannt. Die Kollegen sind einfach wütend", sagte Ver.di-Fachbereichsleiter Jörg Lauenroth-Mago. Amazon erziele hohe Umsatzsteigerungen. „Es ist einfach ungerecht, dass das Unternehmen keine Tarifverhandlungen aufnehmen will." Amazon beschäftigt in Leipzig etwa 2000 Mitarbeiter.
Für den Einzel- und Versandhandel in Mitteldeutschland gehen die Tarifverhandlungen am 14. November weiter. Ver.di fordert für die 265000 Beschäftigten in Sachsen, Sachsen-Anhalt und Thüringen die Rückkehr zum Manteltarifvertrag sowie die Erhöhung der Löhne und Gehälter um einen Euro pro Stunde – das seien 6,5 bis 7,5 Prozent. Die Arbeitgeber hatten eine Lohn- und Gehaltsanhebung von 2,5 Prozent angeboten, zugleich aber flexiblere Arbeitszeitregelungen gefordert.

Florian Diekmann/dpa-AFX: Amazon-Mitarbeiter streiken gemeinsam mit Kollegen aus Einzelhandel, Spiegel online vom 28.10.2013, abgerufen unter: www.spiegel.de/wirtschaft/unternehmen/leipzig-mitarbeiter-von-amazon-und-einzelhandel-gemeinsam-im-streik-a-930440.html [28.05.2014].

a) Lesen Sie den Artikel aufmerksam durch.
b) Informieren Sie sich auf den S. 146–151 im Buch zum Tarifrecht.
c) Erläutern Sie das Schaubild „Spielregeln für den Arbeitskampf" auf S. 150.
d) Entwerfen Sie für die Streikenden ein Plakat für den Arbeitskampf bei Amazon.
e) Welchen Stellenwert haben Gewerkschaften noch in der heutigen Zeit? Nehmen Sie bei Ihren Überlegungen das Schaubild „Mit und ohne Tarifvertrag" auf der S. 149 hinzu.
f) Welche Konsequenzen würde ein Leben ohne Gewerkschaften für die Zukunft nach sich ziehen? Skizzieren Sie ein Zukunfts-Szenario.

19. Mustafa Aziz arbeitet mittlerweile schon seit einem Jahr beim Comenius Zeitungsverlag. In dieser Zeit hat sich einiges in seinem Leben verändert. Seine Entgeltabrechnungen waren davon durchaus betroffen.

Bilden Sie vier Gruppen. Folgende vier Veränderungen bezüglich seiner Entgeltabrechnungen liegen vor:
a) Mustafa Aziz hat im Juli ein Urlaubsgeld von 250,00 € erhalten. Gleichzeitig will er sich ein Motorrad kaufen und bittet seinen Chef um einen Gehaltsvorschuss von 500,00 €.
b) Im September 2014 hat Mustafa geheiratet. Seine Ehefrau ist Laura Becker. Beide arbeiten nun jeweils in der Steuerklasse IV.
c) Im Oktober 2014 tritt Mustafa seiner Ehefrau Laura zuliebe der evangelischen Kirche bei. Erstmals bekommt er von seinem Chef vermögenswirksame Leistungen in Höhe von 13,00 € zu seinem Bruttogehalt von 2100,00 € hinzu. Von seinem Gehalt werden 52,00 € an die Bausparkasse überwiesen.
d) Im November wird das gemeinsame Kind von Mustafa und Laura geboren. Für den Monat November ändern sich die Lohnsteuerklassen der Eltern. Mustafa bekommt die Lohnsteuerklasse III mit einem Kinderfreibetrag und Laura die Lohnsteuerklasse V, da sie sich ausschließlich um das Kind kümmern und erst einmal für drei Jahre zu Hause bleiben will.

Nehmen Sie die Muster-Entgeltabrechnung in jeder Gruppe zu Hilfe. Berechnen Sie die Entgeltabrechnungen für die Monate Juli, September, Oktober und November. Vergleichen Sie in Ihren Gruppen die Auszahlungsbeträge. Nehmen Sie eine Bewertung der finanziellen Situation von Mustafa Aziz für jede Veränderung vor.
Nutzen Sie den Auszug der Lohnsteuertabelle auf der S. 153 und die Mustervorlage der Entgeltabrechnung.

Comenius Zeitungsverlag

Gehaltsabrechnung für den Monat __________ 20..

Mustafa Aziz
Schillerstr. 15
41855 Münster

Personalnummer: 0256

Persönliche Daten

Steuerklasse:	
Kinderzahl:	
Kinderfreibeträge:	
Konfession:	

Brutto in Euro

Entgelt:	2100,00
VL-Zulage:	
Urlaubsgeld:	
Weihnachtsgeld:	

VL-Zulage = vermögenswirksame Leistungen

KV = Krankenversicherung
PV = Pflegeversicherung
RV = Rentenversicherung
AV = Arbeitslosenversicherung

Abzüge in Euro

Gesetzliche Abzüge:

Lohnsteuer (LSt):	
Kirchensteuer	
Solidaritätszugschlag:	
KV Arbeitnehmer	
PV Arbeitnehmer	
RV Arbeitnehmer	
AV Arbeitnehmer	

Persönliche Abzüge:

VL:	
Gehaltsvorschuss:	

Gesamt (brutto):

Gesamt (Abzüge):

Auszahlungsbetrag	Sozialversicherungspflichtiges Entgelt	Steuerpflichtiges Entgelt	Sozialversicherungsbeiträge (AN)	Sozialversicherungsbeiträge (AG)

Der Auszahlungsbetrag wird überwiesen auf das Konto:

Mustafa Aziz Sparkasse Westmünsterland IBAN: DE29 4015 4530 00590599 23
BIC: WELADE3WXXX

Vertiefungsaufgaben

A. Nehmen Sie die Aufgaben 4 und 5 als Grundlage für die „Teamsitzung" zwischen Geschäftsleitung und dem Personalleiter Herrn Antonov. Stellen Sie in einem Rollenspiel das Gespräch zwischen Geschäftsleitung und Personalleiter nach und diskutieren Sie die gesammelten Argumente. Bestimmen Sie zwei Gruppen, die sich jeweils mit der Aufgabe 4, und zwei Gruppen, die sich jeweils mit der Aufgabe 5 beschäftigen. Aus Gruppe 1 und 2 wird jeweils ein Vertreter gewählt, der die Geschäftsleitung repräsentiert, während aus Gruppe 3 und 4 eine Person stellvertretend den Personalleiter Herrn Antonov und seine Stellvertreterin Frau Schütte darstellt. Die übrigen Gruppenmitglieder fungieren als Beobachter des Rollenspiels.
Versuchen Sie (wenn möglich) zu einer Lösung innerhalb des Rollenspiels zu kommen.

B. Analysieren Sie die Karikatur „Arbeitgeber – Arbeitnehmer" auf der S. 129.

C. Bewerten Sie in Form einer schriftlichen Stellungnahme den Artikel aus der Sendung „WDR 2 Quintessenz – Was Arbeitnehmer im Büro dürfen, Privates ist verboten!" von Ute Schyns (s. S. 129–130).

D. Erläutern Sie die Grafik „Wie Unternehmen mehr Azubis finden wollen" auf S. 133.

E. Grenzen Sie die einzelnen Streikarten voneinander ab.

F. Erläutern Sie den Unterschied zwischen Versicherungspflichtgrenze und Beitragsbemessungsgrenze.

Anforderungssituation 6 Investition und Finanzierungsprozesse in Unternehmen

Nachvollziehen von Investitionen im Produktionsbereich und Beurteilen von Finanzierungsalternativen

6

Kompetenzen

In dieser Anforderungssituation unterscheiden Sie Investitionsarten und erläutern den Zusammenhang von Investition und Finanzierung. Sie strukturieren Eigen- und Fremdfinanzierungsarten und diskutieren deren Vor- und Nachteile. Sie vergleichen in diesem Zusammenhang ausgewählte Kreditarten und beschreiben die jeweils notwendigen Kreditsicherheiten.

Einstiegssituation

Sehr geehrte Frau Thimmel,

ich schreibe Ihnen diese Nachricht, weil ich dringend Ihren Rat brauche. Mein Fahrradgeschäft ***BikeSky***, das ich vor über drei Jahren eröffnet habe, läuft blendend. Ich habe mich darauf spezialisiert, hochwertige City- und Mountainbikes auf Bestellung zu montieren. Obwohl ich bereits drei Mitarbeiter eingestellt habe, kann ich die Nachfrage kaum befriedigen.
Und genau hier liegt mein Problem. Das Geschäft muss unbedingt vergrößert werden, denn Lager und Werkstatt sind inzwischen viel zu klein. Ich habe auch schon etwas im Stadtzentrum im Auge, allerdings ist die Miete doppelt so hoch. Außerdem muss dort einiges umgebaut werden. Das bedeutet, dass in der nächsten Zeit erhebliche Kosten auf mich zukommen werden. Daher steht meine Frau Sabine der Idee von der Geschäftserweiterung recht kritisch gegenüber. Sie wissen ja, dass wir vor einigen Jahren dieses schöne alte Haus von den Schwiegereltern geerbt haben. Das Haus haben wir nun mit erheblichem Aufwand renoviert, es ist jetzt ein wahres Schmuckstück. Sabine befürchtet nun, das Haus zu verlieren, sollte das Geschäft nicht so gut laufen wie erwartet.
Sie kennen ja auch meine Geschwister, Annette und Thorsten, die mir schon häufiger abends oder an den Wochenenden geholfen haben und ganz beeindruckt von meiner Firma sind. Sie könnten sich vorstellen, mit einzusteigen. Annette könnte 90 000,00 € und Thorsten 40 000,00 € investieren. Beide wollen ihre Berufe als Journalistin und Sozialpädagoge jedoch nicht aufgeben.

Wie kann ich die nötigen Investitionen finanzieren? Was „kostet" das Kapital, das ich benötige?

Sicher haben alle Möglichkeiten ihre Vor- und Nachteile? Wer mir Geld leiht, will doch sicher in der Firma mitreden und verlangt Sicherheiten?!

Sie sehen, die geplante Erweiterung meines Geschäfts bietet viele Möglichkeiten, wirft aber auch zahlreiche Fragen auf. Bitte unterstützen Sie mich als Unternehmensberaterin bei der Umsetzung meiner Pläne.

Mit freundlichen Grüßen

Stefan Hasport

Arbeitsaufträge

1. *Beantworten Sie das Schreiben an die Unternehmensberaterin, indem Sie geeignete Strategien für die Erweiterung des Unternehmens vorschlagen. Beachten Sie dabei auch den Einfluss der Wahl/Änderung der Unternehmensform (vgl. Kap. 1, S. 18).*
2. *Informieren Sie sich, welche Vor- und Nachteile diese Finanzierungsmöglichkeiten haben und was bei der Aufnahme von Krediten zu beachten ist. Denken Sie dabei insbesondere an die Absicherung von Krediten.*

6.1 Investitionsarten

Die betrieblichen Zahlungsströme zu planen, zu steuern und zu kontrollieren ist die Kernaufgabe der betrieblichen Finanzwirtschaft.

Dabei geht es um

- Investitionen,
- Finanzierung,
- Finanzdisposition.

„Von einer Investition spricht man, wenn die heutige Hingabe von Geld (= Auszahlung) in der Absicht erfolgt, mit dem Mitteleinsatz einen höheren Geldrückfluss (= Einzahlung) in Zukunft zu erreichen."[1]

Durch Investition wird aus Kapital Vermögen. Deshalb binden Investitionen in der Regel das Kapital langfristig, beispielsweise in Form von Betriebsstätten, Anlagen. Der Mitteleinsatz zur Deckung laufender Kosten wie dem Bezahlen von Lieferanten oder Mitarbeitern entspricht diesen Grundsätzen nicht.

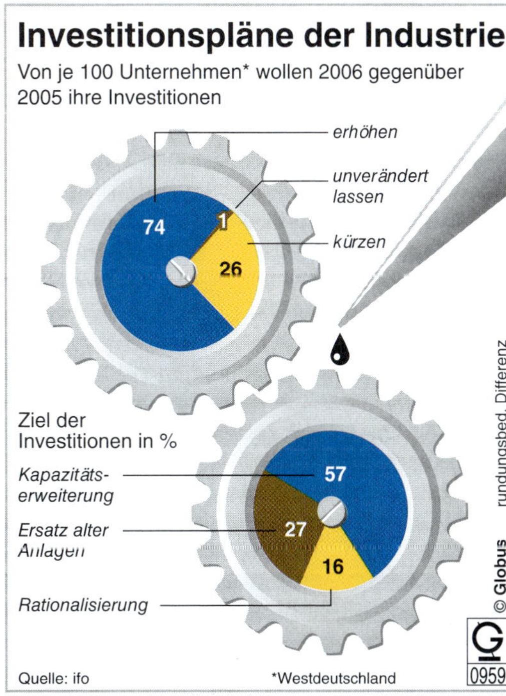

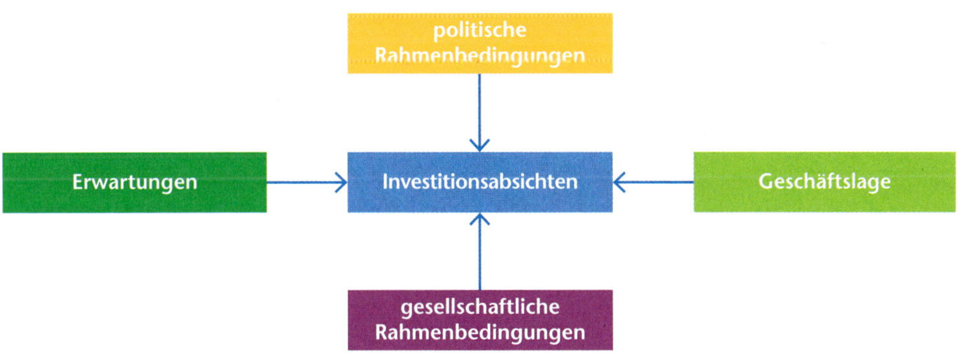

---

[1] *Wöhe, Günter/Döring, Ulrich: Einführung in die Allgemeine Betriebswirtschaftslehre, 25. Auflage, Vahlen, München 2013.*

Einordnung

Investitionen können nach unterschiedlichen Kriterien eingeordnet werden. Eine mögliche Klassifizierung ist die nach ihrem/ihrer

- **Objekt/Gegenstand,**
  z. B. in neue Maschinen oder Gebäude oder ein neues Herstellungsverfahren bzw. in die Benutzung bestimmter Label als Lizenz- oder Franchisenehmer;
- **Zweck,**
  z. B. bei Gründung eines Neubetriebs, Erweiterung der Betriebsstätte, Rationalisierungsmaßnahmen, Ersatz defekter Maschinen;
- **Funktion,**
  z. B. in die Erforschung neuer Verfahren oder Produkte;
- **Interdependenz** (= gegenseitige Abhängigkeit),
  z. B. wenn die Einführung der „Chaotischen" Lagerhaltung den Bau eines neuen vollautomatischen Hochregallagers erfordert.

Investitionsarten nach dem Investitionsgegenstand

Investitionsobjekt		
Real-/Sachinvestition ↓ neue Gebäude, Anlagen, Maschinen	Immaterielle Investition ↓ Lizenzgebühren, Patente, Konzessionen, Mitarbeiterschulung und Qualifikationsmaßnahmen	Finanzinvestition ↓ Unternehmensbeteiligungen, Anleihen, Aktien

Da durch Investitionen Kapital meist mittel-, oft sogar langfristig gebunden wird, ist es notwendig, die entsprechenden Ausgaben zu planen und zu prüfen, ob sie mit den grundsätzlichen Zielen des Unternehmens in Einklang stehen.

6.2 Investition und Finanzierung

Investitionsplanung

Die Monolux AG, ein Hersteller maßangefertigter Holzfenster, hat einen Großauftrag des Bauträgers ZicZac-Haus erhalten. Um diesen Auftrag bewältigen zu können, möchte Monolux in die Vergrößerung der Betriebsstätte sowie die Erneuerung des Maschinenparks investieren.

Investitionsziele benennen und festlegen	■ neue Maschinen zur Holzendbearbeitung ■ Bau einer dritten Halle
Informationen einholen und bewerten	■ rechtliche Rahmenbedingungen ■ Folgen der Maßnahme (z. B. Zahl und Qualifikation der Mitarbeiter) ■ Alternativen
Investitionsrechnung durchführen	■ Kosten-Nutzen-Rechnung ■ Subventions- und Abschreibungsmöglichkeiten ■ Finanzierungsmöglichkeiten ■ Kapitalbedarf und Kapitalkosten
Investitionsentscheidung treffen	■ Entscheidung für/gegen Kauf der Maschinen bzw. Auftragsvergabe zum Bau der Halle ■ Zeitplan erstellen und beschließen
Investition durchführen	■ Kauf bzw. Anmieten der Maschinen und/ oder Gebäude ■ Fremdkapital generieren z. B. durch rechtzeitige Kreditaufnahme

Investitionen sind nicht nur unter betriebswirtschaftlichen Gesichtspunkten zu sehen. Die Monolux AG plant, zur Bewältigung des Großauftrags 50 neue Schreiner, Mechatroniker und Holztechniker einzustellen.

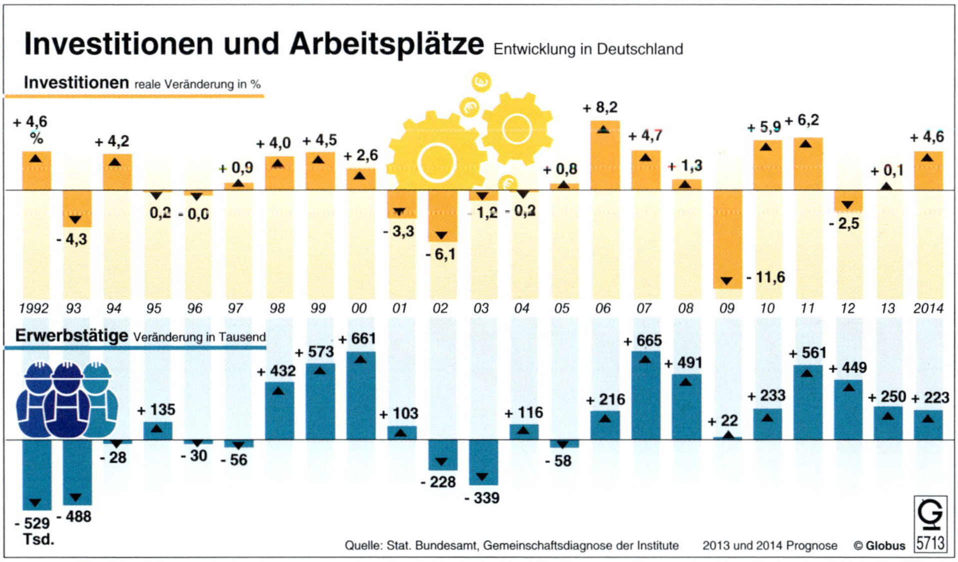

Finanzierung von Investitionen

Innenfinanzierung

- Selbstfinanzierung, z. B. Einsatz nicht entnommener Gewinne
- Nutzen von Abschreibungsmöglichkeiten, Auflösen von Rückstellungen
- Verkauf/Verpachtung firmeneigener Werte wie Immobilien

Außenfinanzierung

- Eigenfinanzierung
  z. B. Ausgabe von (neuen) Aktien
- Fremdfinanzierung
  - Bankkredit
  - Lieferantenkredit
  - Förderdarlehen
  - Ausgabe von Anteilsscheinen, Genussrechten usw.

6.3 Eigen- und Fremdfinanzierung

Benötigtes Kapital zur Finanzierung von Investitionen kann den Unternehmen auf unterschiedliche Weise zur Verfügung gestellt werden. Sie können geplante Maßnahmen eigen- oder fremdfinanzieren.

Eigenfinanzierung (= Finanzierung durch eigene Mittel)

Alle Finanzierungsvorgänge, die dem Unternehmen zusätzliches Eigenkapital (= Geldzufluss) verschaffen, werden als Eigenfinanzierung bezeichnet.

Oft werden durch die Aufnahme neuer Gesellschafter zusätzliche Einlagen gebildet. Da in diesem Fall die Eigentümer die Mittel aufbringen, spricht man von Eigenfinanzierung.

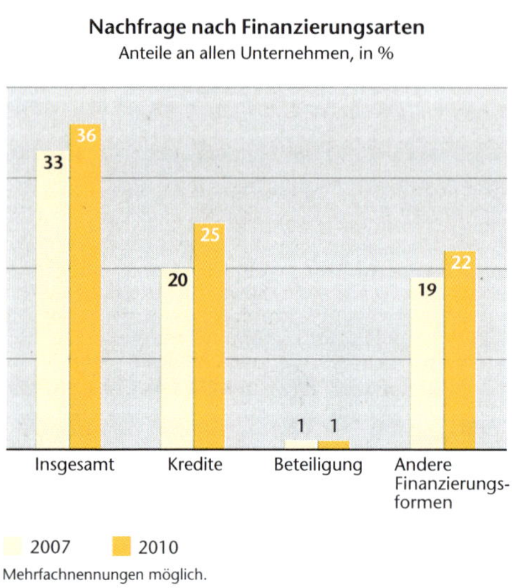

Statistisches Bundesamt, Wirtschaft und Statistik, Juli 2011

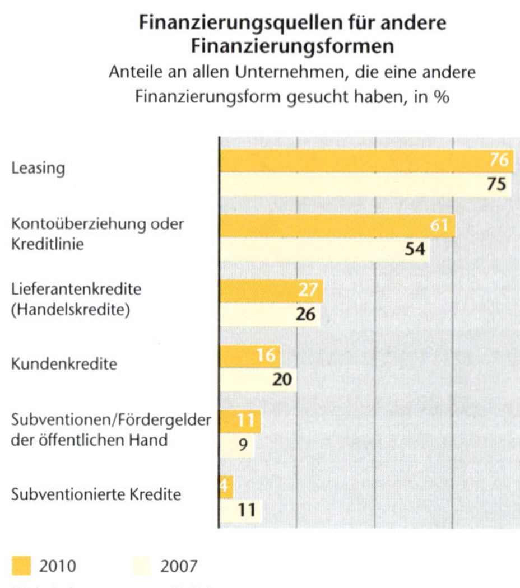

Statistisches Bundesamt, Wirtschaft und Statistik, Juli 2011

Die Verwendung eigener Mittel, die beispielsweise aus dem Veräußern unternehmenseigener Werte (Grundstücke, Betriebsanlagen, Fertigungsverfahren usw.) stammen, bietet ebenfalls die Möglichkeit der eigenen Finanzierung von geplanten Vorhaben. Auch Rückstellungen (z. B.

angesparte Gelder für Betriebsrenten oder zu erwartende Kosten für Garantieleistungen) oder Gewinne aus der Vergangenheit können in das Unternehmen investiert werden.

Häufig reichen jedoch die Mittel der Eigenfinanzierung nicht aus. Es ist auch nicht immer ratsam, Vermögenswerte zu veräußern oder durch die Aufnahme von Gesellschaftern die Entscheidungsstruktur im Unternehmen – etwa durch neue Stimmrechtsverhältnisse – zu verändern.

Fremdfinanzierung (= Finanzierung durch Mittel von außen)

Die Aufnahme von Krediten ist eine in Unternehmen übliche Vorgehensweise. Da die Kreditgeber üblicherweise Unternehmensfremde sind, handelt es sich hierbei Fremdfinanzierung.

Mögliche Situationen:

- Der Zimmereibetrieb Fuchs bezieht Leimbinderholz für das Dachgebälk des Einfamilienhauses der Familie Seekatz. Er zahlt die Lieferung, sobald der Auftrag erledigt und die Rechnung von Familie Seekatz bezahlt ist. → Lieferant
- Die Hausbank der Schreinerei Posse gewährt einen Kreditrahmen von 20 000,00 €, über den das Unternehmen ohne Rückfrage verfügen kann. → Bank
- Die Monolux AG nimmt einen Kredit bei der Volksbank Posemuckel für den Bau der neuen Produktionshalle auf. → Bank
- Sie nutzt dabei die Möglichkeit für ein günstiges Förderdarlehen durch die NRW-Bank. (Die NRW-Bank vermittelt als landeseigene Bank beispielsweise Kredite aus einem Mittelstandsförderungsprogramm des Landes Nordrhein-Westfalen). → Staat (in diesem Fall das Bundesland Nordrhein-Westfalen)

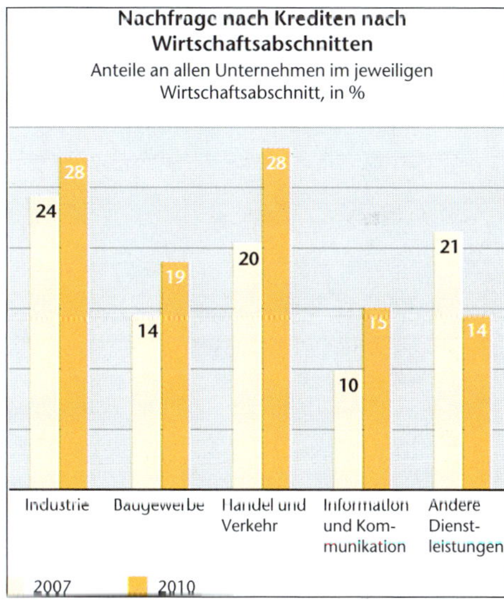

Statistisches Bundesamt, Wirtschaft und Statistik, Juli 2011

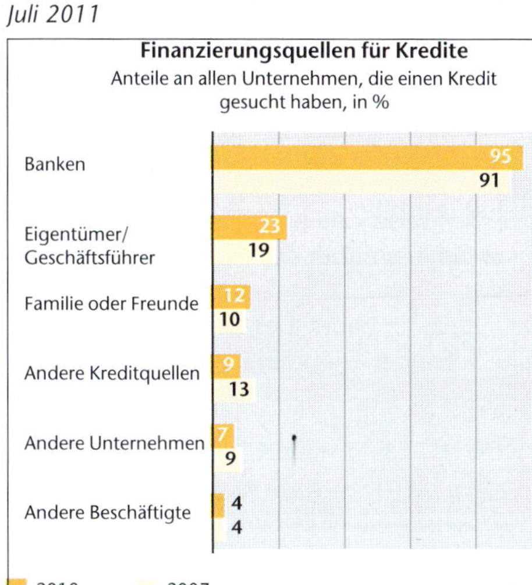

Statistisches Bundesamt, Wirtschaft und Statistik, Juli 2011

- Familie Müller möchte Urlaub in einem Hotel an der Mittelmosel machen und zahlt einen Teil des Übernachtungspreises bereits vier Wochen vor Reisebeginn an. → Kunde
- Herr Luntz erwirbt Genussscheine eines Weinguts mit der Aussicht auf Verzinsung in Naturalien. → Privatpersonen

Leasing (= Vermietung von Fahrzeugen, Maschinen usw.)

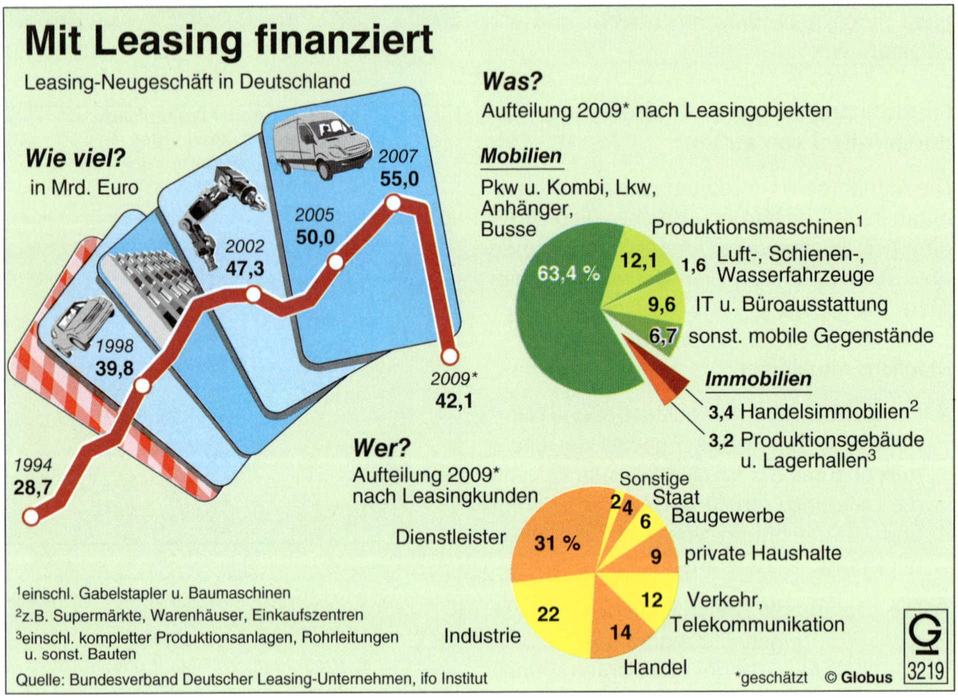

„Mieten statt kaufen!" Unter diesem Slogan kann man die Möglichkeit des Leasings fassen. Es handelt sich dabei um das Mieten oder Pachten von Investitionsgütern gegen einen vertraglich festgelegten Zins, die Leasingrate. Dabei ist es möglich, eine festgelegte Summe zu Beginn des Vertragsverhältnisses zu zahlen, außerdem kann vereinbart werden, dass das Gut, beispielsweise eine Maschine oder ein Firmenfahrzeug, am Ende der Laufzeit nach Zahlung einer Schlussrate in das Eigentum des Leasingnehmers (Unternehmens) übergeht.[1]

Beim Leasing handelt es sich genau genommen um einen Finanzierungsersatz und nicht um eine Form der Fremdfinanzierung.

[1] *Zur Unterscheidung von Besitz und Eigentum: Der Mieter besitzt eine Wohnung, der Vermieter ist, sofern die Immobilie belastungsfrei ist, Eigentümer des Hauses oder der Wohnung. Im alltäglichen Sprachgebrauch werden beide Begriffe häufig synonym (= mit ähnlicher Bedeutung) gebraucht.*

Vor- und Nachteile des Leasings

Vorteile: Das unternehmenseigene Kapital wird geschont. Durch Abschluss einer Versicherung ist das Unternehmen vor Kosten durch Schäden oder Ausfall von geleasten Maschinen oder Fahrzeugen geschützt. Der Fuhr- und Maschinenpark kann durch fortgesetztes Leasing auf dem neuesten Stand gehalten werden.

Nachteile: Leasingobjekte gehören nicht zum betrieblichen Eigentum und können deshalb nicht als Sicherheiten zum Beispiel für spätere Kredite dienen. Es sind Leasingraten zu zahlen. Bei Zahlungsverzug können geleaste Maschinen vom Leasinggeber zurückgefordert werden; sie stehen dann für die weitere Produktion nicht mehr zur Verfügung. Dann werden Aufträge nicht mehr erfüllt, eventuelle Finanzprobleme des Unternehmens vergrößern sich weiter.

Factoring

Neben dem Leasing gewinnt das **Factoring** (= Forderungsverkauf zur Unternehmensfinanzierung)[1] als Finanzierungsersatz für Unternehmen immer größere Bedeutung. Es handelt sich um eine Finanzdienstleistung, um einen „Verkauf von Forderungen, um direkt Zahlungseingänge auch bei erst späterer Forderungsfälligkeit zu realisieren und das Ausfallrisiko samt dessen Überwachung abzuwälzen."[2] So verkauft beispielsweise der Bauunternehmer Kilian die ausstehende Forderung an seinen Kunden Brenner (für den Bau eines Einfamilienhauses) gegen eine Factoringgebühr an ein Factoringunternehmen und hat den entsprechenden Betrag sofort zur Verfügung, statt auf die Rechnungsbegleichung durch Familie Brenner warten zu müssen.

6.4 Kreditarten

Ein Kredit ist die

- zeitweilige Überlassung von Geld,
- für einen bestimmten Zeitraum,
- mit vorgesehener Rückzahlung komplett oder in Raten,
- zinslos oder gegen Zahlung eines vereinbarten Zinses.

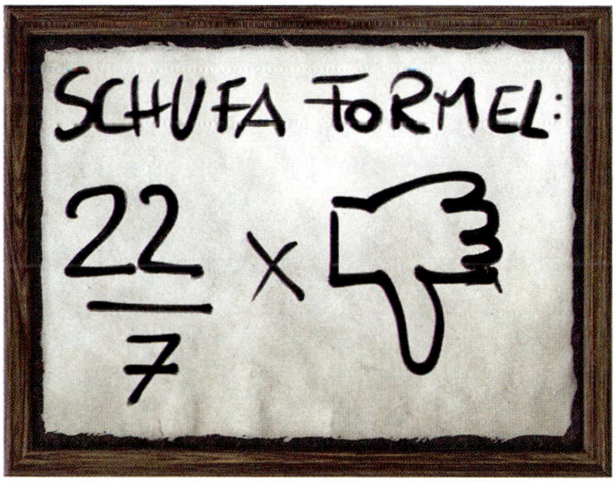

[1] Als Forderung bezeichnet man den Betrag, Wert, den beispielsweise ein Handwerker für seine Arbeit in Rechnung stellt.

[2] Gabler Wirtschaftslexikon, zitiert nach: http://wirtschaftslexikon.gabler.de/Definition/factoring.html#definition [30.06.2014].

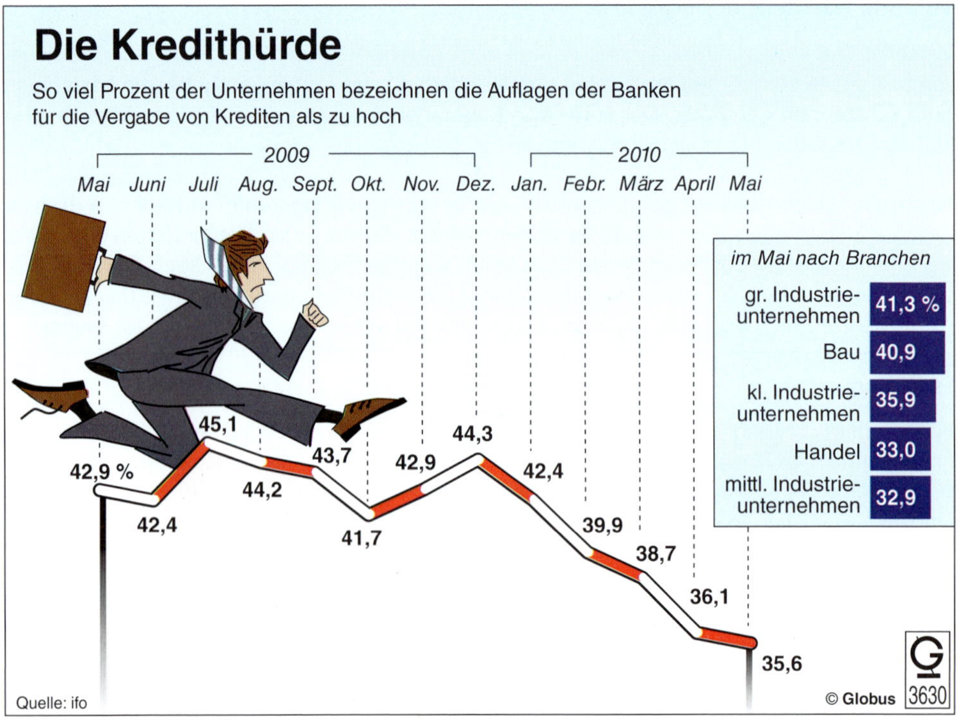

Kredite lassen sich unterscheiden nach Laufzeit, Art der Leistung, Verwendung, Verzinsung sowie der Kreditabsicherung.

Kredite können unterschieden werden nach					
Leistung	Laufzeit	Verwendung	Person	Zins	Sicherung
■ Geldkredit ■ Leistungskredit	■ kurzfristig ■ mittelfristig ■ langfristig	■ Produktivkredit ■ Konsumtivkredit	■ Privatkredit ■ Unternehmenskredit ■ öffentlicher Kredit (Staat)	■ verzinst ■ zinslos	■ Realkredit/[1] Sachkredit/ Personalkredit

Beispiele:

- Die Brauerei Schenk nimmt für den Kauf einer neuen Abfüllanlage einen langfristigen Geldkredit in Höhe von 200 000,00 € auf. Es handelt sich um einen Produktivkredit, der mit 3 % jährlich verzinst wird. Da die Anlage selbst sowie ein firmeneigenes Grundstück als Sicherheiten eingesetzt werden, handelt es sich zudem um einen Real- oder Sachkredit.

[1] *Der Realkredit ist z. B. durch Hypothek, Grundschuld abgesichert, der Sachkredit z. B. durch eine Immobilie oder einen anderen Sachwert, der Personalkredit über die Bonität des Kunden, dokumentiert z. B. durch Einkommensnachweis.*

- Die Glockengießerei muss die bezogenen Metalle erst sechs Monate nach Lieferung bezahlen. Bis dahin hat die Kirchengemeinde St. Läuten die neue Glocke erhalten und die Rechnung beglichen. Die Glockengießerei hat also einen mittelfristigen und zinslosen Warenkredit von ihrem Lieferanten erhalten.

Die wichtigsten Kreditarten für Unternehmen sind die folgenden:

Kontokorrentkredit

Das Ausbleiben oder verzögerte Eintreffen von Zahlungen durch Kunden oder der Materialkauf für neue zu erledigende Aufträge können kurzfristig zu finanziellen Engpässen führen. Deshalb ist es für ein Unternehmen sinnvoll, einen Kreditrahmen zu haben, über den kurzfristig und ohne Rückfrage, Beantragung oder Bonitätsprüfung (= Überprüfung der vermeintlichen Rückzahlungsfähigkeit) verfügt werden kann. (Im Privatkundenbereich spricht man vom Dispositionskredit.)

Die Firma muss Geld sparen, und darum müssen wir den Teppich schonen!

Darlehen

Ist der Finanzbedarf absehbar, kann ein Darlehen bei einer Bank aufgenommen werden. Der Kreditbetrag wird komplett oder in Teilsummen ausgezahlt, Verzinsung und andere Kreditkosten sowie Rückzahlungsmodus und Tilgungsplan werden vertraglich festgelegt. Kosten und Modalitäten sind für beide Seiten absehbar und damit planbar.

Lieferantenkredit

Eine Kfz-Werkstatt muss die Kosten für die im Laufe eines Kalendermonats bezogenen Ersatzteile erst am 15. des Folgemonats bezahlen. Diese Zahlungsbedingungen werden im Kaufvertrag vereinbart.

Üblich ist auch die Gewährung von Rabatt (Skonto); bei Zahlung bis zu einem angegebenen Termin kann ein bestimmter Prozentsatz – oft 3 % der Rechnungssumme – von Letzterer abgezogen werden.

Unternehmen benötigen vielfach Kapital zur Umsetzung neuer Ideen und Projekte, deren Erfolge auf dem Markt noch nicht erwiesen sind. Erfahrungsgemäß haben sie deshalb Schwierigkeiten bei der Kreditaufnahme und suchen nach anderen Möglichkeiten der Finanzierung.

6.5 Kreditsicherheiten

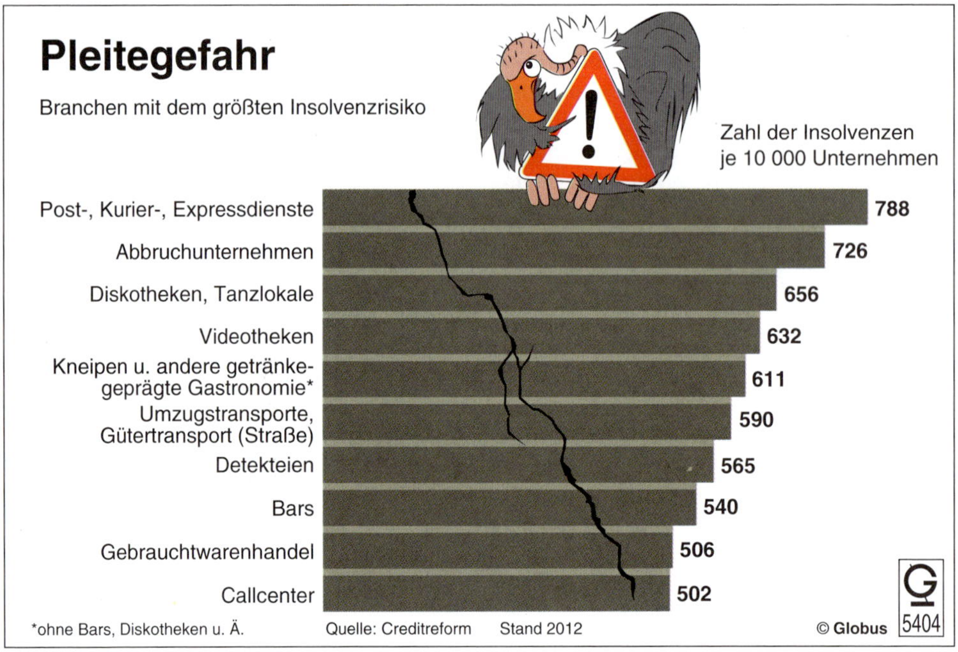

Der Begriff „Kredit" bedeutet laut Duden lateinisch *creditum = auf Treu und Glauben Anvertrautes.* Der Kreditgeber, der Gläubiger, glaubt also daran, sein Geld (verzinst) wiederzubekommen. Doch verlässt er sich dabei nicht nur aufs Glauben, sondern prüft zunächst die Kreditwürdigkeit, die Bonität, seines Gegenübers, indem er

- in Kenntnis der Unternehmensform um die Haftungsverhältnisse durch Unternehmenseigner weiß,
- die Unternehmenskennzahlen (Bilanzsumme, Gewinn- und Verlustrechnung, Rentabilität usw.) prüft,
- sich über die Zahlungsmoral in der Vergangenheit bei Informationsdiensten (z. B. Creditreform) informiert oder
- als Bank am Ende der Risikobewertung selbst einen Ratingwert ermittelt und den Kreditnehmer in eine Risikoklasse einteilt,

- Kenntnisse über die Unternehmensstruktur, die personelle Situation in der Unternehmensleitung (Nachfolge, Kontinuität, Know-how) einfließen lässt,
- Werte, die zur Absicherung eines Kredits dienen können, prüft.

Angesichts der Gefahr der Insolvenz (= Zahlungsunfähigkeit) von Unternehmen kommt der Kreditsicherung eine besondere Bedeutung zu.

Kreditsicherheiten sind Sachen oder Rechte, die dem Kreditgeber (in der Regel einer Bank) zur Verfügung gestellt werden und die diese bei Zahlungsausfall verwerten kann.

Natürlich ist es auch möglich, dass ein Kreditgeber auf eine Sicherheit verzichtet und auf die Bonität (= Zahlungsfähigkeit, Kreditwürdigkeit), dokumentiert durch hohe regelmäßige Einkünfte oder Vermögenswerte sowie den Ruf (= Leumund) des Kreditnehmers, vertraut. Ein solcher reiner Personalkredit ist jedoch im Zusammenhang mit Unternehmensfinanzierungen eher unüblich.

Möglichkeiten der Kreditabsicherung				
Bürgschaft	Verpfändung beweglicher Sachen, Verpfändung von Rechten (z. B. Bankguthaben)	Verpfändung von Immobilien	Abtretung eigener Forderungen an die Bank	Sicherungsübereignung

- **Verpfändung** (= ein Ersatzwert/Ersatzgegenstand wird zur Verfügung gestellt) **von Immobilien**
  Unternehmenseigene Grundstücke, Betriebs- oder Lagerstätten
- **Verpfändung beweglicher Sachen**
  Firmenfahrzeuge, Maschinen und Produktionsanlagen

In beiden Fällen handelt es sich um Realkredite, bei denen die Forderungen des Kreditgebers durch ein unmittelbares Zugriffsrecht auf Sachen oder Vermögenswerte des Kreditnehmers abgesichert werden. Weiter als die Verpfändung, bei der das Eigentum an den verpfändeten Gütern beim Schuldner bleibt, geht die

- **Sicherungsübereignung**
  Der Kreditgeber wird Eigentümer der Sicherungsgegenstände (mittelbarer Besitz), während der Kreditnehmer unmittelbarer Besitzer bleibt. Er kann die Gegenstände, beispielsweise die Firmen-Pkw, also weiter gebrauchen. Neben dem Kreditvertrag wird ein Sicherungsübereignungsvertrag geschlossen, das Eigentum an den übereigneten Gegenständen geht nach Tilgung der Kreditsumme – wie im Sicherungsvertrag vereinbart – wieder an den Kreditnehmer über.

- **Bürgschaft**
  Ein Start-up-Unternehmen möchte mit seiner neuen Geschäftsidee, einer Smartphone-App, die Rezepte und Kaufempfehlungen für regionale Gerichte je nach Lebensmittelvorrat des Nutzers bietet, auf den Markt gehen. Da keine Vermögenswerte vorhanden sind, verlangt die Bank vor der Kreditvergabe eine Bürgschaft, in der sich die Lebensgefährtin der Jungunternehmerin Schmitt vertraglich für die ersten drei Jahre nach Unternehmensgründung verpflichtet, bei Ausfall die Kreditraten der Kreditnehmerin zu übernehmen. Bürgschaften können zeitlich und in ihrer Höhe begrenzt oder unbegrenzt sein.[1]

- **Forderungsabtretung an die Bank**
  Eine Bootswerft hat für den Umbau einer Segelyacht Außenstände (= Forderungen laut gestellten Rechnungen, damit zukünftige Zahlungseingänge von Kunden) in Höhe von 15 200,00 €. Diese Forderung tritt sie zur Absicherung eines Darlehens an die Bank ab.

Vor- und Nachteile der Verfahren zur Kreditabsicherung

	Schuldner	Gläubiger
Verpfändung	+ Werte des Unternehmens können eingesetzt werden, ohne das Eigentum daran zu verlieren – verpfändete Güter müssen bei Nichterfüllung abgegeben werden und stehen z. B. für die Produktion nicht mehr zur Verfügung	+ Zugriff auf die verpfändeten Güter bei Zahlungsausfall sofort möglich – Pfandgut muss ggf. erst verwertet werden, z. B. durch Versteigerung, möglicherweise mit Wertverlust
Sicherungs-übereignung	+ übereignete Gegenstände stehen weiterhin zur Verfügung und sind als solche nicht erkennbar – bei Zahlungsausfall droht der Verlust der übereigneten Güter	+ Zugriff auf übereignete Güter im Insolvenzfall – Verkaufserlös ist möglicherweise niedriger als der geschuldete Betrag
Bürgschaft	+ Sicherheitsleistung wird ermöglicht auch ohne Vorhandensein von Unternehmensvermögen – Bürge haftet für unternehmerischen Misserfolg ohne Möglichkeit der Einflussnahme	+ Ausfallbürgschaft sichert Tilgung der Kreditsumme – Bonität des Bürgen unter Umständen fraglich
Forderungs-abtretung	+ kein Einsetzen von Produktionsgütern zur Kreditabsicherung – Einnahmen fehlen bei Zahlungsausfall, was zu noch größeren finanziellen Schwierigkeiten führen kann	+ Sicherheitsleistung möglich – Forderungen sind bei Insolvenz des Kunden oft nicht durchsetzbar

[1] *Bei einer selbstschuldnerischen Bürgschaft kann der Bürge bereits bei Zahlungsverzug herangezogen werden, er wird ohne Vollstreckungstitel gegenüber dem Kreditnehmer zum Hauptschuldner. Als Bürge im Sinne des Bürgerlichen Gesetzbuchs („BGB-Bürge“, „gewöhnlicher“ Bürge) muss er erst dann zahlen, wenn Zwangsvollstreckung o. Ä. beim Schuldner erfolglos geblieben sind.*

Aufgaben

1. *„Stillstand bedeutet Rückschritt." Nehmen Sie begründet Stellung zu dieser Aussage des Unternehmers Stefan Hasport (BikeSky).*

2. *Welche Investitionsmöglichkeiten sind in Ihren Augen sinnvoll? Recherchieren Sie die zu erwartenden Kosten.*

3. *Erstellen Sie eine Investitionsplanung. Bedenken Sie dabei, dass möglicherweise nicht alle Vorhaben (gleichzeitig) zu realisieren (= verwirklichen) sind. Um diese Ideen der Bankberaterin, der Unternehmensberaterin oder möglichen Investoren vorstellen zu können, fertigen Sie eine Präsentation mit einem Präsentationsprogramm an.*

4. *Worin liegt der Unterschied zwischen einem Investitionsplan und einem Businessplan?*

5. *Welche Arten der Finanzierung gibt es? Welche Formen sind für BikeSky sinnvoll, welche nicht? Begründen Sie Ihre Auswahl und entwickeln Sie eine Checkliste.*

6. *Worin liegt der Unterschied zwischen Finanzierung und Investition?*

7. *Fertigen Sie ein Schaubild zu den Möglichkeiten der Finanzierung an.*

8. *BikeSky bezieht vom Fahrradhersteller Poploth Räder im Wert von 26 352,00 €. Die Zahlungsbedingung lautet „60 Tage netto Kasse, bei Zahlung innerhalb von 14 Tagen 3 % Skonto". Für einen Kontokorrentkredit der Hausbank wären 14 % effektiver Jahreszins zu zahlen. BikeSky möchte den Skontoabzug nutzen, müsste dafür aber den Kontokorrentkredit in Anspruch nehmen. Überprüfen Sie, ob diese Entscheidung sinnvoll ist.*

9. *BikeSky nimmt einen längerfristigen Kredit bei einer Geschäftsbank auf. Wozu eignet sich dieses Kapital?*
   - *Bezahlung der Kommunikationskosten (Telefon, Internet)*
   - *Gehaltszahlungen*
   - *Kauf einer neuen Werkstattausstattung*
   - *Betankung der Firmenwagen*

10. *Benennen Sie Vor- und Nachteile der Verfahren „Leasing" und „Factoring". Kommen sie für BikeSky infrage? Suchen Sie andere Beispiele (Unternehmen).*

11. *Welche Möglichkeiten der Kreditabsicherung gibt es? Stellen Sie Vor- und Nachteile für Einzel- und Gesellschaftsunternehmen gegenüber.*

Vertiefungsaufgaben

A. *Sie möchten potenzielle (= mögliche) Geldgeber davon überzeugen, in Ihr Unternehmen zu investieren. Dazu laden Sie diese zu einer Informationsveranstaltung ein. Bereiten Sie sich auf diesen Termin vor, indem Sie Ihr Projekt konkretisieren (Informationen einholen, Investitionsplanung erstellen). Bedenken Sie, dass Bilder oft mehr sagen als Worte, und wählen Sie eine geeignete Präsentationsform.*

B. *Werden Sie selbst Unternehmer oder Unternehmerin! Dazu können Sie eine Schülerfirma gründen. Informieren Sie sich darüber im Internet und stellen Sie verschiedene Möglichkeiten vor. Folgende Seiten können dabei hilfreich sein:*
www.juniorprojekt.de
www.theo-prax.de
www.unternehmergeist-macht-schule.de

C. *Welche Vorteile hat das Factoring als Form der Finanzierung gegenüber den anderen Ihnen bekannten Möglichkeiten?*

Anforderungssituation 7 Wirtschafts- und Konjunkturpolitik

Analysieren der Schwankungen gesamtwirtschaftlicher Aktivität und Diskutieren wirtschaftspolitischer Maßnahmen

7

Kompetenzen

Zunächst beschreiben Sie die Grundlage der deutschen Wirtschaftspolitik, das Stabilitätsgesetz und dessen sogenanntes „magisches Viereck". Zudem untersuchen Sie die Zielbeziehungen des magischen Vierecks und identifizieren mögliche Zielkonflikte.

Anschließend beschreiben Sie selbstständig Konjunkturzyklen anhand von Konjunkturindikatoren und vergleichen wirtschaftspolitische Maßnahmen zur gesamtwirtschaftlichen Stabilisierung. In diesem Zusammenhang setzen Sie sich mit der Problematik der zunehmenden Staatsverschuldung und deren Auswirkungen auf staatliche Wirtschaftspolitik auseinander.

Abschließend diskutieren Sie quantitative Wohlstandsmaßstäbe für eine Volkswirtschaft wie das Bruttoinlandsprodukt und erweitern Ihren Blick um zwei wichtige Aspekte, die Nachhaltigkeit und die soziale Gerechtigkeit.

Einstiegssituation

Das Maschinenbauunternehmen Woledo GmbH ist europaweit tätig und hat sich im Laufe der Jahre auf automatisierte Produktionsanlagen für die Metall und Kunststoff verarbeitende Branche spezialisiert.

Die zwei Geschäftsführer, Herr Wolf und Herr Lehmann, diskutieren die aktuelle Lage des in Dortmund ansässigen Unternehmens. Sie möchten gerne den Anteil der umwelt- und ressourcenschonenden Produktionsanlagen an ihrer gesamten Produktionsmenge erhöhen.

„Dies könnte doch gleich mit einer Ausweitung der Produktionskapazitäten verbunden werden", meint Herr Wolf. „Ich sehe das eher skeptisch", ist die Antwort von Herrn Lehmmann. „Wir sollten nicht nur unsere Auftragslage und unseren Betrieb sehen, sondern unser komplettes Umfeld, vor allem aber die wirtschaftliche Lage in Deutschland und Europa. Wir haben zwar noch genug Platz auf unserem Betriebsgelände – aber werden in nächster Zeit von unseren Kunden überhaupt Investitionen getätigt?"

Herr Wolf gibt seinem Partner recht. „Das stimmt, wir sollten uns alle Aspekte gründlich anschauen, damit wir eine fundierte Entscheidung treffen können. Wir müssen uns die derzeitige und zukünftige wirtschaftliche Lage gut anschauen."

Arbeitsaufträge

1. *Wovon hängt die Investitionsfreude der Geschäftspartner der* Woledo GmbH *ab? Erstellen Sie eine Sammlung möglicher Einflussfaktoren.*

2. *Recherchieren Sie, wie Unternehmen Informationen über die aktuelle und zukünftige Wirtschaftslage erlangen.*

7.1 Stabilitätsgesetz

Alle Wirtschaftsminister in Deutschland (sowohl im Bund als auch in den Ländern) müssen sich seit 1967 bei der Gestaltung der Wirtschaftspolitik stets nach der gleichen gesetzlichen Grundlage richten, dem „Gesetz zur Förderung der Stabilität und des Wachstums der Wirtschaft", kurz: dem **Stabilitätsgesetz**.

Gesetz zur Förderung der Stabilität und des Wachstums der Wirtschaft

Datum des Inkrafttretens: 14.06.1967

§ 1

Bund und Länder haben bei ihren wirtschafts- und finanzpolitischen Maßnahmen die Erfordernisse des gesamtwirtschaftlichen Gleichgewichts zu beachten. Die Maßnahmen sind so zu treffen, dass sie im Rahmen der marktwirtschaftlichen Ordnung gleichzeitig zur Stabilität des Preisniveaus, zu einem hohen Beschäftigungsstand und außenwirtschaftlichem Gleichgewicht bei stetigem und angemessenem Wirtschaftswachstum beitragen.

Das Gesetz ist eine Reaktion auf die Nachkriegsentwicklung der Wirtschaft und deren Folgen. Zunächst gab es fast zwei Jahrzehnte starkes Wachstum – bedingt durch den großen Nachholbedarf nach dem Krieg –, das sich aber nicht dauerhaft halten konnte. Bald traten die ersten Probleme auf als Folge der langen Wachstumsphase.

Es gab teils sehr große Produktionskapazitäten, aber nicht mehr die entsprechende Nachfrage. Der Nachholbedarf der Menschen war gedeckt, die Nachkriegsschäden waren beseitigt, die Wirtschaft stagnierte[1] oder schrumpfte sogar (1967 = –0,3 %; vgl. Grafik). Es gab nach langer Zeit wieder Entlassungen und Betriebsschließungen, danach stieg das Wirtschaftswachstum wieder stark an (+7,5 %).

In der Vergangenheit hatten starke Schwankungen der Wirtschaft nicht nur Not für die Bevölkerung bedeutet, sondern auch immer politische Auswirkungen gehabt. So entschlossen sich die Verantwortlichen in Deutschland, ein Gesetz zu erlassen, mit dem der Staat regelnd in die Wirtschaft eingreifen kann, das Stabilitätsgesetz wurde verabschiedet. Mithilfe dieses Gesetzes sollen durch staatliche Eingriffe oder Maßnahmen extreme Schwankungen der Wirtschaft abgemildert werden. Man versuchte so, aus den Erfahrungen der Vergangenheit mit Weltwirtschaftskrisen und Massenarbeitslosigkeiten, die politische Unruhen mit sich brachten, zu lernen und diese mit aktiver Wirtschaftspolitik zu vermeiden.

Wirtschaftspolitik in Deutschland

Unter Wirtschaftspolitik versteht man die Gesamtheit aller Maßnahmen, durch die der Staat in die Wirtschaft eingreift. Wirtschaftspolitik umfasst drei Bereiche:

- **Ordnungspolitik**
  Gestaltung der Wirtschaftsordnung, z. B. Wettbewerbsordnung, Verbraucherschutz, Gewerbeordnung.
- **Konjunkturpolitik**
  Glättung der konjunkturellen Schwankungen durch staatliche Eingriffe, z. B. Erhöhung der Steuern, Sparförderung, Erteilung von staatlichen Aufträgen.

[1] *Stagnation: Stillstand, Stocken des Wachstums*

- **Strukturpolitik**
  Beeinflussung der wirtschaftlichen Struktur, z. B. durch Subventionen, Förderung neuer Technologien, Infrastrukturmaßnahmen.

Diese Bereiche der Wirtschaftspolitik werden von verschiedenen Akteuren beeinflusst, wie die nachfolgende Abbildung verdeutlicht.

Akteure der Wirtschaftspolitik in Deutschland

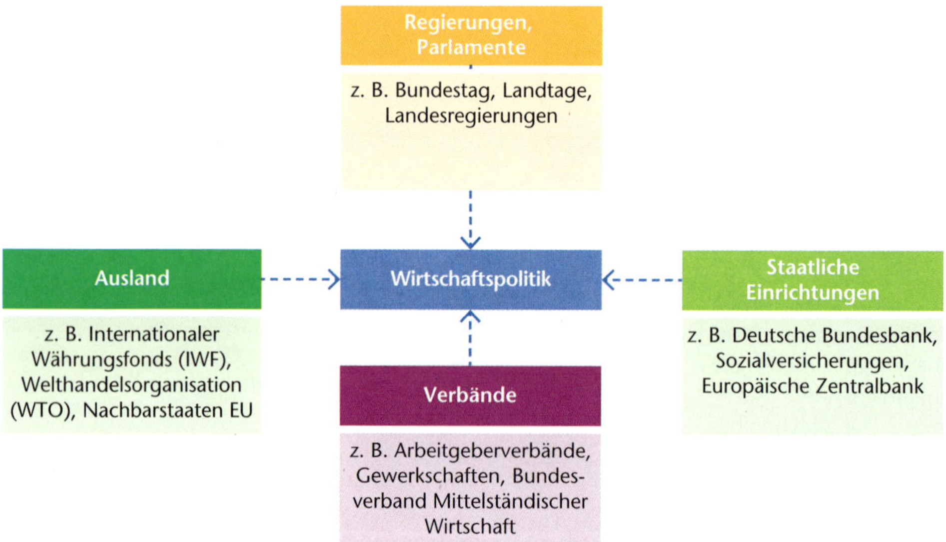

Ziele des Stabilitätsgesetzes

Das oberste Ziel aller staatlichen Maßnahmen ist – laut Stabilitätsgesetz – das gesamtwirtschaftliche Gleichgewicht. Diesem Oberziel ordnen sich die vier Ziele der staatlichen Wirtschaftspolitik unter, dies sind Preisstabilität, Vollbeschäftigung, angemessenes Wirtschaftswachstum und außenwirtschaftliches Gleichgewicht.

Stabilität des Preisniveaus	Preisstabilität wird gemessen in der Preissteigerungsrate bzw. der Inflationsrate. Liegt diese nicht über 2 %, gilt das Ziel der Preisstabilität als erreicht.
Hoher Beschäftigungsstand	Absolute Vollbeschäftigung ist in einer Volkswirtschaft nicht möglich[1]. Liegt die Messgröße, die Arbeitslosenquote, unter 2 %, ist dieses Ziel erreicht.
Angemessenes und stetiges Wirtschaftswachstum	Gemessen wird das Wirtschaftswachstum mithilfe des Bruttoinlandsproduktes (BIP)[2]. Als angemessenes Wachstum wurde eine Steigerung des BIP zwischen 3 % und 4 % festgelegt.
Außenwirtschaftliches Gleichgewicht	Dieser Zustand ist erreicht, wenn der Wert der Importe dem Wert der Exporte entspricht. Die Werte der ein- und ausgeführten Güter werden in der sogenannten Leistungsbilanz[3] erfasst.

[1] *Es gibt immer eine gewisse Arbeitslosigkeit, bedingt durch z. B. Wohnortwechsel, Umzug, Übergang von Schule/Studium zum Beruf*

[2] *Wert aller Güter und Dienstleistungen, der in einem Jahr innerhalb einer Volkswirtschaft erwirtschaftet wurde (vgl. Kapitel 7.6).*

[3] *Die Leistungsbilanz ist Teil der Zahlungsbilanz, die eine Art Buchführung einer Volkswirtschaft ist. Sie erfasst alle in Geld messbaren Bewegungen zwischen dem Inland und dem Ausland.*

In der Realität ist es allerdings sehr schwer, alle vier Unterziele des Stabilitätsgesetzes gleichzeitig zu erfüllen. Man benötigt magische Kräfte, um alle Ziele zur selben Zeit zu erreichen, daher nennt man diese vier Ziele auch das **magische Viereck.**

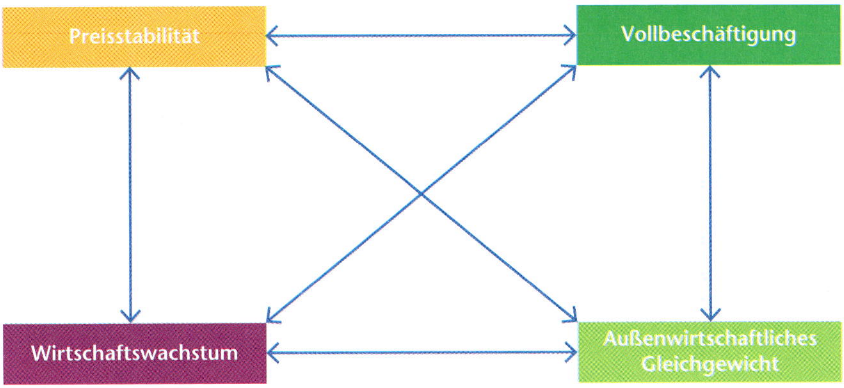

Die Pfeile in der Abbildung verdeutlichen, dass zwischen allen Zielen Beziehungen bestehen. Diese unterscheiden sich in drei Arten von **Zielbeziehungen**:

- **Zielindifferenz**
  Die gleichzeitig verfolgten Ziele haben keinen Einfluss aufeinander, d. h., sie fördern sich nicht gegenseitig, aber sie behindern sich auch nicht.
- **Zielharmonie**
  Die Verfolgung des einen Ziels hat auch positive Auswirkungen auf ein anderes Ziel.
- **Zielkonflikt**
  Die Erreichung des einen Ziels behindert die Erreichung eines anderen Ziels.

7.2 Zielkonflikte der Wirtschaftspolitik

Der Konflikt !

Die Lösung ???

Nach dem Stabilitätsgesetz sollen alle Ziele gleichrangig verfolgt werden. Allerdings ist dies nicht gleichzeitig möglich, da das Erreichen des einen Ziels die Erfüllung eines anderen behindern kann. Zur besseren Einschätzung, inwieweit sich die jeweiligen Ziele gegenseitig beeinflussen, ist es notwendig, sich die Auswirkungen der einzelnen Ziele vor Augen zu führen.

Ziel	Beispielhafte Auswirkungen bei Nichterreichen	Auswirkungen auf
Preisniveaustabilität	Zu hohe Inflation: ▪ Geld verliert seinen Wert ▪ Nachfrage und Investitionen gehen zurück ▪ Exporte steigen evtl. durch Wertverlust des Euros an	▪ Wirtschaftswachstum ▪ Vollbeschäftigung ▪ Außenwirtschaftliches Gleichgewicht
Vollbeschäftigung	Hohe Arbeitslosigkeit: ▪ Viele Haushalte haben ein geringes Einkommen, schränken ihre Nachfrage ein ▪ Investitionen der Industrie sinken aufgrund der mangelnden Nachfrage	▪ Wirtschaftswachstum ▪ Außenwirtschaftliches Gleichgewicht
Angemessenes Wirtschaftswachstum	Zu geringes Wachstum: ▪ Die Unternehmen haben zu wenig Aufträge, entlassen Mitarbeiter ▪ Den Haushalten steht durch Arbeitslosigkeit weniger Einkommen zu Verfügung	▪ Vollbeschäftigung ▪ Preisniveaustabilität ▪ Außenwirtschaftliches Gleichgewicht
Außenwirtschaftliches Gleichgewicht	Exporte übersteigen Importe: ▪ Durch die erhöhten Exporte fließt viel Geld ins Land, steht für Investitionen/Konsum zur Verfügung, die Inlandsnachfrage steigt	▪ Preisniveaustabilität ▪ Vollbeschäftigung

Aufgrund der bestehenden **Zielkonflikte** ist es für die Träger der Wirtschaftspolitik notwendig, Prioritäten zu setzen. So werden zwar nicht alle Ziele des Stabilitätsgesetzes verfolgt, aber das in der jeweiligen Lage wichtigste Ziel oder das Ziel, das am bislang wenigsten erreicht worden ist. Die Priorität der Ziele hängt also von der aktuellen wirtschaftlichen Lage ab.

Beispiel:

Aufgrund der internationalen Wirtschaftskrise hatten die deutschen Automobilkonzerne Absatzschwierigkeiten, dies zeigte sich deutlich in sinkenden Preisen und günstigen Finanzierungsangeboten für neue Autos. Teilweise konnten neue Autos mit Krediten zu 0 % Zinsen finanziert werden.

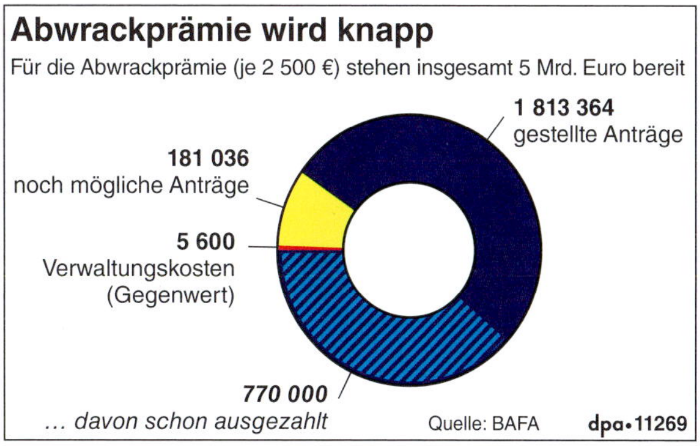

So führte die Bundesregierung 2009 die Abwrackprämie ein, um einen Anreiz zu schaffen, neue Autos zu kaufen. Wenn alle Voraussetzungen erfüllt waren, gab es einen staatlichen Zuschuss von 2500,00 € für das neue Auto.

Die Grafik (Stand 2008/2009) macht deutlich, wie erfolgreich diese staatliche Maßnahme war. Zumal sie ursprünglich mit 1,5 Mrd. geplant war und wegen der starken Nachfrage auf 5 Mrd. erhöht wurde.

Die bis dahin stark gesunkenen Neuwagenpreise stiegen im Anschluss wieder an. So gab es zwar einen Preisanstieg (Preisniveaustabilität), aber auch einen Teilerfolg beim Sichern von Arbeitsplätzen (Vollbeschäftigung).

7.3 Konjunkturzyklen

Die Ausprägung der gesamtwirtschaftlichen Stabilität unterliegt laufend Schwankungen und somit verändert sich auch die wirtschaftliche Lage einer Volkswirtschaft laufend. Es gibt Phasen, in denen Produktion, Nachfrage und Beschäftigung ansteigen – so wie in der Zeit des sogenannten Wirtschaftswunders –, und Phasen, in denen sie zurückgehen wie in der Zeit der letzten Wirtschaftskrise 2008/2009.

Man unterscheidet verschiedene Arten von Schwankungen der Wirtschaft:

- **Saisonale Schwankungen**
  Jahreszeitlich bedingte Nachfrageänderungen, die beschränkt sind auf wenige Wirtschaftszweige (z. B. Gastronomie, Baugewerbe) und für die Betroffenen vorhersehbar sind.
- **Strukturelle Schwankungen**
  Ausgelöst durch tief greifende Änderungen (z. B. Kohlekrise) sind sie von Dauer und erfordern langwierige Anpassungsprozesse für den betroffenen Wirtschaftszweig oder bedeuten sogar dessen Auflösung.
- **Konjunkturelle Schwankungen**
  Dies sind wiederkehrende periodische Schwankungen, die weder regelmäßig noch vorhersehbar sind und die ganze Wirtschaft betreffen.

Letztere Schwankungen der Wirtschaft nennt man im Allgemeinen **Konjunktur**. Die Konjunkturschwankungen durchlaufen mehrere Phasen, die sich andauernd wiederholen, d. h., sie bilden den Konjunkturverlauf. Sind alle unten abgebildeten Phasen der Konjunktur durchlaufen, spricht man von einem **Konjunkturzyklus**.

Konjunkturschwankungen

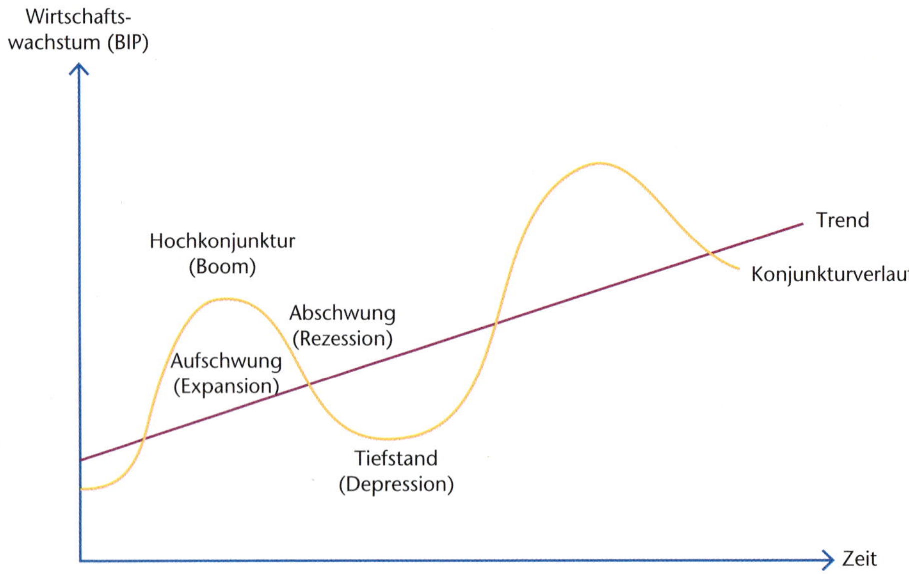

Die Länge eines Konjunkturzyklus beträgt im Schnitt vier bis fünf Jahre.

Aufschwung (Expansion)

Die Phase des Aufschwungs ist gekennzeichnet durch optimistische Erwartungen der Nachfrager und Anbieter. Dies führt zum Anstieg der Nachfrage und somit zu verstärkten Auftragseingängen bei den Unternehmen und erhöhter Produktion. Als Folge geht die Arbeitslosigkeit zurück, im Gegensatz dazu steigen nach und nach die Preise, Löhne und Zinsen langsam an.

"He! Wer hat Sie denn hier hereingelassen?"

Hochkonjunktur (Boom)

Auf die Phase des Aufschwungs folgt die des Booms. Es gibt immer noch eine große Nachfrage nach Gütern, die zu weiteren Preissteigerungen führt. Dies zieht weitere Lohnerhöhungen nach sich, da die Arbeiter und Angestellten bei den Lohnverhandlungen einen Ausgleich der Preissteigerungen und eine Beteiligung an den Erfolgen der Unternehmen fordern. Des Weiteren steigen die Zinsen aufgrund der hohen Investitionstätigkeit und die Auslastung der Produktionskapazitäten wächst. Somit besteht eine hohe Nachfrage an Rohstoffen, Maschinen und Arbeitskräften.

Abschwung (Rezession)

Der Abschwung schließt sich an den Boom an und tritt ein, wenn die Leistung der Wirtschaft nachlässt. Dies geht einher mit einer pessimistischen Einschätzung der Wirtschaftslage und damit dem Rückgang der Nachfrage und der Investitionen. Die privaten Haushalte entwickeln jetzt eine höhere Sparneigung, die Handelsumsätze stagnieren und die Bestände der Warenlager steigen aufgrund der zurückgehenden Nachfrage. Gleichzeitig werden Überstunden abgebaut, Kurzarbeit eingeführt oder teilweise Produktionsanlagen stillgelegt. All das zusammen bewirkt sinkende Löhne, Preise und Zinsen.

Tiefstand (Depression)

Diese Entwicklung setzt sich fort bis zum Tiefstand. Die Unternehmen haben aufgrund der anhaltenden Zurückhaltung der Haushalte beim Konsum geringe Gewinnerwartungen. Dies bedeutet weiterhin eine geringe Produktion von Gütern, eine geringe Investitionsneigung und eine ansteigende Zahl an Betriebsschließungen. Als Folge steigen die Arbeitslosenzahlen weiter an, im Gegensatz dazu besteht ein niedriges Lohn- und Preisniveau. Ist die Talsohle, die Depression, durchschritten, geht es wieder in die Phase des Aufschwungs und der Konjunkturzyklus beginnt von Neuem.

"Dieser Herr macht eine Umfrage zur Stimmung in der Wirtschaft!"

An der Beschreibung der Phasen kann man erkennen, dass es bestimmte Indikatoren (= **Konjunkturindikatoren**) Begriff „Konjunkturindikatoren bitte unbedingt ins Sachwortverzeichnis aufnehmen!!! gibt, anhand derer man die aktuelle wirtschaftliche Lage einschätzen kann. Diese Indikatoren können in drei Gruppen eingeteilt werden:

Indikator	Beschreibung	Beispiel
Frühindikatoren	Sie zeigen an, wie sich die Wirtschaft in den nächsten Monaten entwickeln wird.	Auftragseingänge der verarbeitenden Industrie, Baugenehmigungen, Erwartungen der Haushalte und Unternehmen (Geschäfts-, Konsumklimaindex)
Gegenwartsindikatoren	Sie beschreiben den derzeitigen Stand der Konjunktur.	Bruttoinlandseinkommen, Auslastungsgrad der Produktionsanlagen, Lagerbestände
Spätindikatoren	Sie reagieren zeitverzögert auf die Änderungen der konjunkturellen Lage.	Entwicklung der Arbeitslosenzahlen, Preisindizes, Steuereinnahmen des Staates, Insolvenzen

7.4 Maßnahmen zur Stabilisierung der Wirtschaft

Die **staatliche Konjunkturpolitik** hat als Ziel, starke Konjunkturschwankungen abzuschwächen und ihnen entgegenzuwirken. Alle Maßnahmen, die der Staat in diesem Zusammenhang ergreift, werden unter dem Begriff der **Fiskalpolitik** zusammengefasst – egal, ob dies durch Veränderungen bei den Staatsausgaben oder -einnahmen erreicht werden soll.

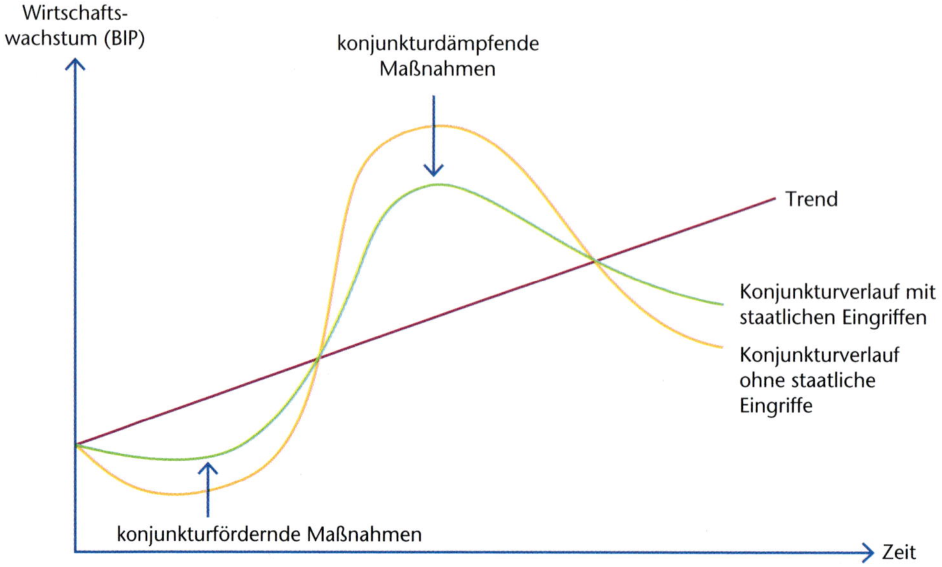

Der Staat kann so bei einer beginnenden Rezession konjunkturbelebende Maßnahmen ergreifen, um eine Depression abzuwenden. Im Gegensatz dazu wird im Boom versucht, die Konjunktur zu dämpfen. So soll verhindert werden, dass die Konjunktur „heiß" läuft. Dieser volkswirtschaftliche Ausdruck ist vergleichbar mit einem Automotor, eine Überhitzung kann große Schäden anrichten und bewirken, dass der Motor nicht mehr läuft. Übersetzt heißt es, dass die Wirtschaft nicht mehr läuft und so der Abschwung einsetzt.

Bei der Planung und Durchführung von Maßnahmen muss man sich eines gewissen Verzögerungseffektes bewusst sein. Bis politische Einigkeit über die staatlichen Eingriffe besteht und diese umgesetzt werden, vergeht einige Zeit.

Konjunkturfördernde Maßnahmen

Wie die vorherige Abbildung zeigt, werden konjunkturfördernde oder konjunkturbelebende Maßnahmen in der Phase des Abschwungs ergriffen, um den Abwärtstrend der Konjunktur abzubremsen. Im Idealfall wird die Wirtschaft so gut „angekurbelt", dass die Konjunktur nach einem kleinen Tief wieder in die Phase des Aufschwungs übergeht.

Beispiele dafür sind:

- **Steuersenkungen,** z.B. Senkung des niedrigsten Einkommensteuersatzes auf 14 %, bessere Abschreibungsmöglichkeiten[1]
- **Abgabensenkungen,** z.B. geringerer Beitragssatz für die Krankenkasse
- **Erhöhung der Staatsaufträge,** z.B. Renovierung von Schulen und Universitäten, Förderung von Innovations- und Forschungsprojekten
- Gezielte **Subventionen** für Haushalte oder bestimmte Wirtschaftszweige, z.B. Kinderbonus, Umweltprämie (Abwrackprämie) für Neuwagen
- **Verringerung der Anreize** für das Sparen, z.B. Senkung der staatlichen Prämien

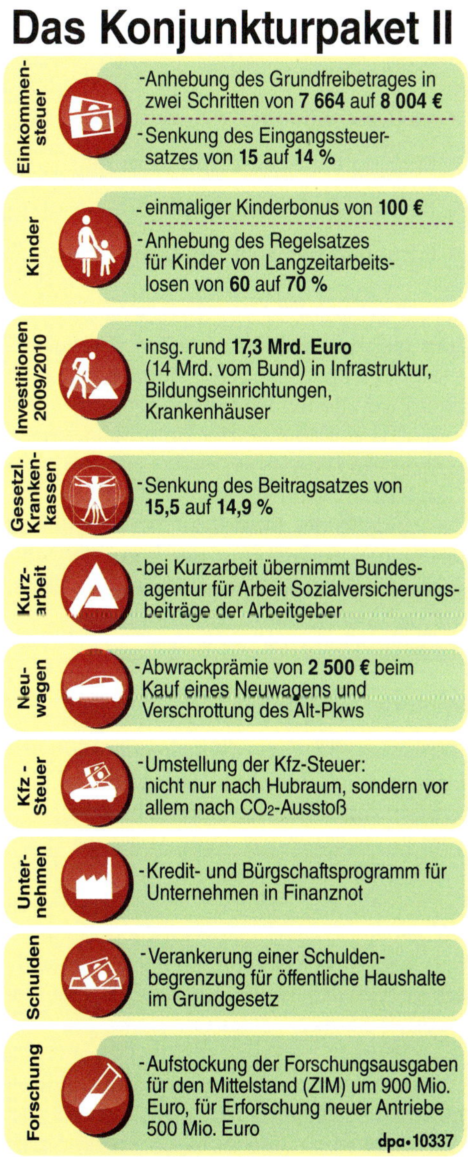

Die aufgeführten Maßnahmen werden nicht immer alle ergriffen, man sieht dies gut am Beispiel der sogenannten Konjunkturpakete I (November 2008) und II (Januar 2009), die als Reaktion auf die damalige Finanzkrise von der Bundesregierung verabschiedet wurden. Im Rahmen dieser Pakete wurde z.B. erstmalig als Maßnahme die Bezugsdauer des Kurzarbeitergeldes verlängert.

Die Auswirkungen der staatlichen Eingriffe sind unterschiedlich – aber sie verfolgen alle das gleiche Ziel, die Förderung der Wirtschaft. Es gibt Maßnahmen, die zu höheren Einkommen führen und dadurch die Konsumausgaben oder Investitionen erhöhen sollen. Dazu zählen die Steuer- und Abgabensenkungen oder die Verbesserungen der Abschreibungsmöglichkeiten. Andere staatliche Interventionen erhöhen

[1] *Abschreibungen sind buchhalterische Wertminderungen, die den steuerpflichtigen Gewinn eines Betriebes mindern.*

direkt die Geldmenge, die im Umlauf ist, da Ausgaben getätigt werden, wie bei den Staatsaufträgen oder den Subventionen.

Konjunkturdämpfende Maßnahmen

In der Phase des beginnenden Booms (Hochkonjunktur) wird der Staat konjunkturdämpfend eingreifen, um den Extremausschlag der Konjunkturwelle nach oben zu vermeiden. Man spricht davon, dass die Wirtschaft nicht „angekurbelt", sondern „gebremst" werden soll, damit der „Konjunkturmotor nicht überhitzt" und der Rückgang der Wirtschaft nur leicht ist.

- **Staatsaufträge** werden verringert, wichtige Aufträge wie (Aus-)Bau von Straßen und Schulen werden aber weiter erteilt
- **Steuererhöhungen** für private Haushalte und Unternehmen
- Kürzung der **Abschreibungsmöglichkeiten**
- Streichung von **Subventionen**
- **Erhöhung der Sparförderung**, z. B. durch Zulagen bei Bausparverträgen

Bei diesen Maßnahmen gilt ebenfalls, dass sie unterschiedliche Auswirkungen haben, aber zum gleichen Ziel führen sollen. Entweder wird das Einkommen, das zur Verfügung steht, verringert, da z. B. höhere Abgaben gezahlt werden müssen und so das Geld für Konsum oder Investitionen fehlt, oder der Staat konsumiert selbst weniger und verringert so z. B. das mögliche Einkommen der Unternehmen.

Gemeinsamkeiten
Die Eingriffe des Staates in den Konjunkturverlauf haben eines gemeinsam, sie sollen der derzeitigen Entwicklung der Wirtschaft entgegenwirken. Geht es der Wirtschaft sehr gut, greift der Staat dämpfend ein. Ist die Wirtschaft im Tal der Depression, sind die staatlichen Maßnahmen fördernd. Der Staat betreibt also **antizyklische Fiskalpolitik**. Dies ist auch so im Stabilitätsgesetz festgelegt.

Weitere Maßnahmen

Neben der staatlichen Fiskalpolitik besteht noch die Möglichkeit der **Geldpolitik**. Diese liegt aber seit 1999 nicht mehr in nationaler Hand, sondern ist mit der Einführung des Euro in vielen Ländern Europas auf die Europäische Zentralbank (EZB) übergegangen.

Wegen ihrer Eigenschaft als Bank und Währungshüterin des Euro haben die Maßnahmen der EZB allerdings nicht so sehr die Wirtschaftsleistung als oberstes Ziel, sondern vielmehr die Stabilität des Geldes und damit auch die Preisstabilität.

Sie greift über die **Steuerung der Geldmenge** im Euroraum ein. So versucht die EZB bei hohen Preissteigerungen, die Geldmenge zu verringern. Bei einer geringeren Geldmenge wird weniger nachgefragt – also wirkt dies steigenden Preisen entgegen.

Grundsätzlich gilt: Je mehr Geld im Umlauf ist, umso mehr wird nachgefragt. Eine steigende Nachfrage führt immer zu steigenden Preisen und somit auch zum Anstieg des Preisniveaus und damit zum Anstieg der Inflationsrate.

Die EZB hat verschiedene Instrumente, um auf die Geldmenge einzuwirken. Die bekanntesten sind die Refinanzierungsgeschäfte und die Mindestreserven. Beide Instrumente sollen die Geldmenge steuern, das heißt bei Bedarf erhöhen oder senken.

Refinanzierungsgeschäfte (Offenmarktgeschäfte)	Die EZB steuert darüber die Zinssätze und die Liquidität auf dem Kapitalmarkt, da sie darüber die Privatbanken mit zusätzlichem Geld versorgt – neben den Einlagen, die die Banken von ihren Kunden haben. Je niedriger der Zins für die Privatbanken ist, desto interessanter ist es für diese, sich Geld bei der EZB zu beschaffen und das Geld als Kredite an die Kunden weiterzugeben. Bei hohen Zinsen verhält es sich umgekehrt. Der Refinanzierungssatz ist der Leitzinssatz für andere Zinsen. Fällt er, fallen auch die Zinsen für Kredite und Sparguthaben.
Mindestreserven	Die EZB verlangt von den Privatbanken, einen bestimmten Prozentsatz ihrer Kundeneinlagen als verzinste Mindesteinlage bei den nationalen Zentralbanken zu hinterlegen. Steigt der Prozentsatz, müssen die Banken mehr Geld hinterlegen und können weniger Geld als Kredite an ihre Kunden auszahlen. So ist weniger Geld im Umlauf und die Wirtschaft wird gedämpft.

Die nationalen Regierungen versuchen teilweise sehr starken politischen Druck auf die EZB auszuüben, vor allem die Staaten, die früher starken Einfluss auf ihre nationalen Zentralbanken hatten. In Deutschland hat sich die Zentralbank immer erfolgreich gegen den politischen Einfluss gewehrt und ist eine unabhängige Institution gewesen, genauso wie es die EZB stets versucht.

So unabhängig wie die EZB ist, ist sie dennoch zur Förderung der Wirtschaftspolitik in der Europäischen Gemeinschaft verpflichtet.

7.5 Finanzierung staatlicher Aufgaben

Die staatlichen Aufgaben von Bund, Ländern und Gemeinden können nur erfüllt werden, wenn entsprechende Gelder für Ausgaben zur Verfügung stehen. Diese werden durch öffentliche Abgaben wie Steuern und Gebühren finanziert und wären ohne sie nicht zu leisten.

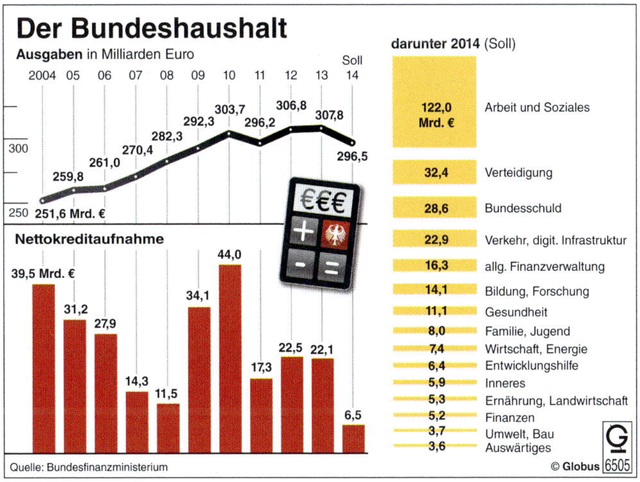

Die meisten Ausgaben im Bundeshaushalt sind für den Bereich der sozialen Sicherung, die Verteidigung und das Verkehrswesen eingeplant. In jedem Bundesland ist der Haushalt natürlich anders geplant – dennoch sind in der Regel die größten Posten mit den Hauptaufgaben der Bundesländer verbunden, dem Bildungswesen, der Polizei und der Justiz. Bei den Gemeinden sind die größten Posten ebenfalls Ausgaben für den Verkehr, vor allem für den Straßenbau, den Bau und Unterhalt von Schulen, Krankenhäusern und die regionalen Versorgungsbetriebe (z. B. Wasserversorgung).

Die staatlichen Maßnahmen zur Beeinflussung der Konjunktur müssen durch die staatlichen Einnahmen gedeckt sein. Sind sie es nicht, muss der Staat Kredite aufnehmen, um die Finanzierungslücke zu schließen, genauso wie ein privater Haushalt. Die Nettokreditaufnahme hat 2010 ihren Höchststand erreicht, u. a. bedingt durch die Ausgaben für die damaligen Konjunkturpakete.

Antizyklische Fiskalpolitik

Eine solche Entwicklung der Staatsverschuldung hätte man sich zu Zeiten der Einführung des Stabilitätsgesetzes im Jahr 1967 nicht in dem Maße vorstellen können. Im Stabilitätsgesetz ist genau festgehalten, wie staatliche Konjunkturmaßnahmen finanziert werden.

Gesetz zur Stabilität und zur Förderung des Wachstums der Wirtschaft

§ 5

(2) Bei einer die volkswirtschaftliche Leistungsfähigkeit übersteigenden Nachfrageausweitung sollen Mittel zur zusätzlichen Tilgung von Schulden bei der Deutschen Bundesbank oder zur Zuführung an eine Konjunkturausgleichsrücklage veranschlagt werden.

(3) Bei einer die Ziele des § 1[1] gefährdenden Abschwächung der allgemeinen Wirtschaftstätigkeit sollen zusätzlich erforderliche Deckungsmittel zunächst der Konjunkturausgleichsrücklage entnommen werden.

In guten Zeiten soll also Geld zum Aufbau von **Konjunkturausgleichsrücklagen** verwendet werden, d. h. Sparen für schlechte Zeiten. Bei einem Abschwung sollen diese Rücklagen dann aufgelöst und für konjunkturfördernde Maßnahmen eingesetzt werden.

Der Auszug aus dem Gesetz deutet auf die **antizyklische Fiskalpolitik** hin. Der Staat senkt in wirtschaftlich guten Zeiten durch konjunkturdämpfende Maßnahmen seine Ausgaben (z. B. Streichung von Subventionen) und erhöht seine Einnahmen (z. B. Erhöhung der Steuern). Die Folge sind die angestrebte Verringerung der Geldmenge und die Abbremsung der Inflation.

In wirtschaftlich schlechten Zeiten fördert der Staat die Wirtschaft, indem er die Staatsausgaben erhöht (z. B. durch staatliche Aufträge) und die Einnahmen senkt (z. B. Senkung der Steuern).

Im Idealfall sorgt die antizyklische Fiskalpolitik also für einen ausgeglichenen Staatshauhalt, da die Mehrausgaben durch die Rücklagen gedeckt sind.

---

[1] *Gesamtwirtschaftliches Gleichgewicht des magischen Vierecks*

Antizyklische Fiskalpolitik

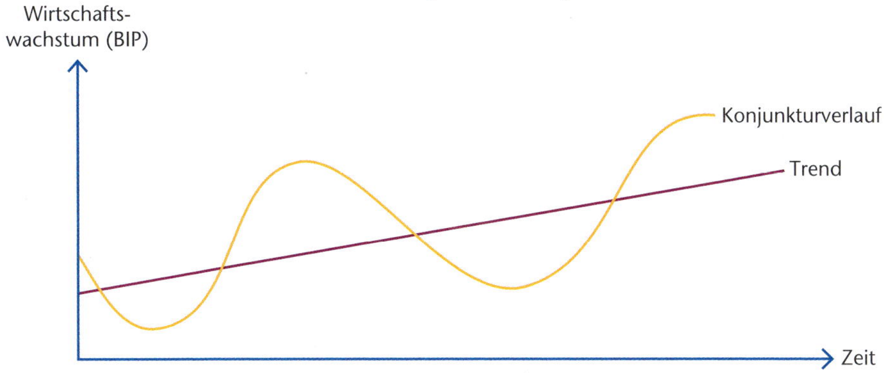

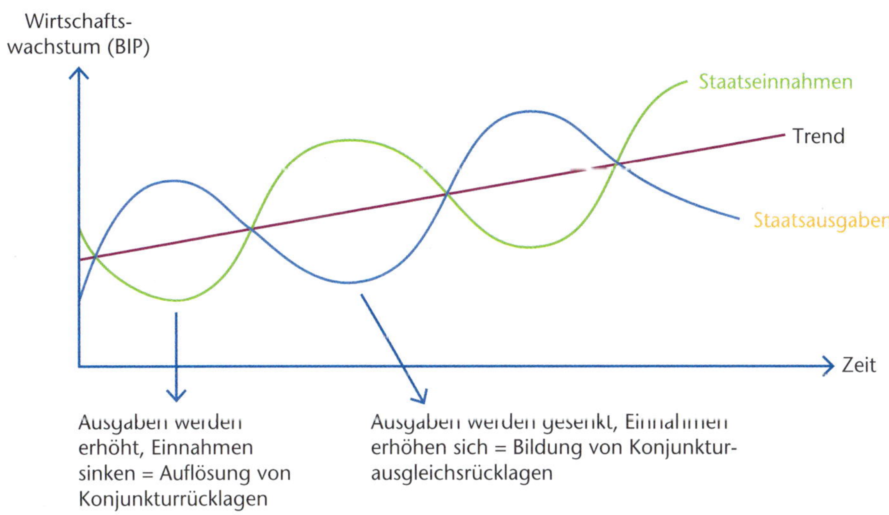

In der Realität sieht es anders aus, wie die Grafik des Bundeshaushalts auf S. 191 und das Bild der Schuldenuhr auf S. 194 eindeutig belegen. Die Finanzplanungen des Bundesfinanzministers sehen aber ab 2016 keine Neuverschuldung mehr vor, sondern gehen sogar von Überschüssen aus.

Probleme zunehmender staatlicher Verschuldung

Wie die privaten Haushalte neigen auch die verantwortlichen Politiker dazu, in konjunkturell guten Zeiten die Mehreinnahmen auszugeben, statt sie zu sparen und Konjunkturausgleichsrücklagen zu bilden.

Es ist populärer und bringt mehr Stimmen bei der nächsten Wahl, wenn Einnahmenüberschüsse aus Steuergeldern nicht zur Tilgung von Schulden verwendet werden, sondern an die Bürger zurückfließen, z. B. durch Steuersenkungen oder zusätzliche Zahlungen an die Haushalte oder Unternehmen. Muss der Staat dann in wirtschaftlich schlechten Zeiten Kredite aufnehmen, um die Wirtschaft zu stützen, spricht man von Deficit-Spending.

Werden aber in Zeiten der Hochkonjunktur Kredite nicht mehr ausreichend zurückgezahlt und somit Schulden nicht abgebaut, so steigen die Schulden von Abschwung zu Abschwung an.

Schuldenuhr des Bundes, Stand März 2014

In der Bundesrepublik ist die Staatsverschuldung in den letzten Jahrzenten immer weiter gestiegen, wie die Schuldenuhr vom Bund der Steuerzahler anzeigt.

Auswirkungen der zunehmenden Verschuldung
Erreicht die Staatsverschuldung eine Höhe, die wirtschaftlich und politisch nicht mehr vertretbar ist, besteht dringender Handlungsbedarf seitens der Politik. Die Regierungen müssen die Ausgaben senken und die Einnahmen erhöhen – und zwar zu jeder Zeit, egal in welcher Phase der Konjunktur sich die Wirtschaft gerade befindet. In Zeiten eines Abschwungs verstärkt dies die Auswirkungen der Rezession noch zusätzlich, anstatt diese abzuschwächen. Der Staat kann keine aktive und effektive Konjunkturpolitik mehr betreiben.

Der dann bestehende Sparzwang kann für alle sehr deutlich zu spüren sein, wenn z. B. Subventionen gekürzt, Schwimmbäder oder Theater geschlossen werden oder notwendige Renovierungen in Schulen ausbleiben.

7.6 Wohlstandsmaßstäbe von Volkswirtschaften

Der Wohlstand in einer Volkswirtschaft kann nur in absoluten Zahlen gemessen werden und verändert sich jedes Jahr aufgrund der wirtschaftlichen Schwankungen. Grundlage dieser Berechnungen ist die **volkswirtschaftliche Gesamtrechnung** (VGR). Sie stellt das wirtschaftliche Geschehen einer Volkswirtschaft in einem Jahr dar und erfasst alle Geld- und Güterströme dieser Wirtschaft.

Mithilfe der volkswirtschaftlichen Gesamtrechnung

- erhält man umfangreiches Zahlenmaterial über die Leistungsfähigkeit der Wirtschaft;
- können Informationen über die Zusammensetzung der Wirtschaftsstruktur eines Landes gewonnen werden, z. B. große Geldströme im Bereich Technik, Maschinenbau oder Dienstleistungen;
- sind Vergleiche über die Leistung einer Volkswirtschaft in bestimmten Zeiträumen möglich und somit Aussagen über das Wirtschaftswachstum;
- sind Vergleiche mit anderen Volkswirtschaften und deren Leistungsfähigkeit oder deren Wohlstand möglich.

Zur einfacheren Handhabung wird die Wirtschaftsleistung eines Landes nur in Geldeinheiten angegeben, die dem Wert der gehandelten Gütermengen entsprechen, da es die erzielten Marktpreise der jeweiligen Güter sind.

Quantitative Wohlstandmaßstäbe

Bruttoinlandsprodukt

Zur Ermittlung des Bruttoinlandsprodukts (BIP) wird die Summe aller Dienstleistungen und Sachgüter einer Volkswirtschaft, die innerhalb der Landesgrenzen in einem Jahr erbracht wurden, ermittelt. Im BIP Deutschlands sind also auch die Leistungen der Ausländer, die innerhalb unseres Landes arbeiten, berücksichtigt.

Bruttonationaleinkommen

Als Bruttonationaleinkommen (BNE) bezeichnet man den Wert der Dienstleistungen und Güter, der von den Inländern (Bewohnern eines Landes) in einem Jahr erwirtschaftet wurde – egal, ob dies im Inland oder Ausland geschehen ist. Das BNE wurde früher auch als Bruttosozialprodukt (BSP) bezeichnet.

Pro-Kopf-Einkommen

Beim Pro-Kopf-Einkommen wird das Bruttoinlandsprodukt oder das Bruttonationaleinkommen durch die Bevölkerungszahl geteilt. Es gibt das durchschnittliche Einkommen eines jeden einzelnen Einwohners an. Diese Größe wird häufig beim Wohlstandsvergleich mehrerer Länder genutzt.

Aussagekraft der Wohlstandsmaßstäbe

Bei der Bestimmung der volkswirtschaftlichen Gesamtrechnung unterscheidet man grundsätzlich zwei Arten der Bewertung der Wirtschaftsleistung:

Nominale Bewertung	Bewertung der Leistung mit den Preisen des jeweiligen Jahres, d. h., es wird die Summe aller Güter und Dienstleistungen ermittelt.
Reale Bewertung	Bewertung der Leistung inklusive einer „Preisbereinigung“, d. h., die Inflationsrate und deren Preissteigerungen wurden herausgerechnet und neutralisiert.

Der Wohlstand oder Lebensstandard einer Volkswirtschaft wird am häufigsten im Bruttoinlandsprodukt, aber auch in den zwei anderen Größen, dem Bruttonationaleinkommen oder dem Pro-Kopf-Einkommen, gemessen. Dies gilt vor allem bei Ländervergleichen, da hier die Bevölkerungsgröße der Volkswirtschaft berücksichtigt wird. Deshalb sollte der gemessene Wert zur besseren Einschätzung mit anderen Werten in Bezug gesetzt werden, da sonst nur absolute Zahlen miteinander verglichen werden, ohne die Bedingungen zu berücksichtigen, unter denen die Leistung erbracht wurde.

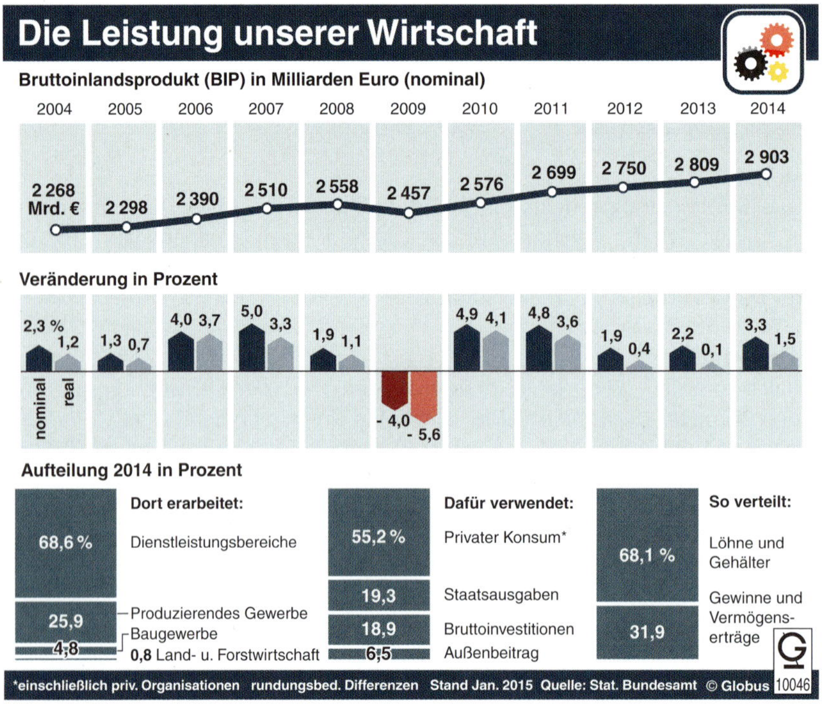

Das Bruttoinlandsprodukt birgt aber noch weitere Schwächen. Bei der Berechnung werden zwar alle erbrachten Leistungen und verkauften Güter berücksichtigt – aber einige Leistungen bleiben außen vor oder lassen den Wert anders erscheinen, als er es tatsächlich ist.

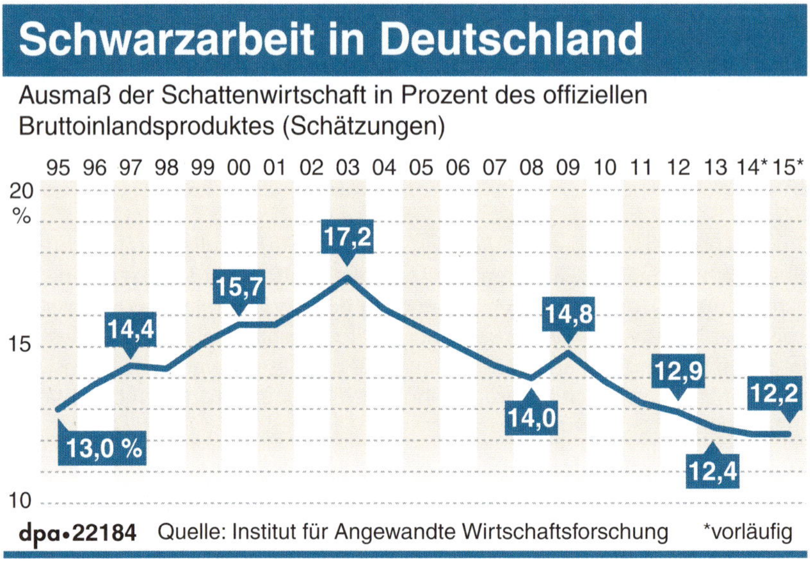

Die gute Wirtschaftsentwicklung in Deutschland hat 2014 zu weniger Schwarzarbeit geführt. Seit 2009 sinkt der Wert wieder, da es mehr reguläre Arbeitsplätze gibt.

Nicht berücksichtigte oder verfälschende Größen des BIP

Unbezahlte Arbeit	Schwarzarbeit	Leistungen aus Versicherungen
z. B. ehrenamtliche Arbeit, unbezahlte Arbeit im Haushalt für Versorgung und Pflege, Hilfen im Garten; geschätzter Wert ca. 40 % des BIP	keine Nachbarschaftshilfe, die ist der unbezahlten Arbeit zugeordnet; geschätzter Wert ca. 15–20 % des BIP	werden gezahlt, um Schäden auszugleichen, erhöhen aber das BIP, z. B. Umwelt- oder Unfallschäden

Neben diesen Schwächen gibt das BIP auch keine weitere Auskunft darüber, wie gerecht das Einkommen verteilt ist. Sowohl das Bruttoinlands- als auch das Bruttonationaleinkommen geben nur die Summe des Einkommens einer Volkswirtschaft wieder. Das Pro-Kopf-Einkommen ist zwar eine Größe, die das Einkommen jedes Einzelnen angibt – aber es ist nur eine statistisch berechnete Größe.

7.7 Nachhaltigkeit und soziale Gerechtigkeit

Die Wirtschaftsleistung eines Landes ist nicht unbegrenzt steigerbar, sie hat ihre Grenzen. Die Rohstoffvorräte auf der Erde sind begrenzt, ihre Verknappung kann sogar Wirtschaftskrisen auslösen, wie die Ölkrisen in den 1970ern deutlich gezeigt haben.

Tankstelle während der Ölkrise 1973

Zudem entwickelt sich die Weltbevölkerung sehr unterschiedlich – während sie in den hoch industrialisierten Ländern stagniert[1] oder sogar schrumpft, wächst sie in den Schwellen- und Entwicklungsländern und steigt dadurch insgesamt an.

Das weltweite Bevölkerungswachstum und der steigende Wohlstand in den Schwellenländern führen letztendlich zu einem Anstieg der weltweiten Produktion und damit auch zu einer erhöhten Belastung der Umwelt. Vor diesem Hintergrund ist es wichtig, dass die Wirtschafts- und Sozialpolitik auch das Ziel einer lebenswerten Umwelt und guter Lebensbedingungen für sich entdeckt hat. Dies gilt nicht nur national, sondern auch international, wie der folgende Auszug zeigt:

---

[1] *stagnieren: stillstehen, sich nicht weiterentwickeln*

Aus dem Vorwort der Agenda 21[1]

(Beschlossen von der Konferenz der Vereinten Nationen für Umwelt und Entwicklung im Juni 1992 in Rio de Janeiro)

[...] Die Agenda 21, die mit ihren 40 Kapiteln alle wesentlichen Politikbereiche einer umweltverträglichen, nachhaltigen Entwicklung anspricht, ist das in Rio von mehr als 170 Staaten verabschiedete Aktionsprogramm für das 21. Jahrhundert.
Mit diesem Aktionsprogramm werden detaillierte Handlungsaufträge gegeben, um einer weiteren Verschlechterung der Situation entgegenzuwirken, eine schrittweise Verbesserung zu erreichen und eine nachhaltige Nutzung der natürlichen Ressourcen sicherzustellen. Wesentlicher Ansatz ist dabei die Integration von Umweltaspekten in alle anderen Politikbereiche. Das Aktionsprogramm gilt sowohl für Industrie- wie für Entwicklungsländer. Es enthält wichtige Festlegungen, u.a. zur Armutsbekämpfung, Bevölkerungspolitik, zu Handel und Umwelt, zur Abfall-, Chemikalien-, Klima- und Energiepolitik, zur Landwirtschaftspolitik sowie zu finanzieller und technologischer Zusammenarbeit der Industrie- und Entwicklungsländer. Die Bundesregierung orientiert sich bei ihrer bi- und multilateralen entwicklungspolitischen Zusammenarbeit an der Agenda 21.
[...]
Prof. Dr. Klaus Töpfer, Bundesumweltminister

Die zwei zusätzlichen wirtschaftspolitischen Ziele **Nachhaltigkeit** und gerechte **Vermögensverteilung** sind langfristige Ziele und können im Gegensatz zu den Zielen des magischen Vierecks nicht in Zahlen gemessen werden. Sie sind also keine quantitativen Ziele, sondern vielmehr qualitative Ziele.

Man spricht vom **magischen Sechseck**, wenn neben den vier Zielen des Stabilitätsgesetzes von der Politik noch die Ziele „gerechte Einkommensverteilung" und „Umweltschutz" mitverfolgt werden.

Mit der Erweiterung des magischen Vierecks hat sich allerdings auch die Anzahl der möglichen Zielkonflikte erweitert. Ein typischer Konflikt liegt hier zwischen dem Wirtschaftswachstum und dem Umweltschutz, hier ist der Ansatz der Nachhaltigkeit aber eine mögliche Lösung.

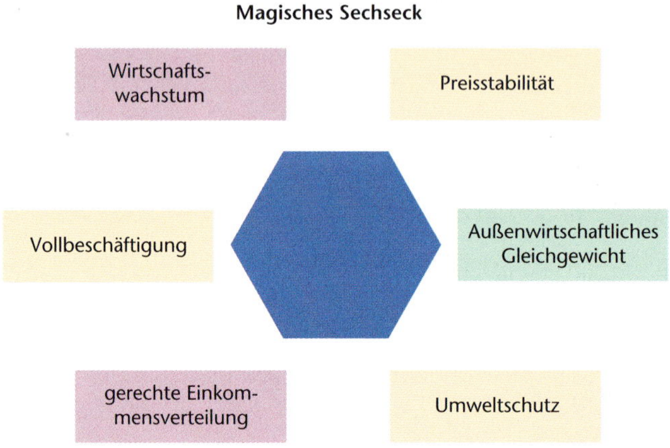

[1] *Das Vorwort steht in der deutschen Übersetzung aller bei dieser Konferenz beschlossenen Dokumente, die gesammelt vom Bundesministerium für Umwelt, Naturschutz und Reaktorsicherheit herausgegeben wurde. Abgerufen unter: www.un.org/depts/german/conf/agenda21/agenda_21.pdf [08.07.2014].*

Nachhaltigkeit

Unter nachhaltigem Wirtschaften versteht man, dass die Menschen heute so leben und handeln, dass nachfolgende Generationen immer noch eine lebenswerte Umwelt vorfinden und so in der Lage sind, ihre Bedürfnisse zu befriedigen.

Diese neue Grundausrichtung des Handelns bedeutet für die Verbraucher und Unternehmer eine Umstellung im Denken und Handeln.

Für Unternehmen bedeutet es z. B., dass sie umweltschonend produzieren (was zunächst höhere Investitionen oder Einkaufspreiste bedeuten kann), aber auch ihre Wettbewerbsfähigkeit erhalten müssen, was auf den ersten Blick ein Widerspruch ist.

Sanktuarium neben Saustall

Für die Verbraucher wiederum bedeutet es, beim Einkauf darauf zu achten, nur Produkte von verantwortlich handelnden Unternehmen zu kaufen. So kann jeder Einzelne Nachhaltigkeit unterstützen und fördern.

Nachhaltigkeit kann aber auch neue Technologien fördern und Arbeitsplätze schaffen. Durch die Verschärfung der europäischen Abgasnorm mussten neue Rußpartikelfilter für Dieselfahrzeuge entwickelt werden, damit ältere Fahrzeuge nachgerüstet und weiterhin gefahren werden konnten beziehungsweise Neufahrzeuge nur noch mit Filtern ausgeliefert wurden.

Über die letzten Jahre sind viele neue Technologien entwickelt und auf den Markt gebracht worden, die ohne strengere gesetzliche Vorgaben sehr geringe Chancen gehabt hätten, sich am Markt durchzusetzen. Es hat sich auch gezeigt, dass umweltbewusst geführte Unternehmen nicht nur Kosten sparen (weil sie z. B. sparsamere Produktionstechniken einsetzen), sondern gleichzeitig die Umwelt schonen können.

Soziale Gerechtigkeit

Soziale Gerechtigkeit ist sehr eng mit einer gerechten Einkommens- und Vermögensverteilung verbunden.

Dieses wirtschaftspolitische Ziel der gerechten Vermögensverteilung ist ein rein qualitatives Ziel und zudem stark abhängig von dem subjektiven Gerechtigkeitsempfinden einer Person und dem der Gesellschaft.

Ein Staat versucht durch Steuern und Abgaben auf der einen Seite und durch Transferzahlungen (z. B. Kindergeld, Zuschüsse) an die Haushalte und Subventionen an Unternehmen auf der anderen Seite, das Vermögen umzuverteilen und einen gewissen Ausgleich zu schaffen.

Laut einer Umfrage des Allensbach-Instituts, die im Februar 2013 veröffentlicht wurde, empfinden zwei Drittel der Deutschen, dass die soziale Gerechtigkeit in den vergangenen drei bis vier Jahren abgenommen hat.

Als soziale Gerechtigkeit definieren die Bürger in dieser Umfrage etwa, dass man von dem Lohn für seine Arbeit gut leben kann, dass alle Kinder die gleichen Chancen auf eine gute Schulbildung haben oder dass der Staat für eine Grundsicherung sorgt, damit niemand in Not gerät.[1]

Auch wenn soziale Gerechtigkeit nicht in absoluten Zahlen gemessen werden kann, besteht doch bei uns ein gesellschaftlicher Konsens darüber, dass personale Einkommensunterschiede durch staatlich gelenkte Umverteilungspolitik verringert werden sollen. Nur die Art und Weise und der Grad der Umverteilung sind umstritten.

Aufgaben

1. *Beschreiben Sie das magische Viereck und identifizieren Sie aus der Sicht des Maschinenbauers Woledo mögliche Zielkonflikte. Stellen Sie diese in einer Matrix dar.*

Ziel	Auswirkungen auf die Woledo GmbH	Zielkonflikt mit ...
Preisniveaustabilität		
Vollbeschäftigung		
...		

2. *Stellen Sie anhand der Grafik fest, ob aktuell die Vorgaben des Stabilitätsgesetzes erreicht worden sind.*

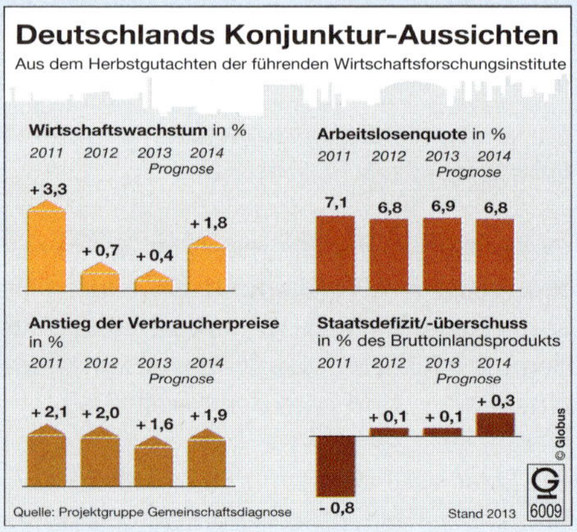

3. *Beschreiben Sie den Konjunkturzyklus und dessen Phasen anhand von Konjunkturindikatoren. Arbeiten Sie vor allem die Indikatoren heraus, die für die Expansionspläne der Woledo ausschlaggebend sind.*

4. *In Abhängigkeit der wirtschaftlichen Lage ergreift der Staat entweder konjunkturdämpfende oder konjunkturfördernde Maßnahmen.*

---

[1] *Vgl. Frankfurter Rundschau online, 15.02.2013; abgerufen unter www.fr-online.de/politik/umfrage-deutsche-vermissen-soziale-gerechtigkeit,1472596,21821688.html [12.06.2014]*

Beschreiben Sie jeweils drei Maßnahmen und bewerten Sie diese, indem Sie die unterschiedlichen Auswirkungen auf die Woledo GmbH miteinander vergleichen.

5. *Der Schuldenstand der Bundesrepublik hat ein gewisses Niveau erreicht. Überlegen Sie mögliche Auswirkungen auf die Konjunkturpolitik, von denen Ihr Unternehmen und die Expansionspläne betroffen sein könnten.*

6. *Diskutieren Sie in Fünfer-Gruppen die Aussagekraft der sogenannten Wohlstandsmaßstäbe. Bilden Sie dafür zwei Gruppen, die den Maßstäben jeweils positiv oder kritisch gegenüberstehen, und bestimmen Sie einen Moderator für Ihre Diskussion.*

7. *Erstellen Sie eine Liste möglicher Gründe, die dafür sprechen, dass sich die Geschäftsführer der Woledo GmbH gegenwärtig und zukünftig mit den Aspekten der Nachhaltigkeit und der sozialen Gerechtigkeit beschäftigen.*

Vertiefungsaufgaben

A. *Beschreiben Sie den Verlauf des Konjunkturindikators „Auftragseingänge" und beziehen Sie die aktuelle Entwicklung auf die Pläne der Woledo GmbH. Wie würden Sie anstelle der Geschäftsführer entscheiden – Umstellung der Produktion oder auch gleichzeitige Erweiterung? Begründen Sie Ihre Entscheidung.*

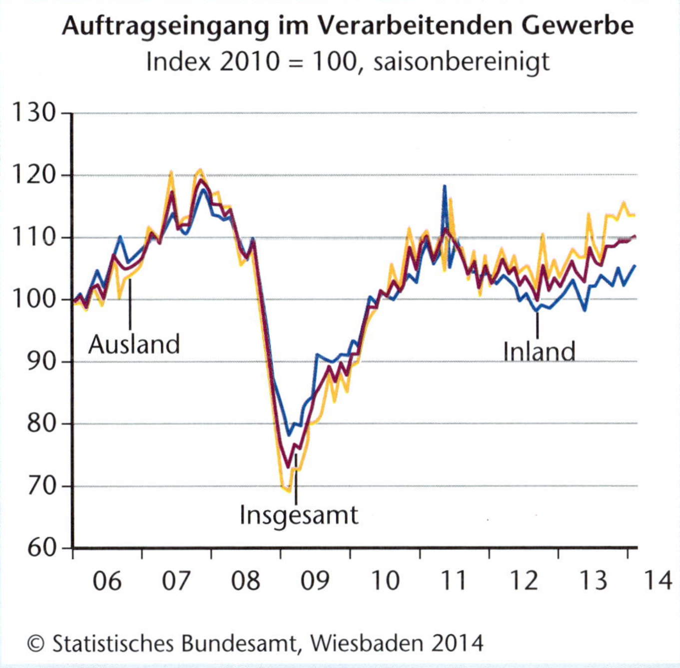

Die Bezeichnungen Ausland und Inland beziehen sich auf die Absatzrichtungen, d. h., ob die gefertigten Produkte ins Ausland oder Inland geliefert werden.

B. Das Statistische Bundesamt bietet auf seiner Internetseite eine zusammenfassende Darstellung der konjunkturellen Lage in einem Konjunkturmonitor (www.destatis.de/KoMo/Konjunkturmonitor.svg). Analysieren Sie die abgebildete Lage aus dem November 2008 und überlegen Sie, welche Entscheidung die Geschäftsführer der Woledo GmbH in dieser Zeit getroffen hätten. Begründen Sie Ihre Vermutung.

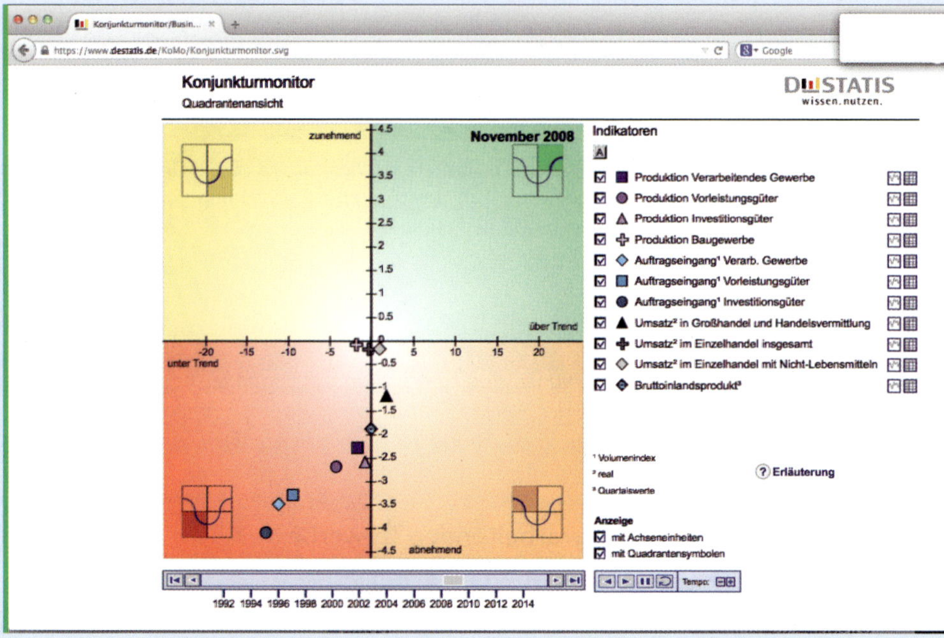

C. Vergleichen Sie mithilfe des Konjunkturmonitors des Statistischen Bundesamtes die konjunkturellen Lagen in Deutschland zu verschiedenen Zeitpunkten miteinander, z. B. vom Monat August in den Jahren 2002, 2007, 2008, 2012.

D. Interpretieren Sie die Karikaturen vom Karikaturisten Tomicek aus dem Bereich der Wirtschaftspolitik und stellen Sie Bezüge zu den Inhalten dieses Kapitels her.

DIE MAUER

SCHLAGWORT

Methoden und Arbeitstechniken

Folien und Plakate

Tipps zur Gestaltung von Folien und Plakaten:

Schrift	■ Druckschrift benutzen ■ Groß- und Kleinschreibung verwenden ■ zwei Schriftgrößen benutzen ■ eng schreiben ■ Schriftgröße so wählen, dass jeder Teilnehmer die Inhalte lesen kann
Form/ *Farbe*	■ Blöcke bilden (räumliche Trennung der Inhalte) ■ Farben als Bedeutungsträger verwenden, jedoch max. 4 unterschiedliche Farben. ■ freie Stellen lassen für Fragen, Ergänzungen ... ■ Setzen Sie für die vom Sinn her zusammengehörenden Inhalte die gleiche Farbe und Form ein. ■ Wichtige Inhalte sollten durch **rote Farbe** oder durch Umrahmung, Unterstreichung hervorgehoben werden.
Inhalt	■ maximal 7 Inhaltspunkte ■ Fachausdrücke usw. verwenden ■ nur ein Thema pro Plakat bearbeiten ■ nicht zu viele Informationen hineinzwängen ■ verständlich formulieren ■ nur bekannte Abkürzungen
Elemente	■ Skalen (um die Einschätzungen sichtbar zu machen) ■ Koordinaten (2 Einschätzungen durch einen Punkt im Feld/Meinung als Punktewolke) ■ Listen (Ideen- und Problemsammlung gewichten) ■ Tabellen (Beziehungen und Verknüpfungen herstellen) ■ Bäume (Über- und Unterordnung)

Anforderungen an Textvisualisierungen

- Nur wichtige **Kernaussagen**
- Stichwortartige **Aufzählungen**
- Einfache **Formulierungen**
- **Abstand** zwischen den Zeilen
- **Lesbar** bis zur letzten Reihe
- Maximal 7 Inhaltspunkte pro Visualisierung

Stellungnahme

Eine Stellungnahme ist eine schriftliche Meinungsäußerung zu einem bestimmten Sachverhalt.

Einsatzmöglichkeiten

Stellungnahmen findet man in der Regel in Zeitungen von Kommentatoren oder als Äußerungen von Politikern oder Unternehmen. Sie sollen die Meinung desjenigen verdeutlichen und gleichzeitig auf Missstände hinweisen oder umstrittene Themen zur Sprache bringen.

Aufbau

In der Einleitung wird das Thema, der Sachverhalt kurz dargestellt.

Im Hauptteil werden in einem Fließtext die Auswirkungen und Konsequenzen des Sachverhaltes betrachtet, Alternativen geprüft und die jeweiligen Chancen und Risiken betrachtet. Es können auch neue Lösungsansätze entwickelt werden. Bei mehreren Argumenten sollten diese sich steigern und am Ende sollte das stärkste Argument angeführt werden.

Der Schlussteil beinhaltet den eigenen begründeten Standpunkt, der aufgrund der im Hauptteil geschilderten Fakten entwickelt wurde, d.h., die eigene Meinung muss klar formuliert werden und deren Begründung nachvollziehbar sein.

Forderungskatalog

Ein Forderungskatalog ist eine Aufstellung bzw. Sammlung von Forderungen an bestimmte Personen oder Personengruppen.

Einsatzmöglichkeiten

Forderungskataloge werden in vielen Bereichen (z.B. Politik, Wirtschaft) eingesetzt, um Ansprüche an andere auszudrücken und diese zum Handeln zu bewegen.

Aufbau

- Zuerst wird der Adressat genannt (an wen die Forderungen gerichtet sind) und die gegenwärtige Situation kurz beschrieben bzw. analysiert.
- Anschließend werden die Forderungen knapp und klar formuliert, dabei werden die Forderungen kurz erläutert und begründet und –wenn möglich – logisch sortiert aufgeführt. Die Forderungen sollten auf Fakten beruhen und realistisch sein, sonst können sie den Adressaten nicht zum Handeln bewegen.
- Am Ende des Forderungskatalogs steht ein abschließender Satz im Namen der Autoren/der Auftraggeber.

Mindmap

Eine Mindmap ist eine „Gedanken-Karte", d. h. eine strukturierte Darstellung von Zusammenhängen oder Begriffen, deren Verknüpfung untereinander mithilfe der Mindmap dargestellt werden soll.

Einsatzmöglichkeiten

Eine Mindmap ist grundsätzlich immer dort geeignet, wo komplexe Zusammenhänge übersichtlich dargestellt werden sollen, egal ob zur Präsentation oder zur Wiederholung für Klassenarbeiten.

Aufbau/Ablauf

- Das Thema wird festgelegt und in der Mitte der Mindmap schriftlich festgehalten.
- Alle Gedanken, die einem zu dem Thema einfallen, werden in entsprechenden Haupt- und Nebenzweigen aufgeschrieben. In der Regel werden nur Begriffe oder ganz knappe Stichpunkte notiert.

Erstellt man die Mindmap mit einem PC-Programm, können die Begriffe unsortiert in die Mindmap eingefügt werden, da das Programm die neuen Begriffe passend einfügt. Bei einer Erstellung ohne PC-Programm sollte zu Beginn ein Entwurf stehen, der zu einer übersichtlichen und strukturierten Endfassung überarbeitet wird.

Beispiel zum Thema Marketing:

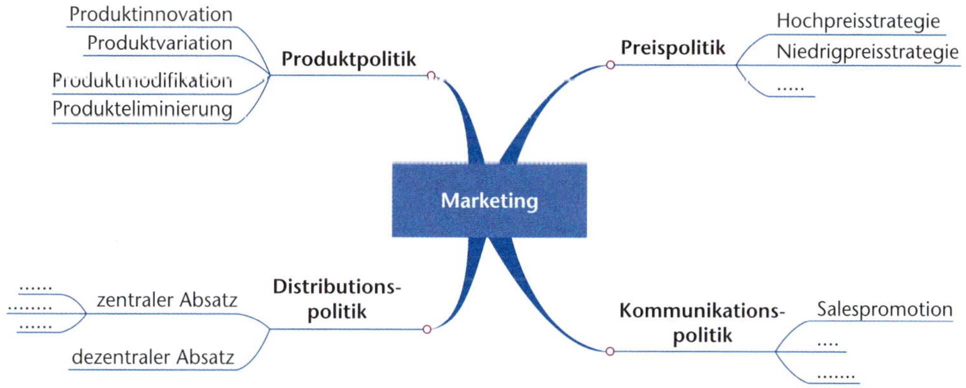

Die Hauptzweige sind die vier Begriffe: Produkt-, Preis-, Distributions- und Kommunikationspolitik. Die untergeordneten Zweige sind die Nebenzweige.

Pro-und-Kontra-Diskussion

Mit einer Pro-und-Kontra-Diskussion sollen die verschiedenen Aspekte eines Sachverhalts erarbeitet und ein Fazit dazu gezogen werden.

Einsatzmöglichkeiten

Bei der Pro-und-Kontra-Diskussion werden (gegensätzliche) Meinungen ausgetauscht. Es handelt sich dabei um ein eine Diskussion in schriftlicher Form oder ein kontrolliertes Streitgespräch zwischen zwei Parteien (Gruppen mit unterschiedlichen Meinungen/Positionen) zu einer Thematik.

Aufbau/Ablauf

Das (Streit-)Thema wird benannt. Es muss sich dabei um ein Thema bzw. ein Problem handeln, zu dem eine zustimmende Meinung und eine ablehnende Gegenmeinung möglich sind.

Bei einer schriftlichen Diskussion werden die Pro- und Kontra-Argumente im Text gegenübergestellt und abschließend wird ein Fazit gezogen, welche Argumente überwiegen.

Bei einer Diskussion in der Klasse wird diese in zwei Gruppen aufgeteilt und die Diskussion wird von einem Moderator geleitet.

1. Diskussionsrunde:

- Ein Mitglied der Pro-Gruppe trägt das erste Argument vor und begründet dieses.
- Ein Mitglied der Kontra-Gruppe gibt dieses erste Argument kurz in eigenen Worten wieder, so soll gewährleistet werden, dass das Argument auch richtig aufgefasst wurde. Anschließend soll erst auf das Pro-Argument reagiert werden und die Reaktion muss sich inhaltlich auf das Pro-Argument beziehen. In der Regel muss eine entgegengesetzte Meinung (Kontra-Argument) formuliert werden.
- Darauf können wieder abwechselnd die Pro-Gruppe und die Kontra-Gruppe antworten, solange es sich inhaltlich um das erste genannte Argument der Pro-Gruppe handelt.
- Ist die erste Diskussionsrunde beendet, geht es weiter zur zweiten Runde.

2. Diskussionsrunde

- Jetzt beginnt ein Vertreter der Kontra-Gruppe und bringt ein neues Kontra-Argument in die Runde ein.
- Jetzt folgt der gleiche Ablauf wie in der ersten Diskussionsrunde.

Regeln (die vom Moderator durchgesetzt werden müssen)

- Die jeweiligen Vertreter der Gruppen müssen sich in die Position, die zu der jeweiligen Pro- bzw. Kontra-Haltung gehört, einfinden bzw. sich mit der entsprechenden Rolle identifizieren.
- Die eingebrachten Argumente sollen kurz, sachlich und begründet sein.
- Jeder Teilnehmer darf ausreden und wird von den anderen nicht unterbrochen.

Sachwortverzeichnis

Bildquellenverzeichnis

Bergmoser + Höller Verlag, Aachen: 145

Bund der Steuerzahler Deutschland e.V., Berlin: 194

Bundesministerium für Wirtschaft und Energie, www.existenzgruender.de, Berlin 2014: 17

dpa Picture-Alliance GmbH, Frankfurt: 15.1 (Globus Infografik), 28.2 (Globus Infografik), 31 (Globus Infografik), 32 (Globus Infografik), 34 (Globus Infografik), 44 (Quirit), 64 (Sven Hoppe), 76 (Globus Infografik), 77 (Globus Infografik), 102 (Martin Guhl), 106 (Globus Infografik), 116 (Marcus Brandt), 133.1 (Globus Infografik), 149.1 (Globus Infografik), 149.2 (Globus Infografik), 150 (Globus Infografik), 151(Globus Infografik), 164 (Jens Schierenbeck), 165 (Globus Infografik), 167 (Globus Infografik), 170.2 (Globus Infografik), 172 (Globus Infografik), 173.2 (Jens Schierenbeck), 174.1 (Globus Infografik), 174.2 (Globus Infografik), 181 (Globus Infografik), 185 (Globus Infografik), 189 (Globus Infografik), 191 (Globus Infografik), 196.1 (Globus Infografik), 196.2 (Globus Infografik), 197 (Lutz Rauschnick), 200 (Globus Infografik)

Fotolia Deutschland GmbH, Berlin: 7.1 (Gina Sanders), 7.2 (contrastwerkstatt), 7.3 (momius), 8 (Marco2811), 15.2 (Trueffelpix), 38 (zhu difeng), 45.1 (kebay), 45.2 (steinerpicture), 45.3 (motorradcbr), 51 (Mariusz Blach), 52 (Brent Hofacker), 53.1 (smuki), 53.2 (Gina Sanders), 54 (phocks eye), 57 (motorradcbr), 58.1 (steffenpi), 58.2 (lukas555), 58.3 (fotodo), 58.4 (Marem), 59.1 (travnikovstudio), 59.2 (Peter Atkins), 59.3 (Sergey Nivens), 61.1 (Ljupco Smokovski), 62.1 (Visual Concepts), 62.2 (Nick Freund), 65 (VRD), 71.1 (ikonoklast_hh), 71.2 (Maroš Markovič), 71.3 (vizafoto), 72.1 (stockWERK), 73 (willypd), 74 (Mopic), 80 (fotos4u), 88 (Minerva Studio), 90.1 (industrieblick), 90.2 (Gina Sander), 91 (fCreativa), 92 (B. Wylezich), 95.1 (fotodo), 95.2 (berc), 95.3 (Petrus Bodenstaff), 96.1 (Dark Vectorangel), 96.2 (fischer-cg.de), 103.2 (Vladimir Mucibabic), 110.1 (Anke van Wyk), 110.2 (ExQuisine), 111.1 (Denis Junker), 111.2 (Michael Pettigrew), 113 (bramgino), 114.1 (industrieblick), 115 (Sergey Nivens), 118 (Trueffelpix), 121.1 (Trueffelpix), 121.2 (Trueffelpix), 121.3 (Trueffelpix), 122 (koi88), 124 (Jasmin Merdan), 126 (michaeljung), 130 (froxx), 144 (jojje11), 163.1 (Edler von Rabenstein), 163.2 (industrieblick), 163.3 (industrieblick), 166.1 (timstieffenhofer), 166.2 (industrieblick), 169.1 (Simone Werner-Ney), 170.1 (karepa), 179.1 (chaoss), 179.2 (Halfpoint), 179.3 (Smileus), 180 (pholidito), 190 (bluedesign)

HOT 1/1994 (P. Erhardt): 183.1, 183.2

IHK Industrie- und Handelskammer Düsseldorf: 136

imago stock & people GmbH, Berlin: 158 (wolterfoto)

IWK/Prof. Dr. von Känel, 2014: 61.2, 72.2

KfW-Gründungsmonitor 2014: 11

RAL gGmbH, Sankt Augustin: 56.1

Statistisches Bundesamt, Wirtschaft und Statistik, Juli 2011: 168.2, 168.3, 169.2, 169.3

Statistisches Bundesamt, Wiesbaden 2014: 201

Statistisches Bundesamt (www.destatis.de): 202.1

Stollfuß Medien, Bonn: 153

TransFair, Köln: 56.2

Zeichner/Karikaturisten

Galas, Elisabeth/Bildungsverlag EINS: 61.2, 139

Meissner, Dirk: 35

Mohr, Burkhard: 154

Sakurai, Heiko: 142

Speth, Frank/www.bildergeschichten.eu: 129, 148

Stuttmann, Klaus: 103.1, 133.2, 199.2

Tomicek, Jürgen: 202.2, 202.3

Toonpool.com: 28.1 (Rabe), 43 (www.rumix.de), 141 (Woessner), 168.1 (Pfohlmann), 171 (manfredw), 173.1 (Karsten Schley), 175 (Feicke), 193 (Harm Bengen)

Wiedenroth, Götz/www.wiedenroth-karikatur.de: 114.2, 186, 187, 199.1

Umschlagfoto: Fotolia Deutschland GmbH, Berlin (contrastwerkstatt)